高等学校电子与通信工程类专业"十三五"规划教材

电子线路设计仿真与实例

——OrCAD 与 Protel DXP

主 编 齐跃峰 刘燕燕 朱奇光

参 编 荆 楠 郭 璇 李 林

西安电子科技大学出版社

内 容 简 介

本书从应用角度出发，结合电路设计中的实际问题，系统地介绍了 CAD 软件 OrCAD PSpice (Cadence 16.5)和 Protel DXP 的基本功能与应用技巧，并结合典型应用实例说明电路系统设计的一般步骤和方法。

考虑到本书作为教材使用的目的，除第 1 章外每章末都附有小结和一定量的习题，习题中精选了"电路分析""电子线路设计基础""模拟电子技术"等课程中的一些典型电路设计的例子。通过习题的练习，读者不但可以掌握本章的内容，而且可以领会相关课程的知识，触类旁通，一举两得，大大提升学习效果。

本书可作为高等学校电子信息类专业本科生、研究生的教材，也可作为非电类专业学生的选修课教材(课时为 35～40 学时)，同时可供电路设计工程技术人员学习参考。

图书在版编目(CIP)数据

电子线路设计仿真与实例：OrCAD 与 Protel DXP/齐跃峰，刘燕燕，朱奇光主编. —
西安：西安电子科技大学出版社，2017.12
ISBN 978 - 7 - 5606 - 4716 - 6

Ⅰ. ① 电… Ⅱ. ① 齐… ② 刘… ③ 朱… Ⅲ. ① 电子电路—计算机辅助设计—应用软件 Ⅳ. ① TN702

中国版本图书馆 CIP 数据核字(2017)第 244110 号

策 划 秦志峰
责任编辑 秦志峰 王 静
出版发行 西安电子科技大学出版社(西安市太白南路 2 号)
电 话 (029)88242885 88201467 邮 编 710071
网 址 www.xduph.com 电子邮箱 xdupfxb001@163.com
经 销 新华书店
印刷单位 陕西天意印务有限责任公司
版 次 2017 年 12 月第 1 版 2017 年 12 月第 1 次印刷
开 本 787 毫米×1092 毫米 1/16 印张 21
字 数 499 千字
印 数 1～2000 册
定 价 46.00 元
ISBN 978 - 7 - 5606 - 4716 - 6/TN

XDUP 5008001 - 1

前 言

随着计算机技术的飞速发展和大规模集成电路的广泛应用，电子电路的计算机辅助设计(Computer Aided Design，CAD)已经成为电子电路分析设计中不可缺少的有力工具。以集成电路 CAD 为基础的电子设计自动化(Electronic Design Automation，EDA)已经成为电子学领域中的重要学科，并形成了一个独立的产业。本书从应用角度出发，系统地介绍了国内电子电路设计和仿真所使用的两种 CAD 软件——OrCAD PSpice (Cadence 16.5)和 Protel DXP，前者是经典的电路设计和仿真工具，后者不但可以完成常用的模拟和数字电路的分析设计，还是目前主流的 PCB 设计工具。

在 OrCAD 中，首先介绍利用 OrCAD Capture CIS 绘制电路原理图的方法，包括如何创建新的设计项目、绘制电路原理图以及原理图的后处理工作；然后介绍了 OrCAD PSpice A/D 的模拟仿真功能，详细阐述了 4 种基本电路特性分析的参数设置、波形观测及输出结果的分析过程；以具体电路实例介绍了参数扫描分析和 PSpice AA 分析中各种高级分析功能。在此基础上，给出了应用 PSpice A/D 描述电路的基本定理及进行电子线路设计的一般方法。

在 Protel DXP 中，首先介绍了软件的基本知识，在此基础上详细描述了电路原理图的绘制，包括简单电路原理图和层次原理图的绘制方法，以及网络表文件的生成；接着介绍了印制电路板(PCB)的设计知识，包括 PCB 设计时的系统参数设置、PCB 的规划、网络表文件的加载、元器件的布局、电路板的布线以及最后的调整和敷铜。

在内容的编排上，本书结合高校电类课程教学实际，将软件的各个功能由浅入深逐步展开。书中包括大量相关课程中的经典电路，如"模拟电子技术"中的基本放大电路以及加法、减法、积分、微分运算电路，"数字电子技术"中的译码器，模/数混合电路中的滤波器等，通过这些电路的设计和仿真分析，读者可对课程的学习有更加深刻的理解和领会。本书最后以几个典型的实际电路设计工程为例，系统地介绍了电路设计的一般方法和步骤，以及 PSpice 和 Protel DXP 在模拟和数字电路中的应用，使读者对 CAD 技术有更加深刻清晰的认识。

在学习方法上，读者需要注意以下两点：

(1) 理论联系实际。本书中的大量实例都紧密结合相关课程的教学内容，如"电路原理""模拟电子技术"和"数字电子技术"，力求使读者通过本书的学习对相关课程有更加深刻的理解和领会。读者在学习的过程中可以使用所讲软件对相关课程的内容进行仿真和验证，改变参数观察仿真结果的改变，分析其中的原因，达到 CAD 软件的学习和相关课程的学习相互促进的目的。

(2) 多练习、多思考。电子电路设计是一门实践性非常强的课程，CAD 软件本身就是一类应用软件，只有经过长期大量的练习才能积累丰富的经验，因此读者应当在平时的学习中学会主动运用 CAD 知识来分析遇到的问题，多练习，勤思考，才能达到熟练掌握、灵活运用的目的。

编者长期从事高校"电路分析""模拟电子技术""数字电子技术""电子线路设计基础"等课程的教学和科研任务，在长期的教学和科研实践中，深深体会到 CAD 在电类专业教学和科研中的重要作用以及高校开设 CAD 课程对于电类专业学生的重要意义。所以，借此机会，编者将多年的实践心得和体会加以总结，结合近年来的教学和科研实践，编辑成书，与各位分享。

　　感谢"燕山大学研究生课程建设项目"在本书编写、出版过程中的资助。

　　由于作者水平有限，加之时间仓促，书中的疏漏和不足之处在所难免，恳请读者批评指正。

编　者

2017 年 8 月

目录 Contents

第 1 章 概 述

1.1 电子线路 CAD 技术

随着计算机技术的飞速发展和大规模集成电路的广泛应用，计算机辅助设计（Computer Aided Design，CAD）技术已经成为电子电路分析设计中不可缺少的工具。

电子线路 CAD 的基本含义是使用计算机来完成电子线路的设计过程，包括电路原理图的编辑、电路功能仿真、工作环境模拟、印制板设计（自动布局、自动布线）与检测等。除此之外，电子线路 CAD 软件还能迅速形成各种各样的报表文件，如元件清单报表，为元器件的采购及工程预决算等提供方便。

目前，电子线路 CAD 软件种类很多，如早期的 TANGO、smartWORK、PCAD 等，还有目前广泛应用的 PSpice、Multisim 和 Protel 等。其中 PSpice 和 Protel 具有功能强大、使用方便、易学、自动化程度高等特点，是目前比较流行的两种电子线路 CAD 软件。

1. CAD 技术的优点

电子线路设计中采用的 CAD 技术具有如下优点：

（1）缩短设计周期。采用 CAD 技术，用计算机模拟代替搭建试验电路的方法，可以减少设计方案验证阶段的工作量，大大加速设计进程。例如，在设计印制电路板（Printed Circuit Board，PCB）时，采用 Protel 中的自动布局布线和功能强大的后处理功能，可以很方便地完成印制电路板的设计，将人们从烦琐的纯手工布线中解放出来。

（2）节省设计费用。搭建试验电路费用高、效率低，采用计算机进行模拟验证可以减少硬件的投资，节省研制费用。

（3）提高设计质量。CAD 技术可以采用精确的模型来计算电路特性，而且可以很容易地实现灵敏度分析、容差分析、参数优化、成品率模拟和最坏情况分析等各种分析，可以在节省设计费用的同时提高设计质量。

（4）共享设计资源。在 CAD 系统中，成熟的单元设计及各种模型和模型参数均存放在数据库文件中，用户可直接分享这些设计资源。特别是对数据库内容进行修改或增添新内容后，用户可及时利用这些最新的结果。

随着电子技术的发展，设计的电路越来越复杂，规模也越来越大，在这种情况下，离开 CAD 技术几乎无法完成电子电路设计任务。

2. CAD 软件的种类

根据电子线路设计任务的需要，目前可用于设计过程的 CAD 软件包括如下几类：

（1）通用电路模拟软件：对一般电子电路进行模拟验证的软件。该软件可根据给出的电路拓扑结构和电路中所用的元器件参数，模拟分析该电路的直流、交流和瞬态等各种特性，并进行灵敏度分析、成品率模拟和最坏情况分析等，例如 PSpice、EWB 等。

（2）专用电路设计软件：专门用于某些特定类型电路的设计软件，例如由 PLD 和 FPGA 等可编程器件构成的电路。与通用模拟软件相比，这类软件适用面窄，但在其适用范围内功能则更强，往往还具有优化设计的功能。

（3）印制电路板布局布线软件：具有自动布局布线功能，一般只需用户进行少量的人工干预就可完成印制电路板的设计任务。

随着计算机技术和电子线路设计技术的发展，CAD 软件的功能越来越强大，一种软件往往包含以上各软件的很多功能，例如 Protel。

3. 利用 CAD 软件进行电路设计的过程

在计算机上，利用电子线路 CAD 软件进行完整的电路设计的一般过程如下：

（1）原理图编辑。原理图编辑是电路 CAD 设计的前提，因此原理图编辑是电路 CAD 软件必备的功能。

（2）电路仿真。电路的功能、性能主要由原理图决定，编辑好原理图后，在制作电路板前，一定要对电路的功能、性能指标进行仿真测试。

（3）设计、编辑印制电路板。PCB 设计是电路 CAD 设计的最终目的，因此 PCB 功能的强弱（如自动布局、布线效果）是衡量电路 CAD 软件性能的主要指标之一。

本书介绍了两种目前在电路设计领域广泛应用的 CAD 软件——PSpice 和 Protel。前者是经典的电路设计和仿真工具，后者不但可以完成常用的模拟和数字电路的分析设计，还是目前最主流的 PCB 设计工具，具有强大的功能。

1.2　常用电子线路 CAD 工具

1.2.1　PSpice A/D 介绍

在众多的 CAD 工具中，PSpice A/D 是当前使用最广泛的电路仿真工具软件。PSpice 是在 SPICE 的基础上发展起来的。最初的 SPICE（Simulation Program with Integrated Circuit Emphasis）是在 20 世纪 70 年代，由美国加利福尼亚大学伯克莱分校在模拟电子电路的研究中开发的一种用以分析、设计和测试复杂电子电路的软件工具。其后，美国的 MicroSim 公司进一步将其完善，包装为一个能应用于不同领域的商品化版本。为了能在 PC 上运行 SPICE，MicroSim 公司在 1983 年推出 PSpice 软件产品，PSpice 与 SPICE 使用同样的运算规则和语法。PSpice 具有的强大功能，使其自问世以来，在全世界的电工、电子工程界得到了广泛的应用。此后 PSpice 的版本不断更新，功能不断完善，在 1988 年 PSpice 被定为美国国家工业标准。目前大多数电子线路设计仿真软件都是以 PSpice 为基础实现的。20 世纪 80 年代以来，采用自由格式语言的 PSpice 5.0 版本，在我国得到了广泛应用。

1998 年，著名的 EDA 商业软件开发商 OrCAD 公司与 MicroSim 公司正式合并，此后 MicroSim 公司的 PSpice 产品正式并入 OrCAD 公司的商业 CAD 系统中。1998 年，OrCAD 公司正式推出 OrCAD PSpice Release 9.0，与传统的 SPICE 相比较，OrCAD

PSpice Release9.0 及其以后版本的界面更加直观，使用更加方便，分析功能更强，元器件参数库及宏模型库也更加丰富。

2003 年，全球著名 EDA 软件公司 Cadence 公司收购 OrCAD 公司，并进行大力研发，相继推出 10.* 系列的不同版本，在提高易用性的同时，增加了很多元件库。2007 年到目前，推出的都是 16.* 版本，在这一系列版本的开发过程中，增加了不少新功能。Cadence 公司把自己的产品与 OrCAD 软件做了整合，优势互补以满足不同需求。现在 Cadence 公司针对 PCB 方面的 EDA 产品可以分为高端(Cadence SPB)和低端(OrCAD)。无论高端还是低端，原理图部分都主要用收购来的 OrCAD 中的原理图软件(Capture)来完成。

OrCAD 是一个软件包，其进行电路摸拟分析的核心软件是 PSpice A/D，其基本电路分析功能有：

(1) 直流特性分析，包括静态工作点(Bias Point Detail)、直流灵敏度(DC Sensitivity)、直流传输特性(Transfer Function，TF)和直流特性扫描(DC Sweep)分析。

(2) 交流分析，包括频率特性(AC Sweep)和噪声特性(Noise)分析。

(3) 瞬态分析，包括瞬态响应分析(Transient Analysis)和傅里叶分析(Fourier Analysis)。

(4) 参数扫描，包括温度特性分析(Temperature Analysis)和参数扫描分析(Parametric Analysis)。

(5) 统计分析，包括蒙特卡罗(Monte Carlo，MC)分析和最坏情况(Worst Case，WC)分析。

(6) 逻辑模拟：包括数字模拟(Digital Simulation)、数/模混合模拟(Mixed A/D Simulation)和最坏情况时序分析(Worst-Case Timing Analysis)。

此外，PSpice 提供的工具 Optimizer 可以对电路进行优化。当一个模拟电路能基本满足要求，但仍不符合所要求的优异性能标准时，可以调用 Optimizer，通过调节某些性能参数，如增益、带宽等，观察参数的微弱变化对电路性能的影响，然后再次调整，直到性能达到要求为止。当对电路性能参数要求较多，同时需要调节的参数也比较多时，Optimizer 就能充分表现出它的优势。

为使模拟工作做得更快更好、更具灵活性，OrCAD 软件包提供了 5 个配套软件与之相配合，即电路图生成软件(Capture)、激励信号编辑软件(Stimulus Editor)、模型参数提取软件(Model Editor)、波形显示和分析模块软件(Probe)以及优化程序软件(Optimizer)，从而使 OrCAD/PSpice 具有了电子工程设计的全部分析功能，不但能完成模拟或数字电路分析，而且能完成数/模混合电路分析。

1.2.2　Protel DXP 介绍

Protel 系列电子设计软件是在 CAD 行业中，特别是在 PCB 设计领域具有多年发展历史的设计软件。由于其功能强大，界面友好，操作简便实用，问世以后很快被广大电子设计工程师所接受和熟悉，并成为发展最快、应用最广的 CAD 软件之一。在 20 世纪 80 年代到 90 年代初期，Protel 经历了从 DOS 操作系统下的 TANGO 软件到 Windows 操作系统下的 Protel for Windows 产品的转变，也使 Protel 软件确立了在 Windows 平台的 CAD 软件中的领导地位，逐步成为 PC 平台上最流行的 CAD 软件。

1996 年 Protel 公司收购了美国 NeuroCAD 公司，成为世界上拥有基于形状（Shape-Based）的无网格布线技术的少数几家公司之一。同年，该公司又收购了一家专做可编程逻辑电路设计的科技公司，因此在 1996 年相继推出了无网格自动布线器和 PLD 两个模块。接下来，Protel 公司在 1996 年底推出 EDA/Client 的第三代版本 Protel 3 之后，1998 年又推出了 EDA/Client 98，这是第一个包含 5 个核心模块的真正 32 位 EDA 工具，它是将 Advanced SCH 98（电路原理图设计）、PCB 98（印制电路板设计）、Route 98（无网格布线器）、PLD 98（可编程逻辑电路设计）、SIM 98（电路图模拟/仿真）集成于一体的一个无缝连接的设计平台。

1998 年，Protel 公司引进 Micro Code Engineering 公司的仿真技术和 InCases Engineering Gmbh 公司的信号完整性分析技术，于 1999 年正式推出 Protel 99——具有 PDM（设计过程管理）功能的强大 CAD 综合设计环境。2000 年，Protel 公司兼并了美国著名的 EDA 公司 ACCEL，随后推出了 Protel 99SE，进一步完善了 Protel 99 软件的高端功能，形成了与传统 UNIX 上大型 CAD 软件相抗衡的局面。基于 Windows 平台的 Protel 99SE 集强大的设计能力、复杂工艺的可生产性和 PDM 于一体，可完整地实现电子产品从电学概念设计到生成物理生产数据的全过程，包括中间所有分析的仿真和验证，满足了产品的高可靠性，极大地缩短了设计周期，降低了设计成本。

Protel DXP 是 Protel 系列软件的第七代基于 Windows 平台的产品，于 2002 年 7 月面世。这个版本是 Altium 公司在继 Protel 99SE 之后经过近 3 年研究得出的结果，其中有不少新的方法是在 PC 平台上的首次应用。Protel DXP 是一款面向 PCB 设计项目，为用户提供板级设计全线解决方案，多方位实现设计任务的 EDA 软件。它具有真正的多重捕获、多重分析、多重执行的设计环境。本书就是基于 Protel DXP 版本来介绍它的应用的。与之前的 Protel 版本相比，Protel DXP 具有如下特点：

（1）智能集成的工作区界面。

Protel DXP 采用了比以往更为灵活的界面，能适应各种设计需要。这些界面可以提供便捷、实用的功能。例如，可以用它们很方便地实现打开文件、搜索文件、导航原理图或 PCB 图文件和对象编辑等功能。

（2）引入全新的项目管理概念。

使用 Protel DXP 进行设计是从创建一个项目开始的，这些项目把所有的设计元素链接在一起。设计元素包括原理图、网络表源文件、PCB 文件等一系列设计中的文件。在项目中也可以把输出设置进行保存，包括原理图和 PCB 的打印设置、钻孔文件以及材料清单的输出设置等。然后，系统会把这些信息在项目范围内保存，应用到以后的设计中，而不必对每个文件的格式进行一一设置。

（3）集成的元件库。

Protel DXP 采用了与以往不同的元件库形式，它采用了一种新的库管理模式——集成元件库（Integrated Library）管理。在集成元件库下，元件（Component）的原理图符号、PCB 元件封装（FootPrint）和电路仿真所用的仿真模型，以及信号完整性分析所用的元件管脚（Pin）模型，都可以通过链接的方式，在调用元件的同时把信息同步地传送给具体的设计项目。

（4）在原理图中设置 PCB 设计规则及进行信号完整性分析。

Protel DXP 在原理图输入过程中不仅可以方便地添加元件的信号完整性模型，还可以对某个网络定义具体的设计规则，甚至可以为某个元件的管脚定义设计规则，这些设计规则会在后期制作 PCB 文件的时候自动加载。因为原理图中元件和 PCB 封装是一一对应的，而元件的管脚和 PCB 焊盘(Pad)也是一一对应的，所以这里的规则相当于在 PCB 里对焊盘或者焊盘类(Pad Class)设置规则。DXP 还可以在原理图输入阶段中进行信号完整性(Signal Integrity，SI)分析，可以按照所设置的规则进行制作 PCB 前的 SI 仿真，观察波形，解决潜在的、由高速数字电路传输引起的反射问题。

（5）Situs 拓扑逻辑布线器。

由于电子器件的几何形状比较复杂，以往基于栅格和基于图形的布线方式往往不能充分利用有限的板上空间或者不能保证很高的布通率。Altium 公司在 Protel DXP 中引入了新一代布线器——Situs 布线器。Situs 布线器是一款基于拓扑逻辑分析的布线器，可以胜任大面积、高密度的电路板的自动布线。拓扑逻辑分析改变了以往把工作区空间划分为若干矩形单元的做法，而是在 PCB 布局之后进行整板的电气节点分析，形成空间上类似于神经网络的拓扑图，然后根据这种以基本的三角形作为单元的拓扑图来进行智能的布线路径计算，找出最佳的布线路径。其拓扑方式布线比以往基于图形的无网格布线有更加灵活的优势，几乎不受板上几何图形的约束，可以很有效地避开障碍。

6. 全面的设计分析

在 Protel DXP 中可以直接从原理图编辑环境进入仿真操作。集成库把每个元件的不同模型有机地结合起来，使得 DXP 中的仿真变得更加直观。DXP 中的界面也做了改进，可以在同一窗口中显示各种数据。在原理图中可以设置信号完整性分析的规则，使得设计者可以参照电路原理为 PCB 设计做好前期的规则约束，还可以在原理图阶段进行信号完整性分析，预先发现板级设计中的问题。

1.3　本书主要内容和学习方法

本书从应用角度出发，结合电路设计中的实际问题，系统地介绍 PSpice(Cadence 16.5) 和 Protel DXP 的各种功能与应用技巧。

在 OrCAD 中首先介绍利用 OrCAD Capture CIS 绘制电路原理图的方法，包括如何创建新的设计项目、绘制电路原理图以及原理图的后处理工作。然后介绍了 OrCAD PSpice A/D 的模拟仿真功能，详细阐述了 4 种基本电路特性分析的参数设置、波形观测及分析输出结果的过程；以具体电路实例介绍了参数扫描分析和 PSpice AA 分析中的各种高级分析功能。在此基础上，介绍了应用 PSpice A/D 描述电路的基本定理及进行电子线路设计的一般方法。

在 Protel DXP 中首先介绍了软件的基本知识，在此基础上介绍了电路原理图的绘制，包括简单电路原理图和层次原理图的绘制方法，以及网络表文件的生成；接着介绍了 PCB 的设计知识，包括 PCB 设计时的系统参数设置、PCB 的规划、网络表文件的加载、元器件的布局、电路板的布线以及最后的调整和敷铜。

在内容的编排上，本书结合高校电类课程教学，将软件的各个功能由浅入深逐步展开。

书中包括大量相关课程中的经典电路，如"模拟电子技术"中的基本放大电路，加法、减法、积分、微分运算电路，"数字电子技术"中的译码器，模/数混合电路中的滤波器等，通过这些电路进行设计和仿真分析，读者可对课程的学习有更加深刻的理解和领会。在系统地掌握了两种软件的基础上，本书最后以几个典型的实际电路设计工程为例，系统地介绍了电路设计的一般方法和步骤，以及 PSpice 和 Protel DXP 在模拟和数字电路中的应用，使读者对 CAD 技术有一个更加深刻清晰的认识。

在学习方法上，读者需要注意以下两点：

（1）理论联系实际。本书中的大量实例都是紧密结合相关课程的教学内容，如"电路原理"、"模拟电子技术"和"数字电子技术"，力求使读者通过本书的学习对相关课程有更加深刻的理解和领会。读者在学习的过程中可以使用本书所介绍的软件对相关课程的内容进行仿真和验证，改变参数观察仿真结果的改变，分析其中的原因，达到 CAD 软件的学习和相关课程的学习相互促进的目的。

（2）多练习、多思考。电子电路设计是一门实践性非常强的课程，CAD 软件本身就是一类应用软件，只有经过长期大量的练习才能积累丰富的经验，因而读者应当在平时的学习中学会主动运用 CAD 知识来分析遇到的问题，多练习，勤思考，才能达到熟练掌握、灵活运用的目的。

第 2 章　Capture 电路原理图绘制

OrCAD Capture 是一个功能强大的电路原理图设计软件,使用该软件不但可以绘制各种类型的电路图,包括模拟电路、数字电路以及模/数混合电路,而且还可以对电路原理图进行各种后处理,包括元件自动编号、设计规则检查、生成多种格式网络表文件和各类统计报表。2000 年,Cadence 公司收购 OrCAD 公司后,对 OrCAD 进行大力研发,在提升易用性的同时,还增加了很多元件库。2007 年,16.* 系列版本问世,与之前的版本相比,16.* 系列增加了不少新的功能,如强大的自动连线、3D 视图、鱼眼放大功能以及不同设计文件之间的相互转换等。本书中的电路原理图设计就是基于 Cadence Release 16.5\OrCAD Capture CIS 进行的。16.5 版提供了 OrCAD Capture 和 OrCAD Capture CIS 两个版本,Capture CIS 与 Capture 相比,增加了元件信息系统(Component Information System,CIS),可以对元件实施高效管理,使得电路设计更加方便、快捷。

2.1　Capture 的功能特点及软件组成

1. Capture 的功能特点

Capture 是应用最广泛的电子电路绘图工具之一,具有如下功能特点:

(1) 它是真正基于 Windows 环境的原理图输入程序,既方便设计、修改电路原理图,也方便不同设计文档之间的交互,易于使用的功能及特点已使其成为原理图输入的工业标准。

(2) 其元件库相对比较完备。电路仿真元件库多达 8500 个,收入了几乎所有通用型电子元器件模块。在 Capture CIS 中,用户还可以通过 Internet 从指定的数据库中查找多达上百万条的元件信息,将需要的元件立即调入电路图中或者添加到库文件中备用。

(3) 它是众多软件的前端设计平台。OrCAD Capture 作为设计输入工具,可以连接 PSpice、VHDL 软件,提供模拟与数字电路前端设计平台。更为强大的功能是,可以生成 40 多种格式的网络表,满足不同 PCB 设计软件要求,如 OrCAD Layout、Allegro、Protel、PADS 2000 等。

(4) 它与 Cadence 公司其他软件产品集于一体,并能优势互补,交互性好。OrCAD Capture 在原理图绘制方面出类拔萃,完成原理图的输入后,除了可以直接调用原 OrCAD 公司的其他软件完成设计外,还可以调用 Cadence 公司的产品,如原来就处于领先地位的 PCB 设计布线工具 Allegro,可更高效地完成高速、高密度、多层的复杂 PCB 设计布线工作。

2. 软件组成

OrCAD Capture CIS 按照功能划分,可以分为下面 5 个模块,如图 2-1 所示。

(1) 项目管理模块(Project Manager)。OrCAD 对电路分析或设计任务按项目进行管理,将一个任务当做一个项目,每个任务对应一个项目管理窗口。Project Manager 不但管

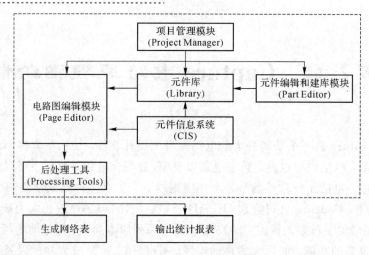

图 2-1　Capture CIS 软件构成

理项目中的各种设计文档，同时还处理与 OrCAD 中其他软件的接口和数据交换。

（2）电路图编辑模块（Page Editor）。在 Page Editor 窗口中实现电路原理图绘制。

（3）元件编辑和建库模块（Part Editor）。Capture 提供了元件符号和建库模块，用于创建及修改元件、电源、信号源以及子电路端口连接符号等。

（4）元件信息系统（Component Information System，CIS）。CIS 不但可以对元件调用和元件库实施高效管理，而且可以通过 Internet 元件助手（Internet Component Assistant，ICA），从指定网点提供的元件数据库查阅元件信息，根据需要将找到的元件应用到电路设计中，或者添加到库文件中。

（5）后处理工具（Processing Tools）。电路原理图绘制完毕，调用后处理工具，可以对其元件进行自动编号、设计规则检查、输出各类统计报表以及生成多种供其他软件调用的网络表文件。

2.2　利用 Capture CIS 绘制电路原理图的基本步骤

绘制一个电路原理图，一般包括 5 个基本步骤。

1. 创建新设计项目

启动 OrCAD Capture CIS 软件，创建新设计项目，调用电路图编辑模块，设置环境运行参数和电路图页面参数。

2. 绘制电路原理图

（1）放置元件符号。从元件库中调出元件符号，摆放在电路图页面的适当位置。对于层次式电路原理图，需要绘制各层次阶层模块及引脚。

（2）元件间的电气连接。绘制互连线、节点、总线、总线分支、网络别名等。对于层次式电路原理图，绘制阶层端口。

（3）添加非电气特性的电路辅助元素。放置标题栏、带有注释性的说明文字、几何图形、图片等。

3. 修改完善电路原理图

编辑、修改元件属性参数，改变元件位置及方向，调整连线布局，删除多余的电路元素等。

4. 电路原理图的后处理

进行元件自动编号、设计规则检查，如果该电路原理图要用于 PCB 设计，还要生成网络表文件和各种所需的统计报表。

5. 保存和输出

将绘制好的电路原理图保存，也可用打印机、绘图仪输出。

2.3　创建新设计项目

启动 Cadence Release 16.5\OrCAD Capture CIS，出现 Cadence Product Choices 窗口，如图 2-2 所示。

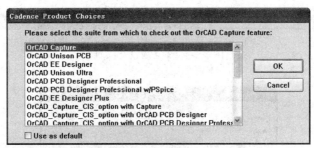

图 2-2　Cadence Product Choices 窗口

图 2-2 中，列出了 Cadence 公司的一系列软件产品，选择"OrCAD Capture CIS"，点击"OK"按钮，进入 OrCAD Capture CIS 初始界面，如图 2-3 所示。

图 2-3　OrCAD Capture CIS 初始界面

在绘制一个电路原理图之前必须先创建一个新的设计项目。如图 2-4 所示，点击窗口上方的"File"菜单，选择执行"File\New\Project"命令，或直接点击工具按钮▢，可弹出如图 2-5 所示的 New Project 对话框。

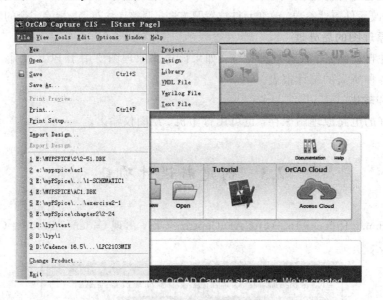

图 2-4 建立新设计项目

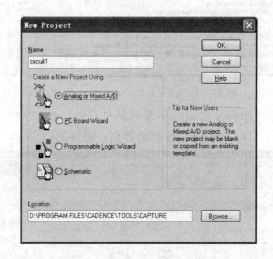

图 2-5 New Project 对话框

New Project 对话框中包含如下内容：

(1) Name 栏用于键入新建设计项目名称。这里输入"circuit1"作为示范设计项目名称。

(2) Create a New Project Using 栏内 4 个选项用于规定设计项目类型。

· Analog or Mixed A/D：用于创建模拟或模/数混合仿真的电路图；

· PC Board Wizard：用于创建 PCB 设计的电路图；

· Programmable Logic Wizard：用于创建 CPLD 或 FPGA 数字逻辑器件设计的电路图；

· Schematic：用于创建单纯的电路图绘制。

如果目的是调用 PSpice 软件对电路性能进行仿真分析，则这里选中"Analog or Mixed A/D"选项。

（3）Location 栏用于键入本项目保存的路径，也可以点击"Browse…"按钮，在弹出的对话框中确定文件保存路径。选择完毕，点击"OK"按钮进入 Create PSpice Project 对话框，如图 2 - 6 所示。

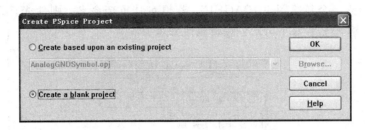

图 2 - 6　Create PSpice Project 对话框

如果想在原来已存在的设计项目基础上创建新设计，则选中"Create based upon an existing project"选项，然后点击下拉按钮，选择相关项目后点击"OK"按钮，打开的绘图页面上就会显示所选取项目已经存在的电路原理图。

如果想创建全新的设计项目，则选择"Create a blank project"选项，然后点击"OK"按钮，打开一个空白的电路图编辑窗口，如图 2 - 7 所示，在此即可绘制电路原理图。

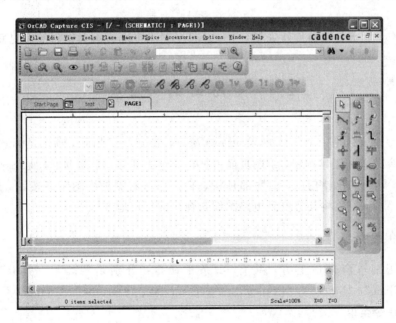

图 2 - 7　电路图编辑窗口

OrCAD 是采用项目的方式来管理各个设计任务的，由项目管理器对项目所涉及的电路图、模拟要求、元件符号库、模型参数库以及输出结果进行统一管理。每个设计项目对应一个项目管理器窗口。点击工具按钮 ，打开如图 2 - 8 所示的项目管理器，它有两种形式："File"是以文件的层次格式表示，"Hierarchy"是以电路的层次格式表示。一个新建的设计项目通常包含以下文件：

•"＊.opj"：项目启动文件。打开项目，就是打开此文件。

• "∗.dsn"：设计文件。其内容即为用户设计的电路原理图。

• "∗.olb"：库文件。用户设计电路原理图时所有元件都存放在库文件中，绘图时用户只能从库文件中调用元件。

系统默认建立一个新绘图页"PAGE1"，若想对其重新命名，则使光标落在"PAGE1"上，单击鼠标右键，选择"Rename"，编辑修改即可。

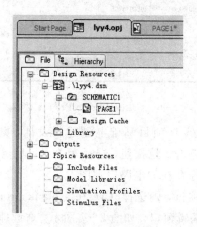

图 2-8 项目管理器

至此，一个新设计项目创建完毕，下一步任务是在电路图编辑窗口绘制电路原理图。

2.4 电路图编辑窗口

电路图编辑窗口是一个典型的 Windows 窗口，如图 2-7 所示，顶部是标题栏，标题栏下方是主命令菜单和工具按钮，绘图页面占据窗口绝大部分，绘图页下方是 Session Log 窗口，用于显示运行和出错信息，最底部是状态栏。窗口右侧是绘图工具按钮，用鼠标左键单击并按住不放，可以将其拖曳到电路图编辑窗口的任何地方。

2.4.1 菜单系统

在电路图编辑窗口最上方，共有 11 条主命令，分别是"File"、"Edit"、"View"、"Tools"、"Place"、"Macro"、"PSpice"、"Accessories"、"Options"、"Window"、"Help"。

1. File 命令菜单

点击"File"命令，显示下拉菜单，如图 2-9 所示，该下拉菜单分 5 组共计 13 条子命令。

1）文件处理子命令

New、Open、Close、Save 用于项目或文件的新建、打开、关闭和保存。

2）单元电路图存取子命令

• Export Selection：将当前电路中选中的单元存入库文件；

• Import Selection：从存放单元电路的文件中调入需要的单元。

3）打印子命令

4 个子命令的作用与 Windows 应用程序中的命令相同，用于电路图的打印输出。

4）电路图数据格式转换子命令

· Import Design：将 EDIF 和 PDIF 格式的电路图，以及 8.0 以前版本 PSpice 软件包中 Schematic 软件绘制的电路图转化为 OrCAD Capture 能接受的数据格式；

· Export Design：将在 OrCAD Capture 中绘制的电路图转化为 EDIF 格式或者其他 AutoCAD 软件能接受的 DXF 格式。

5）退出子命令

· Exit：关闭 Capture CIS 下所有窗口，退出 Capture CIS 软件。

2. Edit 命令菜单

点击"Edit"命令，显示下拉菜单，如图 2－10 所示，该下拉菜单分 6 组共计 23 条子命令。

1）与操作相关子命令

· Undo、Redo、Repeat 为撤销刚才的操作、重新执行刚才撤销的操作、再次执行刚才执行的操作；

· Label State 下面还包括 3 个子命令：

Set：将当前原理图编辑窗口的内容另外保存，并设置标签名；

Goto：将当前原理图编辑窗口的内容转换为指定标签名的内容；

Delete：将指定标签名的原理图设计窗口的内容删除。

2）剪切、复制、粘贴、删除子命令

Cut、Copy、Paste、Delete 命令与通常 Windows 应用程序中的子命令作用相同，用于对选中的电路元素进行操作。

3）与其他模块链接子命令

· Select All：选中页面上所有的电路元素；

· Properties：选中一个或多个电路元素后，执行此子命令，可以调出元件属性参数对话框，对属性参数进行编辑；

· Link Database Part 和 Derive Database Part：调用元件信息管理系统；

· Part：选中电路图中的一个元件执行此子命令，可以调出元件编辑窗口，编辑修改元件符号；

· PSpice Model：选中电路图中的一个元件执行此子命令，可以调出 PSpice A/D 中的模型参数编辑模块，对模型参数编辑修改；

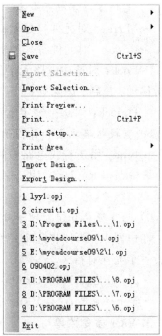

图 2－9　File 命令菜单

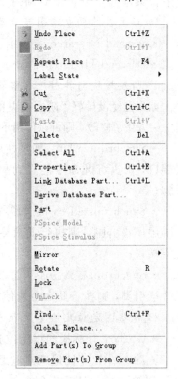

图 2－10　Edit 命令菜单

• PSpice Stimulus：如果电路图中的信号源来自 SOURCSTM 库，则选中该电源符号执行此子命令，可以调出 PSpice A/D 中 StmEd 模块，编辑输入激励信号的波形。

4）元件方位调整子命令

• Mirror：对元件符号做镜像处理；

• Rotate：对元件符号做旋转处理；

• Lock：对选中电路元素作锁定处理，锁定后的电路元素不可再对其进行编辑操作，包括移动、复制、删除等；

• Unlock：对选中锁定电路元素作解除锁定处理。

5）查找电路元素和替换子命令

• Find：用于查找电路中的电路元素；

• Global Replace：用于字符串的替换，包括节点名、阶层引脚和端口名等的字符串替换。

6）元件符号分组处理子命令

在电路中，可以将几个元件符号并成一组，在进行选中、移动这些操作时，一个组可以当做一个元件对待。

• Add Part(s) To Group：用于将元件添加到组；

• Remove Part(s) From Group：用于将元件移出组。

3. View 命令菜单

点击"View"命令，显示下拉菜单，如图 2 - 11 所示，该下拉菜单分 8 组共计 16 条子命令。

1）层次式结构电路图显示子命令

• Ascend Hierarchy：显示上一层次电路图；

• Descend Hierarchy：显示下一层次电路图。

2）阶层模块与其对应电路图的相互更新子命令

如果已经设计好了阶层模块和其对应的电路原理图，且其中一方做了修改，则可以使用下面 3 个命令进行更新。

• Synchronize Up：如果在原理图中增加或删除了阶层端口，则执行此命令能自动更新它所对应的阶层模块引脚；

• Synchronize Down：如果在阶层模块中增加或删除了阶层模块引脚，则执行此命令能自动更新它所对应的阶层端口；

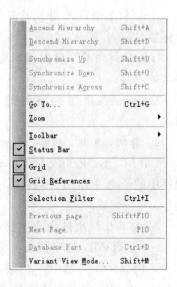

图 2 - 11 View 命令菜单

• Synchronize Across：如果两阶层模块对应同一子电路，且其中一个模块新增或删除了阶层引脚，则执行此命令能使另一模块也完成同样操作。

3）电路图定位及倍率显示子命令

• Go To：光标指向设定位置；

• Zoom：以不同倍率对电路图进行放大和缩小显示。

4）窗口结构设置子命令

• Toolbar：设定窗口中是否显示工具栏；

- Status Bar：设定窗口中是否显示状态栏。

5）绘图页显示方式子命令

- Grid：设定绘图页上是否显示格点；
- Grid References：设定绘图页是否显示图幅分区。

6）选择过滤器子命令

- Selection Filter：点击此子命令，弹出 Selection Filter 窗口，用于设定对电路元素进行移动、复制、删除等操作时，在选定范围内对哪些对象操作有效。

7）图纸切换子命令

- Previous Page：显示上一页图纸；
- Next Page：显示下一页图纸。

8）涉及调用 CIS 的子命令

- Database Part：用于设定屏幕上是否显示 CIS 窗口；
- Variant View Mode：变量视图模式。

4. Tool 命令菜单

点击"Tool"命令，只有一条"Customize"子命令。通过这个命令可以定制工具栏选项，如图 2 - 12 所示。点击复选框，就可以在电路图编辑窗口上显示相应的工具按钮。

5. Place 命令菜单

在电路图编辑窗口中，电路图的绘制是通过"Place"主命令菜单中的各条子命令完成的。点击"Place"命令，显示下拉菜单，如图 2 - 13 所示，该下拉菜单分 3 组共计 29 条子命令。

图 2 - 12　Customize 子命令窗口

1）放置子命令

- Part：调用元件库中的元件符号；
- Parameterized Part：调用参数化元件；
- NetGroup：是一组网络的集合，可以只包含 nets(类似于 bus)，还可以包含 buses 或其他的 netgroups；
- Database Part：调用 Internet 上数据库中的图形绘制元件；
- Wire：绘制具有电气特性的互连线；
- Auto Wire：自动连线功能，包括两点之间、多点之间、互连线到总线以及总线到总线之间的自动连接；
- Bus：绘制总线；
- Junction：绘制节点；
- Bus Entry：绘制总线支线；
- Net Alias：设置网络别名；
- Power：放置电源符号；
- Ground：放置接地符号；
- Off-Page Connector：放置页间连接器；

- Hierarchical Block：放置阶层模块；
- Hierarchical Port：放置阶层端口；
- Hierarchical Pin：放置阶层模块引脚；
- No Connect：放置浮置引线标志。

2）辅助绘图子命令
- Title Block：放置标题栏；
- Bookmark：设置书签。

3）绘制几何图形及添加文本子命令
- Text：添加文本；
- Line：绘制直线；
- Rectangle：绘制矩形；
- Ellipse：绘制椭圆；
- Arc：绘制圆弧；
- Elliptical Arc：绘制椭圆弧；
- Bezier Curve：绘制贝塞尔曲线；
- Polyline：绘制折线；
- Picture：插入图形和照片；
- OleObject：插入嵌入式对象。

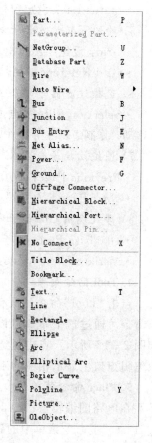

图 2 - 13　Place 命令菜单

6. Macro 命令菜单

点击"Macro"命令，显示下拉菜单，如图 2 - 14 所示，该下拉菜单中有 3 条子命令。

- Configure：配置当前绘图过程中采用的宏，包括新建宏；
- Play：运行一个宏；
- Record：将指定的一系列绘图动作记录下来，生成一个宏以备调用。

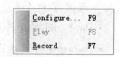

图 2 - 14　Macro 命令菜单

7. PSpice 命令菜单

绘制电路图的目的之一是对电路进行仿真分析，利用 PSpice 主命令菜单，可在电路图编辑窗口中直接调用 PSpice A/D 软件，对绘制的原理图进行模拟，并显示、分析得到的结果。点击"PSpice"命令，显示下拉菜单，如图 2 - 15 所示，该下拉菜单分 4 组共计 10 条子命令。

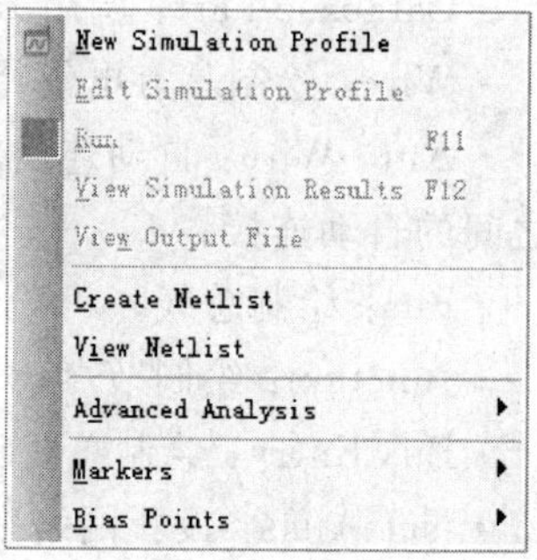

1）有关电路特性分析子命令
- New Simulation Profile：新建电路特性分析类型和设置分析参数；
- Edit Simulation Profile：修改已有电路特性分析类型和分析参数；
- Run：启动 PSpice A/D 软件，进行电路特性分析；
- View Simulation Results：调用 Probe 模块，在 Probe 窗口中显示波形和分析结果；

图 2 - 15　PSpice 命令菜单

• View Out File：电路仿真结束，查看输出文件。

2）与网络表有关子命令

• Create Netlist：生成当前电路的网络表文件；

• View Netlist：查看当前电路的网络表文件。

3）高级分析子命令

• Advanced Analysis：包括灵敏度分析、优化分析、蒙特卡罗分析、电应力分析、参数分析以及优化设计的两条子命令。

4）显示探针和直流偏置分析结果子命令

• Markers：设置探针类型；

• Bias Points：在电路中显示直流偏置点分析结果。

8. Accessories 命令菜单

在 OrCAD 软件发展的过程中，还开发了一些扩展 Capture 功能的配套软件。如果配置了这些软件，调用指令将以子命令形式出现在 "Accessories" 主命令菜单中。

9. Options 命令菜单

该命令菜单主要用来配置 Capture 运行过程中的有关参数。点击 "Options" 命令，显示下拉菜单，如图 2－16 所示，该下拉菜单分 3 组共计 7 条子命令。

图 2－16　Options 命令菜单

1）配置 Capture 运行的子命令

• Preferences：设置 Capture 软件运行时的有关参数，这些参数决定了 Capture 启动后的工作环境；

• Design Template：设置与电路设计有关的参数，只作用于以后新建设计，对当前设计无效；

• Autobackup：设置自动备份的时间间隔、保存版本数量和存放路径等。

2）设置图纸参数及 CIS 配置子命令

• Schematic Page Properties：设置与图纸页有关的参数，只作用于当前原理图设计的图纸页面；

• CIS Configuration：用于元件信息管理系统的配置；

• CIS Preferences：扩展元件信息管理系统连接。

3）设计属性子命令

• Design Properties：用于设置与电路设计相关的属性参数。

10. Window 命令菜单

电路图编辑窗口的 "Window" 下拉菜单与通常 Windows 应用程序中的基本相同，点击 "Window" 命令，显示下拉菜单，如图 2－17 所示，该下拉菜单分 4 组共计 9 条子命令。

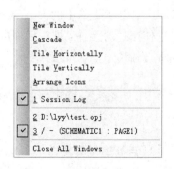

图 2－17　Window 命令菜单

1）与窗口操作相关子命令

• New Window：生成一个与当前处于激活状态窗口完全相同的窗口，也包括窗口中显示的内容；

- Cascade：多个窗口以层叠方式排列；
- Tile Horizontally：多个窗口上下排列；
- Tile Vertically：多个窗口左右排列；
- Arrange Icons：将最小化的窗口图标依次排列在窗口的最底部。

2）屏幕上打开的窗口

"1 Session Log"、"2 ……"、"3 ……"均为屏幕上已打开的窗口名称，编号之前有"√"的是当前处于激活状态的窗口。单击某个窗口名称，该窗口会成为激活窗口。

3）关闭所有窗口子命令

- Close All Windows：关闭所有窗口。

11. Help 命令菜单

点击"Help"命令，显示下拉菜单，如图 2-18 所示，该下拉菜单共计 7 条子命令。

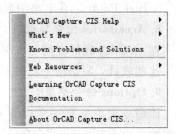

- OrCAD Capture CIS Help：提供关于 OrCAD 软件的帮助信息；
- What's New：OrCAD Capture 当前版本的新功能；
- Known Problems and Solutions：问题与解决办法；

图 2-18　Help 命令菜单

- Web Resources：提供与 OrCAD 有关的网站信息；
- Learning OrCAD Capture CIS：有关 OrCAD Capture 的学习教程；
- Documentation：通过互联网可以了解的一些技术文档；
- About OrCAD Capture CIS：关于软件版本说明及注册登记信息。

2.4.2　工具按钮

为了方便使用，电路图编辑窗口的上方和右侧有 Capture 提供的常用子命令工具按钮。这些按钮如果按照功能划分，可分成 4 类。

1. 基本工具按钮

基本工具按钮是位于电路图编辑窗口上方左侧的 14 个按钮和 1 个列表框，如图 2-19 所示，从左向右分别对应于"File"主命令菜单中的 New、Open、Save 与 Print 子命令，"Edit"主命令菜单中的 Cut、Copy、Paste、Undo 和 Redo 子命令紧随其后，列表框中显示新近使用过的元件，排在后面的是"View\Zoom"菜单下的 In、Out、Area、All 以及 Fisheye view 子命令。

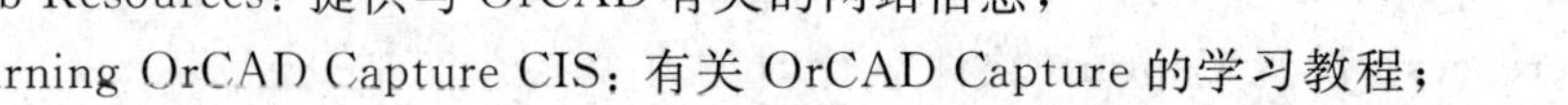

图 2-19　基本工具按钮

2. 后处理工具按钮

后处理工具按钮位于基本工具按钮右边的 6 个按钮，如图 2-20 所示。它们的作用是对绘制好的电路图进行各种后处理，依次对应于项目管理器窗口中"Tools"主菜单下的元件自

图 2-20　后处理工具按钮

动编号(Annotate)、回标(Back Annotation)、设计规则检查(Resign Rules Check)、生成网络表(Create Netlist)、交互参考报表(Cross Reference Parts)、材料清单(Bill of Materials)子命令。

3. 其他工具按钮

其他工具按钮共 5 个,如图 2 - 21 所示,从左向右其作用分别为锁定栅格(Snap to Grid)、区域选择设定(Area Select)、拖曳连线的对象设定(Drag Connected Object)、切换到项目管理器窗口(Project Manager)和帮助(Help)。

图 2 - 21　其他工具按钮

4. 绘图工具按钮

电路图编辑窗口右侧的工具栏包括 28 个绘图工具按钮,如图 2 - 22 所示。多数按钮对应于"Place"主命令菜单中的绘图子命令。

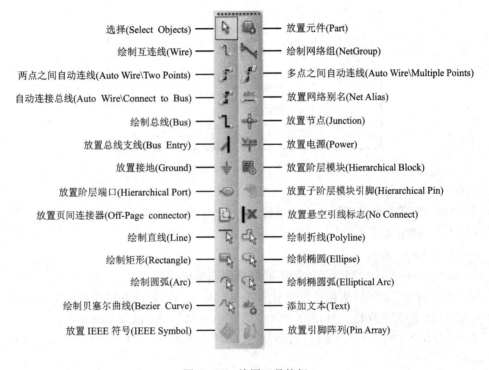

选择(Select Objects)		放置元件(Part)
绘制互连线(Wire)		绘制网络组(NetGroup)
两点之间自动连线(Auto Wire\Two Points)		多点之间自动连线(Auto Wire\Multiple Points)
自动连接总线(Auto Wire\Connect to Bus)		放置网络别名(Net Alias)
绘制总线(Bus)		放置节点(Junction)
放置总线支线(Bus Entry)		放置电源(Power)
放置接地(Ground)		放置阶层模块(Hierarchical Block)
放置阶层端口(Hierarchical Port)		放置子阶层模块引脚(Hierarchical Pin)
放置页间连接器(Off-Page connector)		放置悬空引线标志(No Connect)
绘制直线(Line)		绘制折线(Polyline)
绘制矩形(Rectangle)		绘制椭圆(Ellipse)
绘制圆弧(Arc)		绘制椭圆弧(Elliptical Arc)
绘制贝塞尔曲线(Bezier Curve)		添加文本(Text)
放置 IEEE 符号(IEEE Symbol)		放置引脚阵列(Pin Array)

图 2 - 22　绘图工具按钮

在电路设计中,使用以上工具按钮操作方便、节省时间。此外,推荐使用快捷键(显示在命令菜单的右侧),熟记并运用它们,可以更方便快捷地执行操作,大大提高工作效率。

2.5　设置绘图环境参数

在电路设计中,新打开的绘图页规格、背景、边框、标题栏等均采用 Capture CIS 的默认设置。如果默认参数不合适,在电路图绘制过程中可随时调整。

2.5.1 设置绘图页参数

1. 设置图纸规格

图纸规格要视所绘制电路图的复杂程度而定，如果一开始还不能确定图纸的尺寸，可以先采用 Capture CIS 给出的默认值（Size A），在需要的时候另行定义合适的绘图纸规格。选择"Options\Schematic Page Properties"菜单命令，调出 Schematic Page Properties 对话框，默认显示如图 2-23 所示的 Page Size 标签页。

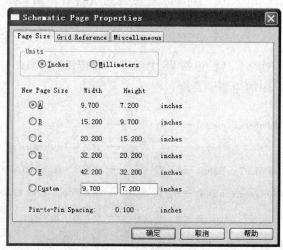

图 2-23　Page Size 标签页

在 Page Size 标签页中，

（1）Units 栏用于选定图纸尺寸的单位。

• Inches：表示英寸；

• Millimeters：表示毫米。

（2）New Page Size 栏列出了 6 种不同规格的图纸以供选择。

若以英寸为单位，不同规格的图纸代号为 A、B、C、D、E 以及用户自定义 Custom；若以毫米为单位，则图纸规格代号相应为 A4、A3、A2、A1、A0 以及 Custom。

（3）Pin-to-Pin Spacing 用于设置元件引脚间的最小间距，对应于绘图页面上网格点的最小间距。

2. 设置图幅分区

选择执行"Options \ Schematic Page Properties"菜单命令，在 Schematic Page Properties 对话框中点击 Grid Reference 标签，如图 2-24 所示。该标签页用于设置图幅分区，即在图纸的水平方向和垂直方向划分几个区，分别用字母或数字作为区编号，目的是方便确定电路元素在图纸上的位置。

1）图幅分区的设置

Horizontal 或 Vertical 栏内的 4 项参数用来设置水平或垂直图幅分区的划分方式。

• Count：在 Horizontal 栏内设置水平方向的分区数；在 Vertical 栏内设置垂直方向的分区数。

• Alphabetic 和 Numeric：用于确定分区编号采用字母还是数字，二者择一。

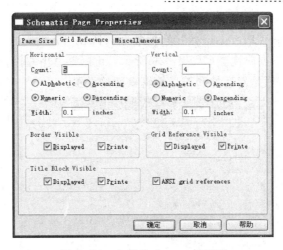

图 2-24　Grid Reference 标签页

· Ascending 和 Descending：用于确定分区的编号是增大还是减小，二者择一。Horizontal 规定方向是从图纸左上角起向右，Vertical 规定方向是从图纸左上角起向下。

· Width：设置分区编号框线的宽度。

2）屏幕显示和打印状态的设置

· Border Visible：用于确定图纸边框线是否显示在屏幕上和打印输出在电路图上；

· Title Block Visible：用于确定标题栏框是否显示在屏幕上和打印输出在电路图上；

· Grid Reference Visible：用于确定图幅分区是否显示在屏幕上和打印输出在电路图上；

· ANSI grid references 用于确定是否采用美国标准化协会关于图幅分区的划分规定。

3. 设置颜色

选择执行"Options\Preferences"菜单命令，调出 Preferences 对话框，显示 Colors/Print 标签页，如图 2-25 所示。此标签页用于设置电路元素在电路图中的显示及打印输出颜色。用户可以根据自己的喜好设置颜色，如果点击右下角的"Use Defaults"按钮，则使用系统默认值。

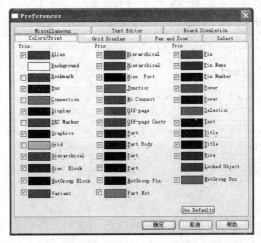

图 2-25　Colors/Print 标签页

4. 设置格点属性

选择执行"Options\Preferences"菜单命令，调出 Preferences 对话框，显示 Grid Display 标签页，设置格点属性。如图 2-26 所示，此标签页由左、右两栏组成，左栏是对原理图页面的设置，右栏是对元件和符号编辑页面的设置。

图 2-26　Grid Display 标签页

（1）Visible 栏用于设定格点可视性，选中 Displayed 则设置格点可见。这一属性设置还可以在菜单"View\Grid"中直接设定。

（2）Grid Style 栏用于设定格点的形态，Dots 和 Lines 分别为点状和线状。

（3）Pointer snap to grid 用于设置光标定位是否与网格线对齐。

2.5.2　设置模板参数

执行"Options\Design Template"命令，弹出 Design Template 对话框，该对话框中选项用于电路设计模板配置，此项设置只作用于以后的新建设计项目，对当前设计不起作用。

（1）Fonts 标签页，如图 2-27 所示，用于设置电路中不同电路元素相关文字采用的字体。

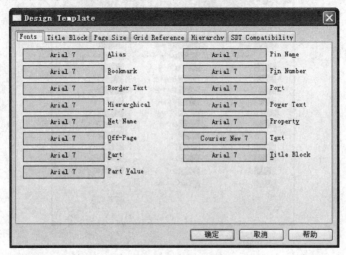

图 2-27　Fonts 标签页

（2）Title Block 标签页，如图 2-28 所示，用于设置电路图纸中标题栏样式及内容。Text 栏用于填写标题、公司名称及地址（共计 4 行）、文件号码、电路图的版本号，以及美国联邦政府制定的商业及政府机构代码（Commercial And Government Entity Code）；Symbol 栏用于设置调用标题栏的路径及名称。

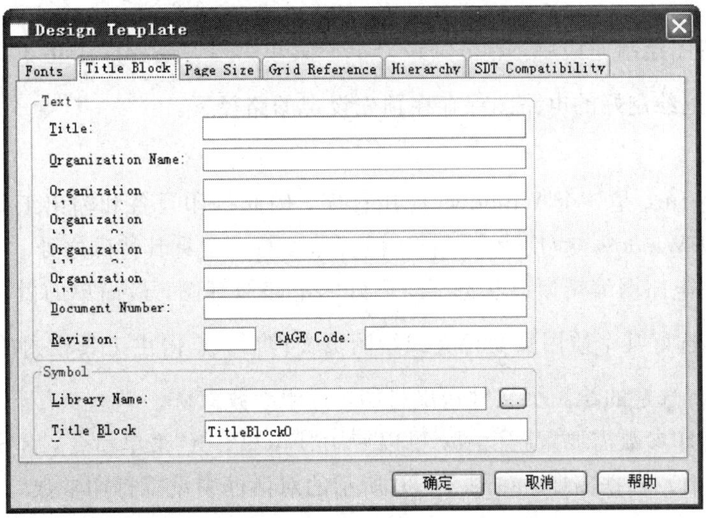

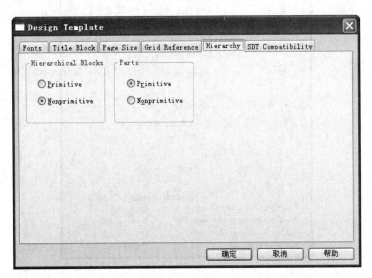

图 2-28　Title Block 标签页

（3）Hierarchy 标签页用于层次式电路原理图属性参数设置，如图 2-29 所示。Hierarchy 标签页由 Hierarchical Blocks 和 Parts 两个选项框组成，分别设置层次式原理图中阶层模块和元件的属性，Primitive 为基本组件，Nonprimitive 为非基本组件。

图 2-29　Hierarchy 标签页

（4）SDT Compatibility 标签页用于与早期版本相兼容的设置。在早期的 DOS 版本 OrCAD 软件包中，与 Capture 对应的软件为 Schematic Design Tools（SDT），如果要将 Capture 生成的电路设计存为 SDT 格式，就需要采用 SDT Compatibility 标签页的设置。

每一行左边的项目，即 Part Field 分别为 SDT 软件中要求的元件域名，设置时应将 Capture 生成的电路设计中与该 SDT 元件域名对应的参数输入其右侧的文本框中。

2.5.3 设置保存、打印及文件归档

1. 保存

在电路原理图绘制完成后，点击"File\Save"菜单命令，或者点击主工具栏内的保存按钮，都可以把绘制好的电路图保存在预先设定的路径下。

2. 打印

OrCAD Capture 是一个 Windows 应用程序，因此打印设备和输出纸张设置以及打印输出方法与一般 Windows 应用程序相同，但打印参数设置有其特殊之处。

要想打印在电路图编辑窗口状态下绘制好的电路原理图，最简单的做法就是切换到项目管理器窗口，选好某个绘图页文件夹或绘图页文件后，点击主工具栏内的打印按钮，Capture CIS 会将选定的绘图页文件送出打印，打印参数默认。

如果某些打印参数需要重新设置，可以使用"File\Print"菜单命令，弹出如图 2-30 所示的 Print 对话框。根据需要，在图 2-30 所示的对话框中设置打印参数。

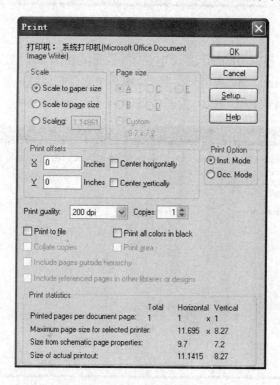

图 2-30 Print 对话框

（1）Scale 选项框用于设定打印倍率。

· Scale to paper size：表示根据选定纸张尺寸自动调整打印倍率，将电路图打印到一张纸上。

· Scale to page size：选中此项，右侧 Page size 栏变为可选，表示选定纸张规格可为 A~E或者 Custom，系统将按照这个设定尺寸打印输出电路图。如果一张打印纸容纳不下，则需要多张打印纸才能输出一幅电路图。

· Scaling：设置打印电路图的缩放比例。

（2）Print offsets 用于设置打印纸的偏移量，由 X 和 Y 偏移量的值控制打印输出的电路图左上角与打印纸左上角之间的距离。

3. 设计文件自动归档

切换到项目管理器窗口，选择执行"File\Archive Project"命令，弹出如图 2-31 所示的 Archive Project 对话框。

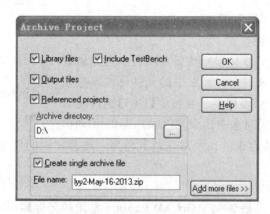

图 2-31　Archive Project 对话框

图中上面区域 4 个复选框用于设定自动归档文件包含的文件类型；中间区域 Archive directory 编辑栏用于设定归档文件的路径；下面区域用于设定是否创建一个设计文件的压缩包，系统默认文件名为工程文件名与日期的组合。

2.6　绘制电路原理图

一个电子产品的电路原理图通常设计在一张或者几张电路图纸上。电路原理图组成的基本元素包括元件、电源和地、电气连线、节点、网络别名、说明文字、标示图形，复杂一些的电路图还包括总线与总线支线，层次式电路结构还包括阶层模块和阶层引脚以及页间连接器等。

元件都保存在元件库里，如果需要的元件不包含在库中，用户也可以根据资料自行创建并保存到库中。电路图编辑窗口起一个组装作用，把元件符号从库里调出来，摆放到合适的位置，然后进行电气连接及各种辅助操作，最终完成原理图的设计。

2.6.1　元件的选取与放置

在电路图编辑窗口状态下，选取及放置元件的操作过程如下：

1. 调出 Place Part 对话框

选择执行"Place\Part"菜单命令，或者点击绘图工具栏内的图标按钮 ，弹出 Place Part 对话框，如图 2-32 所示。

此对话框可以分为 5 项内容：

（1）Part 栏用于输入或显示元件名称。

（2）Part List 栏显示选中库的元件列表。

（3）Libraries 栏显示已经添加好的库文件。

（4）Packaging 栏显示调用元件封装模块数及类型，同时左侧预览框内会显示元件符号。

（5）Search for Part 栏用于查找元件。

2. 添加或移除元件库

Libraries 栏内的列表框里显示该设计项目中已添加好的元件库。点击某一库文件后，该库中的元件将按字母顺序显示在其上方的元件列表框中。在按下【Ctrl】键的同时再点击其他库名称，可同时选中几个元件库。表 2-1 列出了 OrCAD Capture 系统自带的几个常用的元件库，熟悉常用的库文件能极大地提高工作效率。

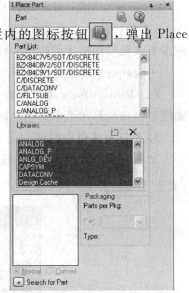

图 2-32 Place Part 对话框

表 2-1 OrCAD Capture 常用的元件库

ANALOG.OLB	模拟电子电路无源器件库，存放电阻、电容、电感、变压器、控制电源等
ANALOG_P.OLB	存放电阻、电容、电感
CONNECTOR.OLB	接插件元件库，存放连接器，如 4 HEADER、BNC、PHONEJACK 等
DISCRETE.OLB	混合元件库，存放分立式元件，如电阻、电容、电感、开关、变压器等常用零件
SOURCE.OLB	存放电源和接地
SOURCSTM.OLB	存放数字电路使用的电源
CAPSYM.OLB	符号元件库，存放电源、地、输入/输出口、标题栏等
TRANSISTOR.OLB	晶体管元件库，存放晶体管（含 FET、UJT、PUT 等），如 2N2222A、2N2905 等
DESIGN CACHE	设计缓存元件库，绘图时自动形成，存放当前电路图绘制过程中使用过的元件符号，包括使用后已删除的

如果欲调用元件所在的库文件并没有出现在库列表中，那么需要添加库文件。点击库文件列表上方的添加库按钮 ，弹出 Browse File 对话框，其中列出了系统提供的所有以".olb"为扩展名的库文件，如图 2-33 所示。用鼠标选择欲添加库，点击"打开"按钮，即可将选中的库文件添加至库列表中。可以一次多添加几个库，方法是按住【Ctrl】键不放，用鼠标左键选取所要的库文件后单击"打开"按钮；也可以在窗口空白处单击鼠标左键，然后使用快捷键【Ctrl+A】，选中所有库文件后点击"打开"按钮，即可将所有的元件库配置到设计项目中。虽然添加更多的元件库能够扩大元件的搜索范围，但是库文件太多，会导致计

算机的运行速度变慢。

　　库列表中有不必要的元件库，可以移除。在库列表中选中一个或多个需要移除的库文件，点击库列表上方的移除库按钮 ✖，即可将多余的库文件从列表中移除。

图 2-33　添加库文件

3. 查找并选择元件

　　如果知道元件名称，并且已经配置好元件所在的库文件，就可以在 Part 栏内直接输入元件名称，预览框内会显示这个元件的符号、名称和默认值。有时一个封装内有数个子元件，Packaging 栏会显示封装内包含的子元件数量，同时预览框右下角显示此元件的 PSpice 模型和 Layout 的 PCB 模型。

　　如果不能完全确定元件的名称，则可以利用两个通配符"＊"和"？"来配合，或者在 Part 栏内输入欲调用元件的前几个字母，系统就会自动搜寻头部含有这几个字母的元件并在元件列表框中罗列出来，点击欲调用的元件名称，则各栏内也有相应显示。

　　如果不能确定元件在哪一个库文件，则需要使用"Search for Part"功能查找元件。点击 Search for Part 前面的按钮 ⊕，展开 Search for Part 对话框。在 Search for 栏内输入欲查找的元件名称，Path 用于设置元件搜索路径。当然，被搜索元件所在的元件库必须在此路径下才能确保搜索成功。接着点击 Part Search 按钮 🔍 启动自动搜寻。搜索完毕，凡是符合条件的元件及所在元件库都会显示在下面列表内。选择某元件及所在库，再点击"Add"按钮，即可完成添加库的操作，同时预览框内显示该元件符号，其他各栏内相应显示元件相关信息。本例电容的搜索结果如图 2-34 所示，列表中显示搜索到 4 个符合要求的电容，包含在 4 个库中，分别是 analog.olb、analog_p.olb、dataconv.olb 和 filtsub.olb，选择 C/analog.olb，点击"Add"按钮，将 analog.olb 库添加到库列表中，同时该电容的符号、名称、参数值以及 PSpice 模型和 Layout 的 PCB 模型等信息均显示出来。

　　查找到元件后按回车键，或者双击 Part List 栏内的欲调用元件名称，元件符号即出现在鼠标光标上。

4. 放置元件和结束放置元件

被调至绘图页面上的元件将附着在鼠标光标上并随着光标移动。移至合适位置后点击鼠标左键或者按下空格键，即在该位置放置一个元件。这时再移动光标，还可在电路图的其他位置继续放置该元件，Capture CIS 还会为依次放置的相同元件自动增加其编号。如图 2-35 所示，绘图页上放置了 4 个电容、4 个电阻和 3 个电感，与其所放位置无关，系统依照它们被放置的先后顺序自动为其编号。

在元件被放置到绘图页之前、元件符号能随着鼠标光标移动的状态下，单击鼠标右键，出现元件放置快捷菜单。选择执行其中的"End Mode"子命令即可结束元件放置状态，也可以按下【Esc】键，或者点击绘图工具栏中的选择按钮 ，结束元件放置状态。所有结束绘制原理图的动作都可以利用上述命令。

图 2-34 利用 Search for Part 功能查找元件

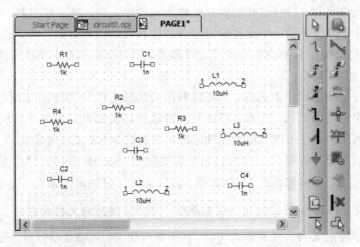

图 2-35 Capture CIS 为依次放置的元件编号

2.6.2 电源的选取与放置

1. 两种类型的电源和接地符号

OrCAD Capture CIS 符号库中有两类电源符号。一类是 CAPSYM 库中提供的 5 种电源符号，它们仅仅是一种符号，在电路图中只表示该处要连接的是一种电源，本身不具备任何电压值。但是这类电源符号具有全局（Global）相连的特点，即在电路中具有相同名称的几个电源符号即使相互之间没有互连线，在电学上也是相通的。图 2－36 中 VCC 和 VEE 都是这类电源符号。另一类电源符号是由 SOURCE 库中提供的。这类符号代表真正的激励源，通过设置可以赋予它们一定的电平值。如图 2－36 中的 V1、V2 和 V3 均为这类电源符号。当然也可以把＋12 V 和－12 V 电源直接接到电路中 VCC 和 VEE 处，但是按通常习惯，我们经常把两个直流电源 VCC 和 VEE 按图 2－36 中所示形式绘制。因为如上所述这两个符号仅仅是一种符号，不具有任何电平值，所以在图右下角还需绘制一个附加小电路，表示 VCC 接到 V2(＋12V)，VEE 接到 V3(－12 V)。

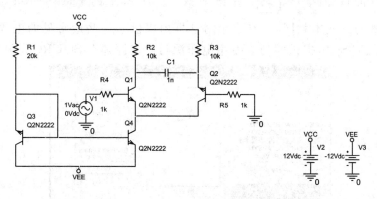

图 2－36　电源与接地符号绘制示范电路

接地符号的情况同样如此。CAPSYM 库中提供的 5 种接地符号只代表一种电学上相连的符号，只有 SOURCE 库中的接地符号(符号名称为“0”)才代表电位为 0 的“地”。

图 2－37 和图 2－38 是 CAPSYM 库中的电压源和接地符号。SOURCE 库中的电源符号很多，这里不一一列出。

(a) 普通符号　(b) 箭头状　(c) 棒状　(d) 圆头状　(e) 波浪状

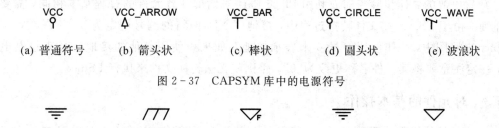

图 2－37　CAPSYM 库中的电源符号

(a) 地　(b) 大地　(c) 基本域信号地　(d) 电源地　(e) 信号地

图 2－38　CAPSYM 库中的接地符号

2. 电源和接地符号的选用原则

(1) 模拟电路中的直流电压源或电流源、交流和瞬态信号源以及数字电路中的输入激励信号源，被视为一般电路元件，执行“Place\Part”子命令，从 SOURCE 库(或 SOURCSTM 库)中选用。

(2) 加于数字电路输入端的高电平信号和低电平信号应执行“Place\Power”子命令，或者使用工具按钮从 SOURCE 库中选用“$D－HI”和“$D－LO”两种符号。

(3) 调用 PSpice 对模拟电路进行模拟分析时，电路中一定要有一个电位为 0 的接地点。这种 0 电位接地符号必须通过执行“Place\Ground”子命令，或者使用工具按钮从

SOURCE 库中选用名称为"0"的接地符号。图 2-36 中采用了 4 个这种接地符号，并且这 4 个"地"是电学相连的。

（4）如果使用了 CAPSYM 库中的电源或接地符号，那么还需要调用 SOURCE 库中的符号进一步说明这些电源和接地符号的电平值，如图 2-36 右下角的附加小电路所示。

3. 电源和接地符号放置

放置电源与接地符号，执行"Place\Power"和"Place\Ground"菜单命令，或者点击绘图工具栏内的按钮 和 ，弹出如图 2-39 所示的 Place Power 对话框（Place Ground 对话框与此基本相同）。在这个对话框内提供了一些最常见的电源符号和接地符号以供选择。PSpice 提供的仿真专用电压源与电流源都在 SOURCE.OLB 元件库内。

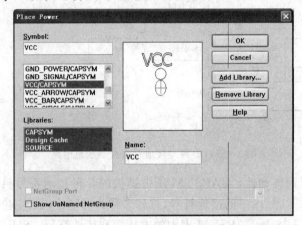

图 2-39　利用 Place Power 对话框放置电源符号

放置电源的具体步骤与前面利用 Place Part 对话框放置元件的过程基本相同，需要说明的是，由于 PSpice 在文件转换过程中，接地（GND）网络的编号固定为 0，所以在本书的 PSpice 电路图中，一律使用符号 0 来表示接地。如果想使用其他的接地符号来绘制电路图，一定注意要将其元件名称更改为"0"，否则就无法转换文件来执行 PSpice。

2.6.3　对元件的基本操作

在将元件放置到绘图页面之后，用鼠标左键单击需要处理的元件，使其处于被虚线框包围的激活状态，此时单击鼠标右键，会出现如图 2-40 所示的元件操作快捷菜单，该菜单列出了与元件绘制和操作密切相关的子命令。

1. 剪切、复制、粘贴与删除

1）剪切

选取欲剪切的对象，然后使用"Edit\Cut"菜单命令，或者点击工具按钮 ，或者按下【Ctrl+X】键来执行剪切操作。

2）复制

选取欲复制的对象，然后使用"Edit\Copy"菜单命令，或者点击工具按钮 ，或者按下【Ctrl+C】键来执行复制操作。

3）粘贴

要进行粘贴操作，可以选择"Edit\Paste"菜单命令，或者点击工具按钮 📋 ，或者按下
【Ctrl＋V】键，都会出现一个剪贴板内容图像随着鼠标光标在
绘图页面上移动，到达满意位置后，按下鼠标左键或者按下
【Enter】键完成粘贴操作。

4）删除

选取欲删除的对象，然后使用"Edit\Delete"菜单命令，也
可以按下【Delete】键或者【Backspace】键完成删除操作。

2. 翻转和旋转

- Mirror Horizontally：将元件做水平镜像处理。
- Mirror Vertically：将元件做垂直镜像处理。
- Mirror Both：将元件同时做水平和垂直镜像处理。
- Rotate：将元件逆时针旋转 90°。

这些操作也可以使用主功能菜单的"Edit"选项来执行。

3. 移动与拖曳

对元件的移动，就是在绘图页上改变元件或元件组的位
置。首先应该选取要移动的对象，在选取区内的任何一个地
方单击鼠标左键不放，被选取的对象就会随着呈现十字箭号
形状的鼠标光标移动，到某一合适位置时，放开鼠标左键就可
以完成移动。移动操作只是移动被选中的对象，电路中原先
与该对象相连的互连线并不随之发生变化，显然这时电路的
连接关系将改变。

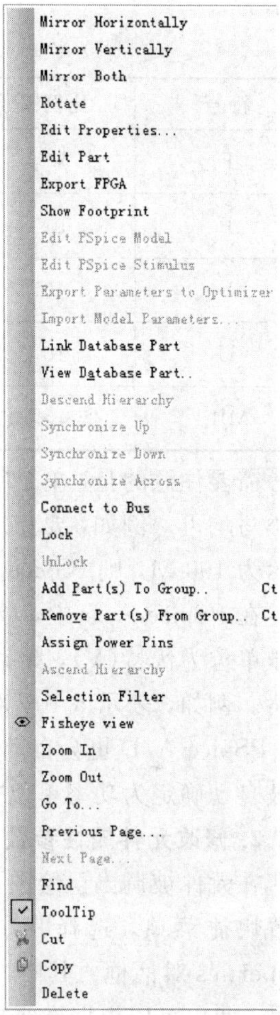

对元件的拖曳，是指在选取对象的时候，选取范围的边缘
包含了互连线或总线，那么在移动元件时，这些互连线或总线
并不会自动断开，而是像橡皮筋一样随之伸长或缩短，使电路
的连接关系保持不变。拖曳的操作与移动操作相同，都是先

图 2-40　元件操作快捷菜单

选取对象，然后在选取区内的任何一个地方单击鼠标左键不放，被选取的对象就会随着鼠
标光标移动，拖曳到希望的位置后，释放鼠标左键即可。拖曳操作虽然改变了一个对象在
绘图页的位置，但是原来电路的连通性和完整性并不被破坏。

2.6.4　元件参数设定和元件符号编辑

PSpice 对电路进行模拟分析时，要求电路图中的每一个元件均有一个与其类别相关的
编号。按 PSpice 的规定，同类元件的编号都以同一个关键字母开头。例如电路图中所有的
电阻编号均以 R 开头，后面为不同的数字，即 R1、R2、…，这样就可以区分出电路中的每
一个电阻；电容的编号为 C1、C2、…，集成芯片的编号为 U1、U2，等等。一般来说，
Capture CIS 默认的元件编号以绘制的先后为顺序。除此之外，Capture CIS 还默认元件的
性质、数值等。

1. PSpice 中的数字与单位表示

在 PSpice A/D 中，数字采用通常的科学表示方式，即可以采用整数、小数和以 10 为

底的指数来表示。用指数表示时,字母 E 代表底数为 10。例如,5.1k、5.1E3 和 5100 均表示同一个数。对于比较大或比较小的数字,还可以采用 10 种比例因子,如表2−2所示。

表 2−2　比　例　因　子

符号	比例因子	名称	符号	比例因子	名称
F	10^{-15}	飞(femto—)	M	10^{-3}	毫(milli—)
P	10^{-12}	皮(pico—)	K	10^{3}	千(kilo—)
N	10^{-9}	纳(nano—)	MEG	10^{6}	兆(mega—)
U	10^{-6}	微(micro—)	G	10^{9}	吉(giga—)
MIL	25.4×10^{-6}	密耳(mil)	T	10^{12}	太(tera—)

需要注意的是,单个字母 M 是代表 10^{-3}。要表示 10^{6} 必须用 MEG,共 3 个字母,字母大小写均可。例如,要指定 100 兆赫兹的频率,必须用 100MEG(100meg),若按平时习惯表示为 100 M,则 PSpice 将其理解为 100 毫赫兹。

在 PSpice A/D 中,单位采用国际单位制,即时间单位为秒(s),电流单位为安培(A),电压单位为伏特(V),频率单位为赫兹(Hz)。在绘图与仿真过程中,代表单位的字母可以省略。例如,表示 5.1 千欧姆的电阻时,用 5.1k 和 5.1kOhm 均可。对于几个量的运算结果,PSpice A/D 也会自动确定其单位。例如,若出现电压与电流相乘的情况,则运算结果会被自动确定为功率单位"瓦特"(W)。

2. 修改元件属性参数

在元件被调出至绘图页面,但是还没有被放置的情况下,单击鼠标右键,会出现元件放置快捷菜单,选择其中的"Edit Properties"子命令,弹出图 2−41 所示的 Edit Part Properties 对话框。其中,Part Value 和 Part Reference 栏内显示了系统默认的元件数值和编号,我们可以根据需要自行修改。修改属性参数后的元件,再继续放置时刚才设定的参数依然会保持。

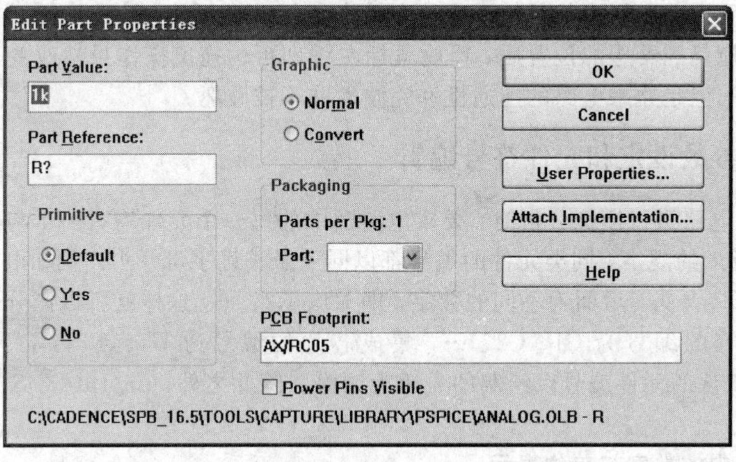

图 2−41　Edit Part Properties 对话框

如果元件已被放置到绘图页面上，则直接双击该元件符号，或者先选中该元件使之处于被粉色虚线框包围的激活状态，然后单击鼠标右键，出现元件操作快捷菜单，选择其中的"Edit Properties"子命令，调出图 2-42 所示的 Property Editor 对话框，这是一个元件属性参数编辑器。在 Reference 栏内更改元件名称及编号，在 Value 栏内修订元件的参数值。本例中在 Reference 栏内修改名称，在 Value 栏内修改元件值。

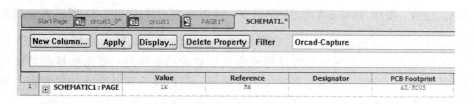

图 2-42　利用 Property Editor 对话框修改元件属性参数

元件被放置到绘图页面后还有更简便易行的方法修改元件属性参数，就是直接在欲修改的参数上双击鼠标左键，调出相应对话框，修改完毕，点击"OK"按钮即可。图 2-43 为修改元件名称和数值。

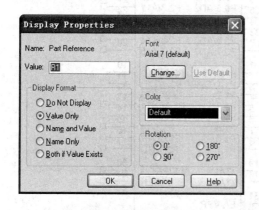
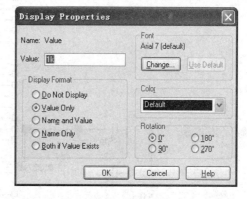

(a) 修改电阻名称　　　　　　　　　　　　(b) 修改电阻数值

图 2-43　利用 Display Properties 对话框更改电阻名称和数值

3. 编辑元件符号

在绘图页面上单击一个元件符号，如本例中的电阻，使其处于选中状态，然后选择执行"Edit\Part"子命令，或者选中元件后单击鼠标右键，选择元件操作快捷菜单中的"Edit Part"子命令，打开如图 2-44 所示的元件符号编辑窗口，对元件符号进行编辑处理。

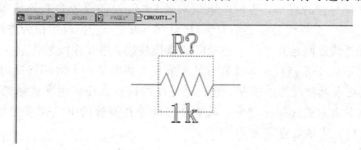

图 2-44　元件符号编辑窗口

2.6.5 绘制电连接线

1. 绘制互连线

将电路图中的元件放置到绘图页面的合适位置，就可以用电连接线将它们连接起来，连线的目的就是依照设计电路的要求建立网络。

绘制互连线，使用"Place\Wire"菜单命令，或者点击工具按钮 ，即进入绘制互连线的状态，此时鼠标光标的形状会由空心箭号变为虚线的十字。将光标移至互连线的起始端，单击鼠标左键，就会出现一个可以随鼠标光标移动的欲拉线，把光标移动到互连线的转弯点，每单击鼠标左键一次就可以定位一次转弯。当拖曳线到某个元件的管脚上单击鼠标左键，就会终止本次互连线的操作。绘制互连线连接元件，如图 2-45 所示。

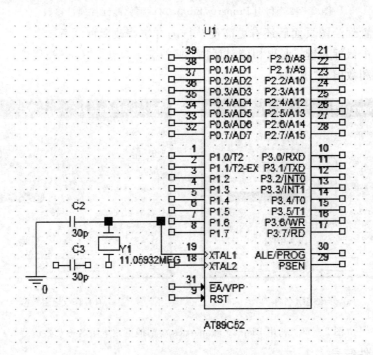

图 2-45 绘制互连线连接元件

上面介绍的操作只能绘制直角转弯的互连线。如果想绘制任意角度走向的斜线，要先按下【Shift】键不放，再用鼠标控制光标移动，即可实现斜线的绘制。

通常判断连接与否的规则：当两个电气对象(电气元件或者是互连线等)的电气接点(元件为空心小方块，互连线为实心小方块)接触在一起时，它们就被视为连接在一起了。

互连线与互连线之间还有以下一些专门的连接规则：当互连线的终端连接到任何其他互连线的转角而形成 T 形连接时，或是与另一条互连线的某一个终端连接时，或是两条互连线重叠时，其终端就被视为连接在一起。互连线的终点以任何角度接触到元件的管脚或电源对象均被视为有效的连接。通常，系统会自动地在有效的电气连接处放置一个节点。当然，我们也可以人为地放置节点。

2. 放置节点

通常情况下，Capture CIS 会自动地在互连线交汇处放置节点。如果想要自己添加节点，可以使用"Place\Junction"菜单命令，或者点击工具按钮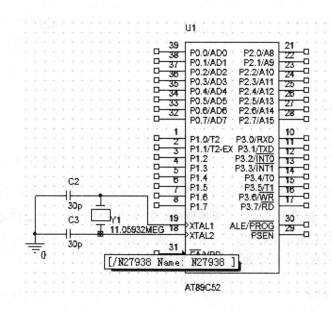，可以进入节点绘制状态，这时空心箭号形状的鼠标光标前面会多出来一个实心黑点。用鼠标光标移动黑点使其浮在欲放置节点位置上，再单击鼠标左键即可实现节点放置，此时系统仍处于节点绘制状态，可以继续在电路的其他位置放置节点。如图 2-46 中 3 个 T 形连接处都被放置了节点。

如果某连接处已有节点放置，在节点绘制状态下，将带有实心黑点的光标移到这个节点处并单击鼠标左键，则该位置的节点将被删除，这实际上提供了一种删除节点的方法。

图 2-46　在电路图中放置节点

3. 绘制总线与总线支线

在大规模原理图的设计过程中，使用总线会使电路图布局简化、走线清晰。总线表示多条线路的集合，绘图时是粗的深蓝色线。

使用"Place\Bus"菜单命令，或者单击工具按钮，即可进入绘制总线状态，总线的绘制方法与互连线相同。总线绘制完毕，还要绘制总线支线，使用"Place\Bus Entry"菜单命令，或者点击工具按钮，就可以绘制一小段斜线，连接互连线和总线。绘制总线及总线支线，如图 2-47 所示。

4. 自动连线

Cadence 16.* 版的 Capture 还增加了自动连线功能，包括两点之间、多点之间、互连线与总线以及总线与总线之间的自动连线。其中两点之间自动连线功能操作过程很简单，选择执行"Place\Auto Wires\Two Points"菜单命令，或者直接单击工具按钮，单击鼠标左键选中欲连线的两个点，随即两点之间生成互连线。多点之间和连接到总线（包括互连

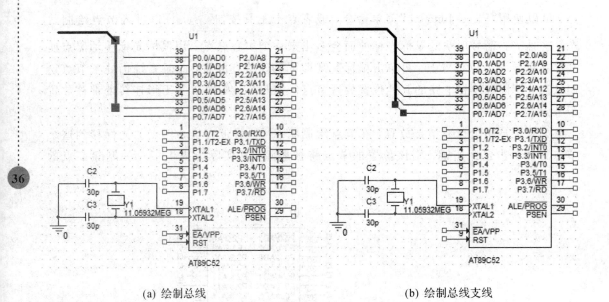

(a) 绘制总线　　　　　　　　　　　　(b) 绘制总线支线

图 2-47　绘制总线及总线支线

线与总线连接、总线与总线连接)的自动连线操作稍微复杂，选择执行"Place\Auto Wires\Multiple Points"或"Place\Auto Wires\Connect to Bus"，或者单击工具按钮 或 ，然后单击鼠标左键选中欲连线的所有点或所有线，再单击鼠标右键，调出自动连线操作菜单，选择"Connect"或者"Connect to Bus"命令，完成自动连线动作。Capture 强大的自动连线功能，可以帮助我们准确、高效地完成电路原理图的设计。

2.6.6　放置网络别名

电路中不同位置的节点，即使并未互相连接，只要它们的节点名相同，就表示在电学上是互连的。Capture CIS 系统要通过节点名描述各个元件之间的连接关系来生成网络表文件，用 PSpice 进行电路模拟分析时系统要采用节点名来表示电路特性的分析结果。虽然系统会自动生成节点名，但有时为了方便使用，我们还可以自行设定一些有含义的或者具有提示作用的节点名称，即网络别名。

选择执行"Place\Net Alias"菜单命令，或者单击工具按钮 ，打开如图 2-48 所示的 Place Net Alias 对话框。图中，Alias 栏用于输入欲设置节点的名称，Color 栏用于设置颜色，Rotation 栏用于设置放置的旋转角度，Font 栏用于设置字体。完成各项设置后，单击"OK"按钮关闭对话框，这时就有一个代表网络别名的小方框随着鼠标光标箭头移动，单击鼠标左键即可实现放置。需要注意的是，放置网络别名时，光标箭头一定要指在欲放置网络别名的互连线或总线上，或者更直观的现象是使移动小方框的一边与互连线或总线重合，否则将放置不上。图 2-49 为在总线上添加网络别名"D[0..7]"。在不结束网络别名放置状态下继续放置，网络别名会自动增加其编号，如图中的 D0、D1、…、D7。

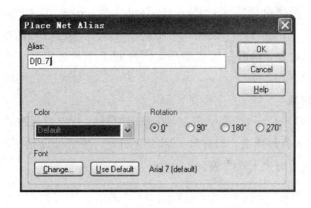

图 2-48　Place Net Alias 对话框

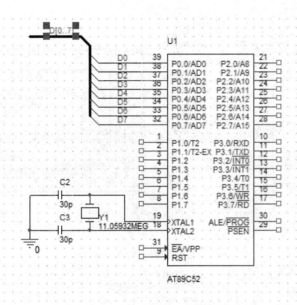

图 2-49　设置网络别名

2.6.7　添加辅助绘图元素

1. 添加文本

如果想在电路图中放置一些说明性文字，就要执行添加文本的操作。使用"Place\ Text"菜单命令，或者点击工具按钮 ，打开 Place Text 对话框，可以在编辑区内输入说明文字。注意，换行时要使用【Ctrl＋Enter】键而不能直接按下【Enter】键，否则就会关闭这个对话框。输入完成后，单击"OK"按钮，退出对话框，然后出现一个可以随着鼠标光标移动的小方框，将它移动到需要的地方后，单击鼠标左键即可定位。

2. 添加图片

Capture CIS 允许在绘图页面上放置图片，为在电路图中添加信号波形或者各种图形标志等提供了方便。选择执行"Place\Picture"菜单命令,在弹出的 Place Picture 对话框内选择需要的图片文件,单击"打开"按钮,调用该图片文件。这时对话框关闭,图片会随着鼠标光标移动到目标位置,单击左键放置后,图片的 4 个角会出现 4 个矩形小方框,拖曳小方框可调整图片大小。

3. 插入嵌入式对象

选择执行"Place\OleObject"菜单命令,在弹出的插入对象对话框内选择需要的插入对象类型,如数学公式、各种图表、幻灯片、VISIO 图等,甚至可以是视频和音效。图 2 - 50 就是在原理图中插入了一个 Excel 表。

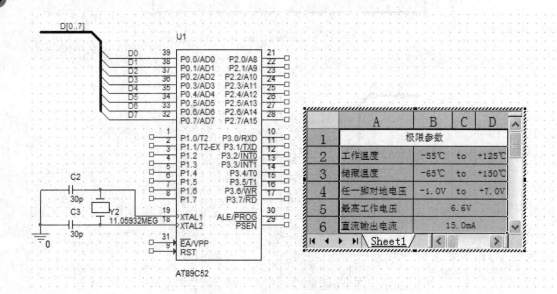

图 2 - 50　在原理图中插入 Excel 表

2.6.8　标题栏的处理

当打开一幅电路图时,在图纸的右下角会显示标题栏。OrCAD Capture CIS 把标题栏放在 CAPSYM.OLB 元件库中,当要放置标题栏时,执行"Place\Title Block"菜单命令,弹出如图 2 - 51 所示的对话框,选择所需要的标题栏模板。图 2 - 52 所示的是 TitieBolck0 标题栏模板。

若想修改电路原理图名称,则双击图 2 - 52 中的"＜Title＞",弹出 Display Properties 对话框。在 Value 栏内输入电路原理图名称。若要改变字体,则单击"Change…"按钮。当一切都设置完毕后,单击"OK"按钮,就可以返回标题栏了。Size 栏是由系统根据所使用的图纸大小而自动设置的,Date 栏根据系统的日期自动输入,Sheet 栏根据项目中电路图的数量及该电路图的顺序而定。

至此,一个单页式电路原理图绘制基本完毕,使用"File\Save"菜单命令,或者单击工具按钮🖬,或者按下【Ctrl＋S】键把绘制好的电路原理图保存在预先设定的路径下。

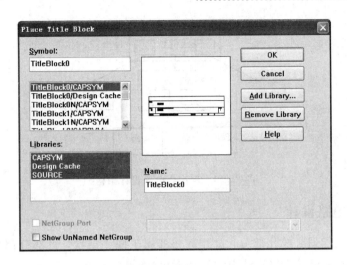

图 2-51　Place Title Block 对话框

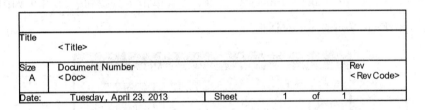

图 2-52　TitleBlock0 标题栏模板

2.7　平坦式和层次式电路设计

在 OrCAD Capture 电路原理图的设计中，包括以下三种电路图结构：

(1) 单页式电路设计(One-Page Design)，整个电路设计绘制在一张图纸上。

(2) 平坦式电路设计(Flat Design)，只包括一个层次的电路设计，可以包括多张电路图纸，图纸之间用页间连接器相连。平坦式电路设计结构如图 2-53 所示。

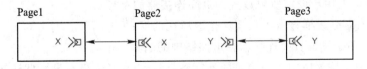

图 2-53　平坦式电路设计结构

(3) 层次式电路设计(Hierarchical Design)，将一个庞大的电路原理图分成若干个模块，且每个模块可以再分成几个基本模块。在层次式电路中，通常主图是由若干个阶层模块组成的，它们之间的电气连接通过阶层端口和网络别名实现。层次式电路设计结构如图 2-54 所示。

如果电路规模过大或设计复杂，一般采用平坦式或层次式设计，会使电路结构清晰，同时也易于工作组成员分工同时开展设计工作，大大提高设计效率。

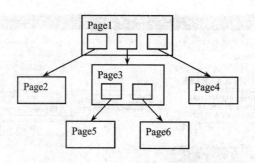

图 2-54　层次式电路设计结构

2.7.1　平坦式电路设计

将电路按照功能划分成几部分，这几部分都属于同一层次，每部分都单独绘制，之后每张电路图采用页间连接器（Off-page Connector）连接。

选择执行"Place\Off-Page Connector"命令，或者单击工具按钮，弹出如图 2-55 所示的 Place Off-Page Connector 对话框。

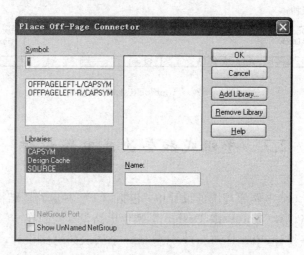

图 2-55　Place Off-Page Connector 对话框

（1）Symbol 栏用于设定所要放置的页间连接器的符号；

（2）Libraries 列表框显示了页间连接器所在的库；

（3）Name 用于设置页间连接器在电路图中的名称。

当用户选中下拉菜单中的一个页间连接器，Symbol 栏内自动显示此连接器，预览框会显示图形符号，在 Name 栏内设定此页间连接器在原理图中的名称，设置完毕单击"OK"按钮即可将页间连接器符号放置到绘图页面上。

在使用 Capture 绘制的电路图中，同名称的页间连接器会有电气连接关系，这也是多张电路图组合连接成一个整体电路的原因。下面以一个简单的音频放大电路为例，使用页间连接器 Y 能将两页电路图连接在一起，如图 2-56 所示。

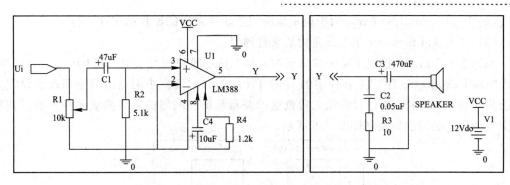

图 2-56　使用 Off-Page Connector 连接电路图

41

2.7.2　层次式电路设计

层次式电路结构有两种设计方法：其一是"自上而下"，首先在一张图纸上用阶层模块的形式设计总体结构，然后分别设计各个子功能模块电路，最后组成整个系统；其二是"自下而上"，与前者相反，先设计各个子功能模块，然后由各子功能模块对应的阶层模块组合成电路总体结构。目前，采用第一种"自上而下"的设计方法较多。我们以一个反馈式二阶有源低通滤波器为例，说明"自上而下"层次式电路设计过程。

1. 创建阶层模块

要创建阶层模块，可选择执行"Place\Hierarchical Block"菜单命令，或者单击工具按钮，弹出如图 2-57 所示的 Place Hierarchical Block 对话框。

图 2-57　Place Hierarchical Block 对话框

（1）Reference 下方用于设定阶层模块的编号。一个原理图文件夹可以对应多个阶层模块，这里的编号可以区别源于同一个文件夹的不同阶层模块。

（2）Primitive 用于设定阶层模块属性。

　　· No 表示非基本组件；

　　· Yes 表示基本组件；

　　· Default 表示默认状态。

（3）Implementation Type 用于指定阶层模块类型。

（4）Implementation name 用于设定该阶层模块所对应的原理图文件名称。

（5）Path and filename 用于设定内层文件路径。

如图 2-57 所示，设定了第一阶低通滤波器的阶层模块属性参数，以上内容设置完毕，单击"User Properties"按钮，在弹出的 User Properties 对话框中浏览或双击修改已设定的阶层模块属性。同样，可以设置第二阶低通滤波器和反馈网络的阶层模块属性参数。在原理图页面创建的阶层模块如图 2-58 所示。

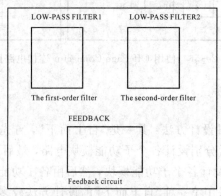

图 2-58　创建的阶层模块

2. 放置阶层模块引脚

创建阶层模块后，还需要放置阶层模块引脚。选中需要放置引脚的阶层模块，然后选择执行"Place\Hierarchical Pin"命令，或者单击工具按钮 ，弹出如图 2-59 所示的 Place Hierarchical Pin 对话框。

（1）Name 用于设定该阶层模块引脚名称。

（2）Type 用于设定阶层模块引脚的类型。

（3）Width 用于设定阶层模块引脚的宽度。

· Scalar 设定单一信号引脚宽度；

· Bus 设定总线信号引脚宽度。

设定了阶层模块的引脚属性，得到如图 2-60 所示的层次式结构原理图。

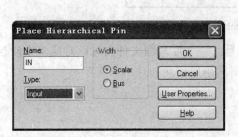

图 2-59　Place Hierarchical Pin 对话框

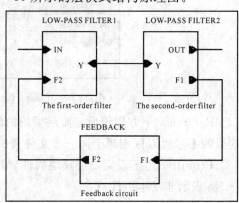

图 2-60　放置阶层模块引脚

3. 放置阶层端口

要放置阶层端口，可选择执行"Place\Hierarchical Port"命令，或者单击工具按钮 ，
弹出如图 2-61 所示的 Place Hierarchical Port 对话框。

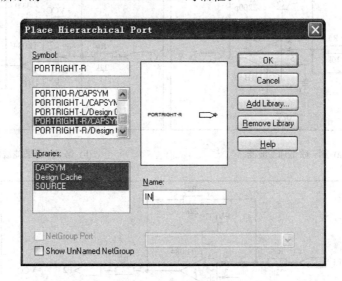

图 2-61　Place Hierarchical Port 对话框

（1）Symbol 用于设定放置阶层端口的符号。

（2）Libraries 列表框显示了端口所在的库。

（3）Name 用于设置在电路图中阶层端口名称。

如图 2-61 所示，设置了输入 IN、输出 OUT 端口，得到的原理图如图 2-62 所示。

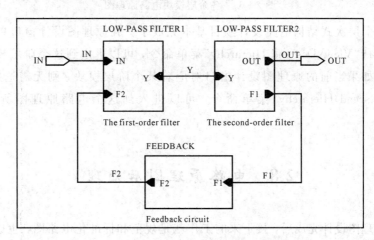

图 2-62　放置阶层端口

对阶层模块内部进行电路设计时，首先选中阶层模块，然后单击鼠标右键执行
"Descend Hierarchy"命令，即可调出一个为新电路图纸命名的对话框，设置完毕单击"OK"
按钮，系统自动产生该阶层模块对应的文件夹，打开一个新的电路图纸，并且阶层端口已
经存在。在新电路图纸上完成各阶层模块原理图设计，如图 2-63 所示。

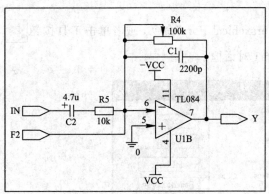

(a) 第一阶低通滤波器

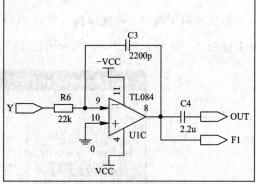

(b) 第二阶低通滤波器

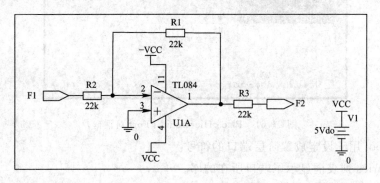

(c) 反馈电路

图 2-63　各阶层模块电路原理图

如上，一个层次式结构电路设计项目基本完成了。在原理图设计窗口单击选中阶层模块，然后执行"View\Descend Hierarchy"菜单命令，可以进入到这个阶层模块所对应的电路原理图；如果当前的原理图设计窗口对应着某个阶层模块，则无需选择任何对象，执行"View\Ascend Hierarchy"菜单命令，可以进入到这个电路原理图所对应的阶层模块。

2.8　电路原理图后处理

当电路原理图设计完成后，接下来的工作就是规范和标准化电路图，生成一些相关的文档资料，以便将来 PCB 设计和技术文档的管理。这些规范电路图并生成相关文档的工作就叫原理图的后处理。OrCAD Capture 系统具有智能化程度非常高的原理图后处理功能。

2.8.1　元件自动编号

因为元件编号（Reference）和子元件编号（Part Reference）是用来区分不同个体元件的，所以在电路图中，元件编号和子元件编号是唯一的。在电路图绘制的过程中，不要说复杂庞大的电路设计，就是稍微复杂的电路，仅凭手动修改，也很难保证元件编号不重复。

　　OrCAD Capture 提供了一个自动更新元件编号的功能。电路图绘制完毕后，在项目管理器窗口选中设计文件图标，选择执行"Tools\Annotate"命令，或者单击工具按钮 **U?** ，调出图 2-64 所示 Annotate 对话框的 Packaging 标签页，完成对元件的重新编号的设置。

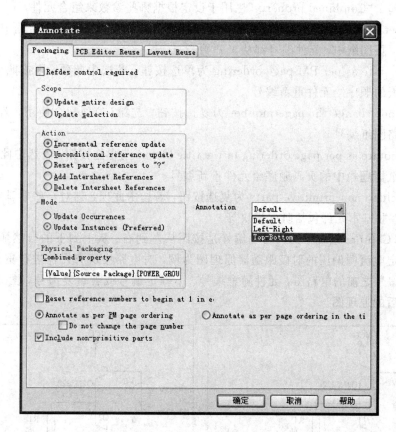

图 2-64　Annotate 对话框的 Packaging 标签页

　　（1）Refdes control required 为元件编号控制，例如，R? 中"?"的取值范围。

　　（2）Scope 设定元件自动编号范围。

　　• Update entire design：对整个设计项目的所有元件进行编号。

　　• Update Selection：将对在项目管理器窗口选中的电路图纸中所有元件进行编号。

　　（3）Action 用于确定执行的相关操作。

　　• Incremental reference update：以递增的方式给元件编号。只针对编号中有"?"的元件，在现有元件编号基础上递增编号。

　　• Unconditional reference update：无条件更新编号。不管电路图中元件是否已有编号，对所有元件都重新进行编号。

　　• Reset part reference to "?"：元件编号复位。将电路中所有元件编号中的数字都改回"?"。

· Add Intersheet References：在页间连接器编号旁添加图纸编号。

· Delete Intersheet References：删除位于页间连接器编号旁的图纸编号。

（4）Mode 为平坦式或层次式电路设计选项，平坦式电路设计一般选择默认方式，即 Update Instances(Preferred)。

（5）Physical Packaging 用于设置物理封装整合属性。对电路图做进一步处理时，有时需要将某些元件组合在一起，如一个电路中用到同一种集成电路的多个子元件，需要将它们组合在一起。"Combined property"栏用于设定根据哪些参数来组合元件。

（6）Reset reference numbers to begin at 1 in each page 为复选按钮，若选中此项，则组成电路的每一页图纸中，元件编号都从 1 开始。

（7）Annotate as per PM page ordering 为单选按钮，若选中此项，则按照项目管理窗口的电路图纸的顺序给元件重新编号。

（8）Do not change the page number 为复选按钮，与第（7）项配合使用，若选中此项，则不改变电路图纸编号。

（9）Annotate as per page ordering in the title blocks 为单选按钮，若选中此项，则按照每张电路图纸标题栏中的页码顺序给元件重新编号。

（10）Include non-primitive parts 为复选按钮，若选中此项，则对一些非基本元件也重新编号，这些非基本元件包括阶层模块等。

OrCAD Capture 系统给元件自动编号是按照从左到右、从上到下的自然顺序进行的。下面以一个定电流源偏压的射极跟随器原理图为例，对电路中所有元件进行重新编号。图 2-65(a)为编号之前的电路图，元件随意编号、不确定编号或者重复编号，图 2-65(b)即为重新编号后的原理图。

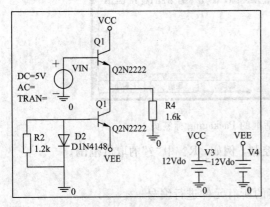 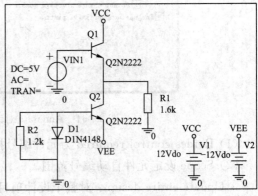

(a) 元件自动编号前　　　　　　　　　　　　　　(b) 元件自动编号后

图 2-65　元件自动编号

2.8.2　设计规则检查

电路设计的过程中，可能会出现一些违背设计规范的情况，使用 OrCAD Capture 系统中的设计规则检查(Design Rules Check，DRC)，可以报告出错信息，并在电路图中标示出错位置，电路图在生成网络表或 PCB 设计之前，应该进行设计规则检查。

在项目管理器窗口，选中需要处理的设计文件，选择执行"Tool\Design Rules Chcck"菜单命令，或者单击工具按钮 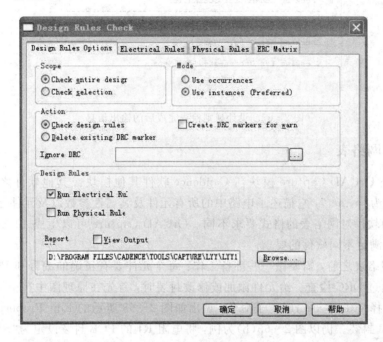，调出图 2-66 所示 Design Rules Check 对话框的 Design Rules Options 标签页。

图 2-66　Design Rules Check 对话框的 Design Rules Options 标签页

(1) Scope 设定设计规则检查范围。

• Check entire design：对整个设计项目进行设计规则检查；

• Check Selection：将对在项目管理器窗口选中的电路图纸进行电气规则检查。

(2) Mode 为平坦式或层次式电路设计设置的选项，平坦式电路设计一般选择默认的 Use instances(Preferred)方式。

(3) Action 用于确定 DRC 执行的操作。

• Check design rules：选中此项，表示进行设计规则检查；

• Delete existing DRC marker：选中此项，可删除电路图中已有的 DRC 标示符；

• Create DRC markers for warning：选中此项，表示在需要报警的电路图位置上放置 DRC 警告标示符。

(4) Design Rules 包括两个复选框，用于选择设计规则检查项目。

• Run Electrical Rules Check：选中表示运行电气规则检查；

• Run Physical Rules Check：选中表示运行物理规则检查。

(5) Report 用于设定查看输出文件。选中 View Output 表示完成 DRC 检查后，系统自动调用 Windows 的 Text Editor，显示检查结果。

DRC 完成后，除了利用"View Output"功能在文本文档中浏览检查结果外，在 Session Log 窗口中也将显示检查结果和出错信息，并同时存放在以".drc"为扩展名的输出文件中，在项目管理器窗口的 Output 部分，双击即可打开此文件。图 2-67 即为图 2-65(b)所示电路原理图的设计规则检查完成后输出的信息。

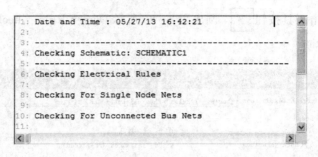

图 2-67　设计规则检查完成后的输出信息

2.8.3　生成网络表

网络表是 OrCAD Capture 模块与 Candence 软件其他模块或其他软件之间的接口文件，扩展名称为"∗.net"，它描述了电路中的所有元件及其属性参数以及元件之间相互连接关系。不同的软件对网络表的格式要求不同。OrCAD Capture 可以生成 40 多种不同格式的网络表，以满足不同软件的要求。

在生成网络表之前，需要做一些准备工作：每个元件要有正确的编号和 PCB 封装，电路原理图要通过 DRC 检查。给元件添加或修改封装时，首先在原理图中选中该元件，点击鼠标右键，选择"Edit Properties"子命令，调出如图 2-68 所示的 Edit Properties 窗口，设置元件的 PCB 封装。仍以图 2-65(b)为例，将电阻 R1 的 PCB 封装设定为"r0805"。

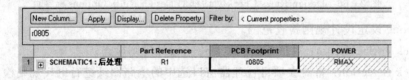

图 2-68　利用 Edit Properties 窗口设置元件的 PCB 封装

上述几项工作完成后，就可以生成网络表了。在项目管理器窗口中选择需要生成的网络表文件，选择执行"Tool\Create Netlist"菜单命令，或单击工具按钮，调出 Create Netlist 对话框，显示"PCB Editor"标签页，这一页用于设定转成 Allegro 或 OrCAD PCB Editor 的网络表格式。如果需要转换为其他 PCB Layout 软件要求的格式，切换到如图 2-69 所示的 Other 标签页。

（1）Part Value 用于设定输出元件的值。

（2）PCB Footprint 用于设定 PCB 封装的属性。

（3）Formatters 下面的列表框中给出了多种网络表格式。在选择网络表格式的时候必须考虑是要输出给哪一套软件使用，做什么用途。比如 Protel 使用 orprotel2.dll，PADS 使用 orpads2k.dll 或 orPadspcb.dll。

（4）Netlist 用于设定是否立即查看网络表和生成网络表的路径。

仍以图 2-65(b)为例，在 Formatters 下面的列表框中选择网络表格式"orprotel2.dll"，设定网络表保存路径和名称后，单击"确定"按钮，弹出一个窗口，提示在生成网络表之前，系统自动保存原理图文件。单击"确定"按钮，关闭窗口，即完成生成网络表的操作。

图 2-69 Create Netlist 对话框的 Other 标签页

在项目管理器窗口，双击网络表文件图标就会打开一个文本文件，即为网络表文件。网络表中包含了电路图中的所有元件名称、元件值以及它们的 PCB 封装；此外，网络表中还列出了网络别名和连接到各个网络上的元件引脚。图 2-65(b)生成的 orprotel2.dll 格式网络表文件的一部分如图 2-70 所示。

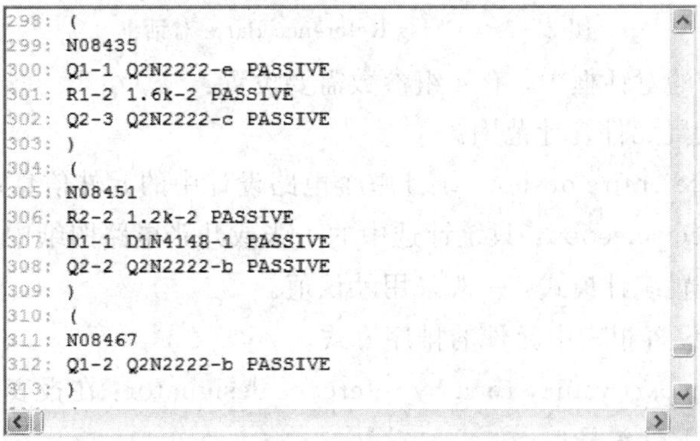

```
298: (
299:   N08435
300:   Q1-1 Q2N2222-e PASSIVE
301:   R1-2 1.6k-2 PASSIVE
302:   Q2-3 Q2N2222-c PASSIVE
303: )
304: (
305:   N08451
306:   R2-2 1.2k-2 PASSIVE
307:   D1-1 D1N4148-1 PASSIVE
308:   Q2-2 Q2N2222-b PASSIVE
309: )
310: (
311:   N08467
312:   Q1-2 Q2N2222-b PASSIVE
313: )
```

图 2-70 网络表文件的一部分

图 2-70 中每对括号内都表明了一个节点的连接关系。如果节点未被赋予名称，系统会自行指派，格式为"N＋数字"。图 2-70 中"N08435"、"N08451"和"N08467"都是系统自动赋予的节点名称，名称下方列出了与该节点连接的元件。

2.8.4 生成报表

OrCAD Capture 生成的报表中，常用的有两种：一种是交互参考报表（Cross Reference），从电路设计角度出发，列出电路中每一个元件信息；另一种是材料清单（Bill of Materials），从管理角度出发，统计电路中同一种元件的个数等相关信息。

1. 交互参考报表

生成交互参考报表的步骤如下：

（1）在项目管理器窗口，选中需要生成报表的电路设计或者某一个原理图文件。

（2）选择执行"Tool\Cross Reference"菜单命令，或者单击工具按钮，弹出如图 2-71 所示的 Cross Reference Parts 对话框。

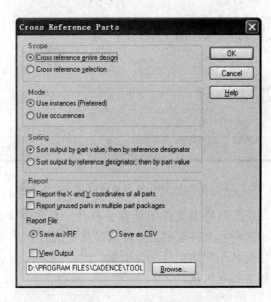

图 2-71 Cross Reference Parts 对话框

在图 2-71 所示的对话框中，有 4 组参数需要设置：

① Scope 用于设置元件统计范围。

· Cross reference entire design：统计整个电路设计中的元件信息；

· Cross reference selection：只统计选中的一张或几张电路图纸中的元件信息。

② Mode 用于设置统计模式，一般采用默认值。

③ Sorting 用于设置报表中元件的排序方式。

· Sort output by part value, then by reference designator：在报表中，第一关键字为元件值，第二关键字为元件编号；

· Sort output by reference designator, then by part value：在报表中，第一关键字为元件编号，第二关键字为元件值。

④ Report 用于指定报表中的附加信息。

· Report the X and Y coordinates of all parts：报表中包含所有元件在电路图纸上的坐标；

· Report unused parts in multiple part packages：对于包含几个子元件的复合元件，

报表中列出封装中没有使用的子元件。

· Report File：设置报表的保存格式、路径和名称。选择默认设置，报表文件名与电路设计文件名相同，并位于同一路径下，扩展名为".xrf"。

图 2-72 为图 2-65(b)电路原理图生成的交互参考报表。

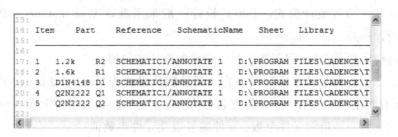

图 2-72　交互参考报表

2. 材料清单

生成材料清单的目的就是整理设计中用到的元件，包括它们的数量、型号、参数、生产商、价钱以及 PCB 封装等。

生成材料清单的步骤如下：

(1) 在项目管理器窗口，选中需要生成材料清单的电路设计或者某一个原理图文件。

(2) 选择执行"Tool\Bill of Materials"菜单命令，或者单击工具按钮 [ ]，弹出如图 2-73所示的 Bill of Materials 对话框。

图 2-73　Bill of Materials 对话框

在图 2-73 所示的对话框中，有 5 组参数需要设置：

① Scope 用于设置元件统计范围。

· Process entire design：统计整个电路设计中的元件信息；

· Process selection：只统计选中的一张或几张电路图纸中的元件信息。

② Mode 用于设置统计模式，平坦式设计一般采用默认 Use Instances（Preferred）方式，层次式设计选择 Use occurrences。

③ Line Item Definition 用于指定材料清单的格式和内容。

· Header：设定材料清单标题行内容。系统默认设置为"Item\tQuantity\tReference\tPart"，表示材料清单中包含 4 列，每列名称为"Item"、"Quantity"、"Reference"和"Part"对应项目编号、具有该值的元件个数、元件编号以及元件参数值；

· Combined property string：指定材料清单相应标题栏下的元件属性参数和排序，默认设置为"{Item}\t{Quantity}\t{Reference}\t{Part}"，这里的大括号内字符串必须是合法的元件属性名称；

· Place each part entry on a separate line：复选按钮，用于指定材料清单中每个元件信息是否占据一行；

· Open in Excel：复选按钮，用于指定是否自动调用 Excel，并打开刚生成的材料清单。

④ Include File 用于指定载入的 Include 文档。

· Merge an include file with report：复选按钮，用于设定是否将存放在附加文件中的信息添加到材料清单中；

· Combined property string：用于指定在材料清单中添加信息时哪一项属性参数来确定附加信息与材料清单内容间的匹配关系；

· Include File：用于指定载入的 Include 文档的路径和名称。

⑤ Report 用于设置材料清单的保存路径和名称。选择默认设置，材料清单文件名与电路设计文件名相同，并位于同一路径下，扩展名为".bom"。图 2-74 为图 2-65(b)电路原理图生成的元件材料清单。

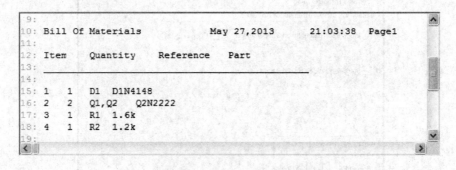

图 2-74　元件材料清单

本 章 小 结

　　本章首先简述了 Capture CIS 的功能特点和组成模块;其次介绍了电路图编辑窗口、菜单命令系统、工具按钮以及绘图环境参数设置。然后详细讲解了利用 Capture CIS 绘制电路原理图的过程,包括如何创建新的设计项目、电路原理图具体绘制过程、保存与打印输出。对于平坦式和层次式电路结构,分别以音频放大电路和反馈式二阶有源低通滤波器为例,介绍了二者的设计过程。最后介绍了原理图绘制完成后的各种后处理工作,包括元件自动编号、设计规则检查、生成网络表和统计报表。

习　　题

　　2-1　创建一个新设计项目,绘制如习题图 2-1 所示的电路原理图。

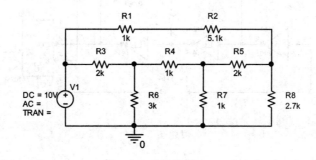

习题图 2-1

　　2-2　创建一个新设计项目,绘制如习题图 2-2 所示的电路原理图。

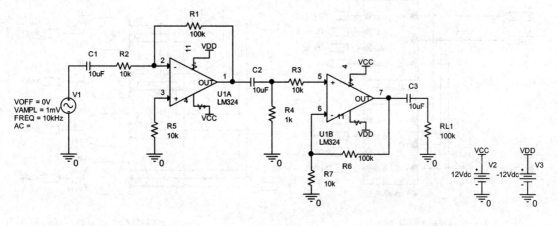

习题图 2-2

2-3 绘制如习题图 2-3 所示的电路原理图，并在图中输出端设置网络别名"Vout"，电路输入端和输出端分别添加文本"输入信号"、"输出信号"。

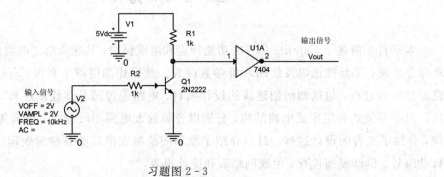

习题图 2-3

2-4 绘制习题图 2-4 所示的振荡器电路原理图。这是一个模/数混合电路，在 Place Part 对话框中添加 SOURCE 库，调用 DSTM1 符号；使用 Place\Off-Page Connector 命令放置页间连接器。

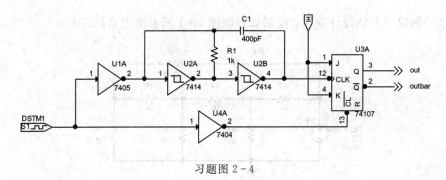

习题图 2-4

2-5 绘制层次式结构原理图，习题图 2-5(a)所示是一个 3-8 译码器的上层电路，习题图 2-5(b)所示是 2-4 译码器，为下层电路。

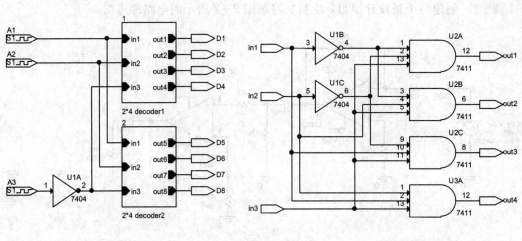

(a) 3-8译码器的上层电路 　　　　　　(b) 2-4译码器的下层电路

习题图 2-5

2－6　绘制习题图 2－6 中的三级放大器电路设计原理图，并对其进行后处理，包括自动更新元件编号、设计规则检查、生成网络表（orprotel2.dll 格式）和材料清单。

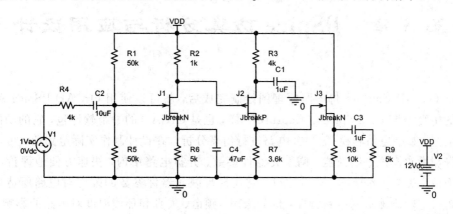

习题图 2－6

第 3 章　PSpice 仿真分析与应用设计

　　利用 OrCAD Capture 将电路原理图绘制完成后，就可以使用 OrCAD PSpice A/D 实现电路的仿真分析了。PSpice 与 Capture 一样，也是 OrCAD 的一个软件包，它的功能就是对模拟电路、数字电路和模/数混合电路进行仿真分析。在设计制作实际电路前，可以在计算机上先利用它模拟电路性能、调整元器件参数、分析电路结构，快速方便地评价电路设计的正确性，获得技术指标。除此之外，它还能反映元器件参数的改变对电路所造成的影响和分析一些较难测量的电路特性，例如噪声、频谱、失真和环境温度对电路的影响等，从而大大加快电路设计进程，提高电路设计质量。形象地说，PSpice 软件就像一个模拟的"实验台"，可以代替电路设计前期大部分制板实验工作，是实际电路工作前进行仿真的有效工具。

3.1　PSpice A/D 的功能特点及软件构成

1. PSpice A/D 的功能特点

　　OrCAD PSpice A/D 软件用于对电路特性进行仿真分析，可获得电路中节点和支路的响应特性，以文本和波形曲线的形式输出结果，其特点如下：

　　(1) 设计与仿真均在电路图编辑窗口内完成。使用 PSpice A/D，在电路图编辑窗口便可建立仿真文件、设置分析类型和分析参数、执行仿真，并观察分析结果。

　　(2) 模拟/数字混合仿真。对既有模拟又有数字部分的混合电路，无需把模拟电路和数字电路分开，PSpice A/D 具有模/数混合仿真器，它以一种流畅的方式进行仿真，整个设计只需仿真一次即可完成，同时它还可以在同一时间轴观看混合电路仿真的模拟和数字结果。

　　(3) 独特的 FPGA 和模/数混合设计能力。PSpice A/D 包括 Xilinx 产品的所有库，可以进行印制板电路设计。此外，PSpice A/D 还包含其他模拟和数字元件，可做全部设计的一个仿真函数，然后选择合适的芯片。完成布线后，PSpice A/D 就可以仿真整个设计，包括实际 FPGA 器件的计时能力。

　　(4) 优化设计。Optimizer 优化程序是在分析的基础上进行的，优化设计的方法涉及数学的最优化算法，归结为在一定约束条件下，求目标函数的极值问题。Optimizer 将自动完成重复设计与测试，在不同参数、目标以及限制之间进行优化。PSpice A/D Optimizer 在高层次意义上实现了电子设计自动化。

　　(5) 容易建立客户器件模型。通过 PSpice A/D 器件模型和调整 PSpice A/D 转换码，便可建立半导体器件模型，模型参数与模型自身都可以调整。

2. PSpice A/D 的软件构成

OrCAD PSpice A/D 是一个软件包, 由以下几个部分组成:

1) 电路图绘制软件(Capture)

Capture 的功能就是以人机交互图形编辑方式输入电路原理图, 并向 PSpice A/D 提供待分析电路的全部信息, 包括电路拓扑结构、元器件参数值, 同时还要说明电路特性分析类型和分析参数, 并提出结果输出要求。

2) 激励信号编辑软件(StmEd: Stimulus Editor)

StmEd 软件能够以交互方式生成电路模拟中需要的各种激励信号源, 包括:

(1) 瞬态分析中需要的脉冲、分段线性、调幅正弦、调频和指数信号等 5 种信号波形;

(2) 逻辑模拟中需要的时钟信号、各种形状脉冲信号以及总线信号。

3) 模型参数提取软件(ModelEd: Model Editor)

PSpice A/D 的模型参数库中包括上万种元器件和单元集成电路的模型参数, 基本能够满足一般用户模拟分析电路特性的需要。如果用户采用了未包括在模型参数库中的元器件, 可以调用模型参数生成软件 ModelEd, 提取元器件数据信息, 生成 PSpice 模拟时所需要的模型参数。

4) 电路仿真程序(PSpice A/D)

PSpice A/D 是 PSpice 的核心部分, 可以对电路进行模拟分析, 还可以对模/数混合电路进行仿真和测试, 能完成常规的 6 类(共计 15 种)电路特性分析任务, 如表 3 - 1 所示。

表 3 - 1　PSpice A/D 的电路特性分析类型

类　　型		电　路　特　性
基本电路特性分析	直流仿真分析	直流工作点(Bias Point) 直流扫描(DC Sweep) 直流灵敏度分析(DC Sensitivity Analysis) 计算小信号 DC 增益(Calculate Small - signal DC Gain)
	交流仿真分析	交流扫描(AC Sweep) 噪声分析(Noise)
	瞬态分析	瞬态响应(Transient) 傅里叶分析(Fourier Analysis)
复杂电路特性分析	参数扫描分析	参数扫描(Parametric Sweep) 温度扫描(Temperature Sweep)
	统计分析	蒙特卡罗分析(MC: Monte Carlo) 最坏情况分析(WC: Worst Case)
逻辑模拟分析		逻辑模拟(Digital Simulation) 模/数混合模拟(Mixed A/D Simulation) 最坏情况时序分析(Worst - case Timing Analysis)

5) 波形显示和分析模块(Probe)

Probe 的功能是将仿真结果以图形方式表现出来, 不仅能显示电路中的节点电压、支路电流这些基本电路参量，还能显示由基本变量组成的任意函数表达式的波形。此外，该模块还具有对模拟结果分析处理和对数字电路中逻辑错误检测的功能。

6) 电路优化工具(Optimizer)

为了进一步改进电路设计，PSpice A/D 提供有优化模块 Optimizer，可以在电路模拟的基础上，根据用户规定的电路特性约束条件，自动调整电路元器件参数，提升电路性能指标。当对电路性能参数要求较多，同时需要调节的参数也较多时，PSpice A/D Optimizer 能充分体现它的优势。

3.2 PSpice A/D 分析电路的基本步骤

OrCAD PSpice A/D 软件对电路设计方案进行模拟分析的基本过程包括电路原理图输入、建立电路特性仿真文件、设置分析类型和分析参数、调用 PSpice A/D 执行仿真和所得结果显示与分析 5 个步骤。

1. 电路原理图输入

在电路图绘制软件 OrCAD Capture CIS 环境下，建立新设计项目。需要注意的是，在 New Project 对话框的 Create a New Project Using 栏下必须选中"Analog or Mixed A/D Project"选项，表明该新建设计项目在使用 Capture 绘制完电路原理图后，还要调用 PSpice A/D 执行仿真分析的任务。

2. 建立电路特性仿真文件

在电路图编辑窗口状态下，点击"PSpice"主命令，打开如图 3-1 所示的命令菜单，选择执行"New Simulation Profile"菜单命令或者单击工具按钮，调出如图 3-2 所示的 New Simulation 对话框。

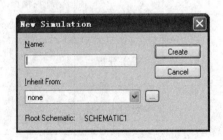

图 3-1 PSpice 命令菜单   图 3-2 New Simulation 对话框

在 Name 栏内键入电路特性仿真文件名。如果想建立全新的仿真文件，应从 Inherit From 栏下拉列表中选取"none"；如果想在已经存在的仿真文件设置内容的基础上加以修改从而获得新设置，则需要从 Inherit From 栏下拉列表中选择已经存在的仿真文件名。设置完毕，点击"Create"按钮，弹出如图 3-3 所示的 Cadence Product Choices 对话框。选择"PSpice A/D"即可进行电路特性分析类型和分析参数的设置。

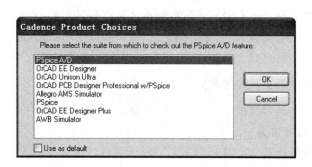

图 3-3　Cadence Product Choices 对话框

3. 设置分析类型和分析参数

图 3-4 即为 Simulation Settings 对话框，该对话框在每个仿真任务开始前都要出现，用于电路特性分析类型和分析参数的设置。

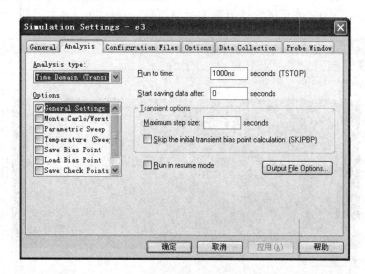

图 3-4　Simulation Settings 对话框

对话框中 Analysis 标签页的设置内容，包括以下 3 方面：

（1）Analysis type 用于设置基本分析类型。

① Time Domain(Transient)：瞬态分析；

② DC Sweep：直流扫描分析；

③ AC Sweep/Noise：交流扫描/噪声分析；

④ Bias Point：直流工作点分析。

在电路模拟仿真之前，需要建立模拟类型分组，以确定分析类型，并设置分析参数。PSpice 规定，一个模拟类型分组中只能包括上述 4 种基本分析类型之一，其余类型则作为备选项目根据需要与前面的 4 个基本分析类型搭配使用。

（2）Options 栏用于设置模拟类型组中的其他分析类型。

"General Settings"是最基本的必选项，系统默认已选且不可取消。点击其他欲选用分析类型前的复选框，使其出现"√"标志即为选择有效。

（3）设置分析参数。不同的电路特性分析类型，需要设置的分析参数也不相同。在选择了 Options 栏内的某种分析类型后，其右侧即会对应显示该种分析需要设置的参数。

完成上述 3 方面内容设置后，点击"确定"按钮，即可关闭对话框。

如果想要修改一个已经建立好的模拟分析类型组，选择执行"PSpice\Edit Simulation Settings"子命令或者单击工具按钮 ，此时屏幕上也将弹出如图 3-4 所示的对话框，只是对话框中显示的是已经存在的上一次设置，根据需要进行修改即可获得新的设置。

4. 调用 PSpice 执行仿真

设置好电路特性分析类型和分析参数后，选择执行"PSpice\Run"子命令或者单击工具按钮 ，调用 PSpice 程序进行电路特性仿真分析。此时，弹出如图 3-5 所示的 PSpice A/D 窗口。窗口中央呈现黑色的部分就是波形输出区，是波形显示和处理程序 Probe 的工作区域。波形区左下方是仿真状态窗口(Simulation Status Window)，显示电路中元器件统计、分析参数设置等信息；波形区下方是输出窗口(Output Window)，显示仿真操作的执行进度和执行后的信息；波形区右下方是光标窗口(Cursor Window)，显示光标信息。

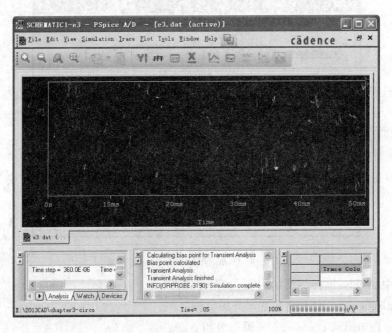

图 3-5　PSpice A/D 窗口

5. 查看模拟分析结果

电路模拟分析结束后，与波形曲线有关的计算结果以二进制形式存放在以".dat"为扩展名的绘图文件中。如果模拟分析过程正常结束，则显示"Simulation Complete"字样，如图 3-5 下方 Output Window 所示，这时可调用波形显示和分析模块 Probe 显示波形结果。

电路模拟分析结束后，与数字有关的计算结果以 ASCII 形式存放在以".out"为扩展名的输出文件中。在绘图编辑窗口中选择执行"PSpice\View Output File"子命令，或者在 PSpice 窗口中选择执行"View\Output File"子命令都可以查阅".out"文件，分析模拟的结果。".out"输出文件包括下述 6 类内容：

(1) 电路描述，包括电路拓扑连接关系描述，给出每个元器件在电路中的节点连接关系以及元器件参数值和模型名；电路模拟分析要求和分析参数描述；每个元器件的引出端与电路中各个节点名或节点编号的对应连接关系列表，即为元器件引出端"别名"（Alias）列表。

（2）元器件模型参数列表。

（3）与不同电路特性有关的结果，包括直流工作点分析产生的偏置解，含有各节点电压，独立信号源的电流和功耗，非线性元器件的工作点线性化参数等；直流灵敏度分析、直流传输特性分析、噪声分析和傅里叶分析的结果；交流小信号 AC 分析的工作点计算结果和瞬态 TRAN 分析的初始解。

（4）自行设置也可将 DC 扫描、AC 扫描和瞬态 TRAN 分析的信号波形分析结果以 ASCII 码形式存入".out"文件。

（5）模拟分析过程中产生的出错和警告信息。

（6）关于电路中元器件统计清单、模拟分析中采用的任选项设置值、模拟分析耗用的计算机 CPU 时间等统计信息。

3.3 波形显示和分析模块

PSpice 对电路特性进行模拟分析后，可以调用 Probe 模块直接在屏幕上显示节点电压和支路电流的波形曲线，就像实际中用示波器观察电路中不同测试点的波形一样。Probe 模块可以在屏幕上打开多个窗口，也可以在每个窗口中显示多个波形。此外，Probe 模块还有一些额外的功能：信号波形的运算处理，如对信号进行傅里叶变换并显示处理后的结果；绘制直方图，通过 MC 分析，用直方图显示电路特性参数具体分布等。

3.3.1 Probe 模块调用和运行

在电路图编辑窗口状态下，选择执行"PSpice\Edit Simulation Profile"菜单命令，调出 Simulation Settings 对话框，选中 Probe Window 标签页，如图 3-6 所示，设置 Probe 模块的调用和运行方式。

在 Probe Window 标签页中，通常设置下面 2 项内容：

（1）Display Probe window：用于设置 Probe 调用方式，选中此项表示系统自动调用 Probe 模块。

① during simulation：用于设定在启动电路特性分析同时，自动调用 Probe 模块并在窗口中跟踪显示模拟分析数据波形的变化；

② after simulation has complete：用于设定在电路特性仿真分析完毕后，自动调用 Probe 模块并在窗口中显示模拟分析数据波形。

（2）Show 栏用于设定探针的显示状态：

① All markers on open schematics：选中此项，启动 Probe 后，波形显示窗口中将同时显示原理图上所有探针的波形；

② Last plot：选中此项，显示最近一次分析的波形结果；

③ Nothing：不显示。

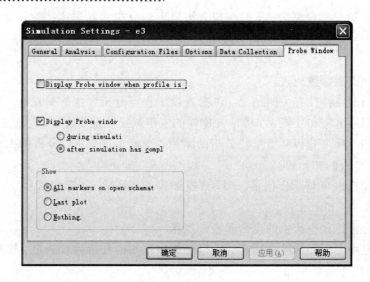

图 3-6　Probe Window 标签页

3.3.2　工具按钮

1. PSpice 工具按钮

图 3-7 中，第一个列表框显示最近打开过的仿真文件；前 8 个按钮从左向右顺序分别对应于 PSpice 主命令菜单中的"New Simulation Profile"、"Edit Simulation Settings"、"Run"、"View Simulation Results"子命令以及 PSpice\Markers 下的"Voltage Level"、"Voltage Differential"、"Current Into Pin"和"Power Dissipation"子命令。后面 6 个按钮与电压、电流和功率在电路图中的显示有关。

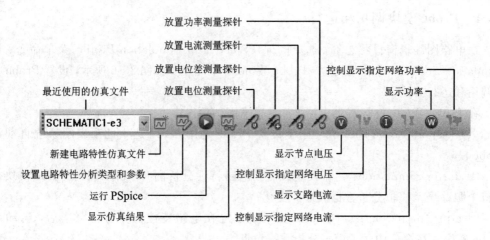

图 3-7　PSpice 工具按钮

2. Probe 工具按钮

Probe 工具按钮及说明如图 3-8 所示。

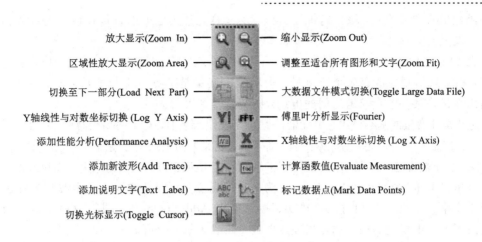

图 3 - 8　Probe 工具按钮

3.3.3　信号波形显示

下面以如图 3 - 9 所示的半波整流电路为例,介绍 Probe 模块波形显示方式和分析方法。

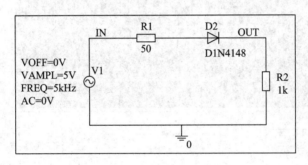

图 3 - 9　半波整流电路

原理图绘制完成,电路特性仿真文件已建立、分析类型和分析参数选择默认设置、调用 PSpice A/D 执行仿真,出现的 PSpice A/D 窗口中显示一个仅有横轴与纵轴的空的波形区,若想观察到输出波形,就要调用 Probe 模块,执行添加波形的操作。

1. 添加波形

在 PSpice A/D 窗口状态下,选择执行"Trace\Add Trace"菜单命令,或者单击 Probe 工具栏内的添加波形按钮  ，或者按下键盘上的【Insert】快捷键,调出如图 3 - 10 所示的 Add Traces 对话框。

图 3 - 10　Add Traces 对话框

在这个对话框中,左侧是 Simulation Output Variables 栏,是仿真输出变量的名称列表,可以通过单击该栏右边的复选框,有针对性地进行筛选,从而使列表的内容简化,便于查找。例如只选中"Analog"和"Voltages"两项,那么列表中就只会显示模拟电压变量的名称。对话框右侧是 Functions or Macros 栏,用于选择仿真输出变量(即纵坐标变量)的函数形式。对话框下方的 Trace Expression 栏是对仿真输出变量的描述,当选定了仿真输出变量的函数形式和名称后，该栏内将显示相应的字样，其实也可以直接在该栏内键入仿真输出变量及其函数形式。

在 PSpice 中，输出电压变量的基本格式为 V(节点号 1[，节点号 2])。其中 V 是关键字符，在其后括号内指定两个节点号，表示输出变量是节点号 1 与节点号 2 之间的电压。若输出变量是某一节点与地之间的电压，则节点号 2 可省去。

输出电流变量的基本格式为 I(元器件编号[：引出端名])，对于两端元器件，不需要给出引出端名。但是 PSpice 规定，对无源两端元件，电流定义方向是从 1 号端流进，2 号端流出；对于独立源，从正端流进，负端流出；对于多端有源器件，电流正方向定义为从引出端流入器件。

这里以电压"V(IN)"和"V(OUT)"为仿真输出变量，即全波输入和半波整流输出为仿真输出变量。设置完毕，直接单击"OK"按钮退出 Add Traces 对话框，这时 Probe 窗口的输出波形区会出现电路输入和输出波形曲线，如图 3-11 所示。

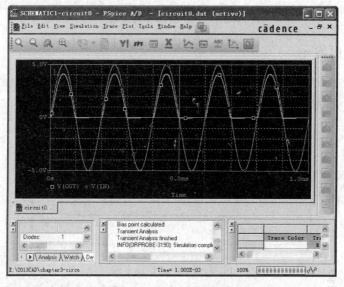

图 3-11　半波整流电路输入和输出波形

曲线上的小记号叫作分线标记，当多个信号在一个窗口中同时显示时，在曲线上放置不同形状的分线标记以示区别。带有菱形标记的为"V(IN)"曲线，带有正方形标记的为"V(OUT)"曲线。选用"Tool\Options"菜单命令，打开 Probe Settings 对话框，选择 General 标签页，将标记的 Use Symbols 栏内的选项由"Always"改为"Never"即可关闭分线标记。

2. 多重坐标轴

在 PSpice A/D 窗口状态下，选择执行"Add Y Axis"子命令。这时图 3-11 左边会增加一个 Y 轴坐标，如图 3-12 所示。

选择"Trace\Add Trace"菜单命令，调出 Add Traces 对话框，从左栏 Simulation Output Variables 中选中"I(R2)"，单击"OK"按钮，波形显示如图 3-13 所示。

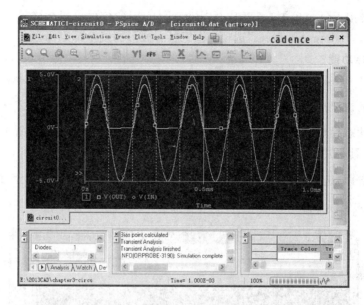

图 3-12　在 Probe 窗口添加 Y 轴

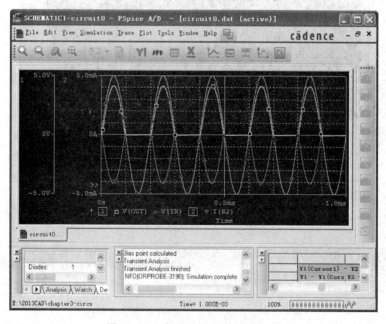

图 3-13　多重坐标 Y 轴波形显示

图中，两个坐标 Y 轴分别标有"1"、"2"标志，与之相对应，波形下方的输出变量也标有"1"、"2"标记，就是说，第 1 个 Y 坐标轴是属于"V(IN)"和"V(OUT)"的，第 2 个 Y 坐标轴是属于"I(R2)"的。

若想删除多余的 Y 轴，用鼠标单击这条 Y 轴，可以看到一个"≫"符号出现在这条 Y 轴的旁边，然后选择"Plot\Delete Y Axis"选项或者是按下【Ctrl＋Shift＋Y】快捷键，就可以删除这条 Y 轴了。

若想删除显示的波形曲线，先用鼠标选取波形显示区下方的输出变量名称，使之变为红色，然后直接按下【Delete】键或者执行"Edit\Delete"命令就可以删除这一条曲线了。如果执行了"Trace\Delete All Trace"选项，将把所有波形曲线全部删除。

3. 启用光标功能

再观察图 3-13，曲线共用一个横坐标轴，选择"Trace\Cursor\Display"菜单命令，或者单击工具栏的快捷按钮![图标]，屏幕上会出现光标轴，使用键盘上"←"、"→"移动光标轴，同时窗口下方状态栏显示了当前光标的坐标值，可以观察波形的不同位置的坐标，还可以通过 Cursor 工具栏中快捷键进行各种操作。图 3-14 就是采用先单击任一点选择按钮![图标]，然后单击添加坐标值按钮![图标]，那么波形相应位置就可以添加上坐标了。Probe Cursor 窗口中的坐标信息，如图 3-15 所示，还可以拖到 Word 或 Excel 中，方便使用。

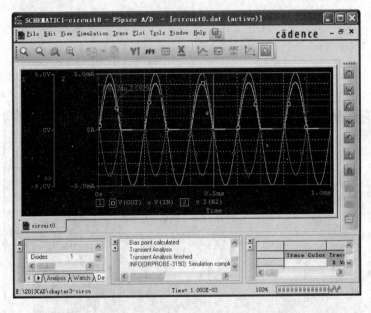

图 3-14　启用光标功能

Trace Color Trace Name		Y1		Y1 - Y2	Y1(Cursor1) - Y2(Cursor2)		1.6844		
	X Values	83.644u	0.000	83.644u	Y1 - Y1(Cursor1)	Y2 - Y2(Cursor2)	Max Y	Min Y	Avg Y
CURSOR 1, 2	V(OUT)	1.6844	14.604u	1.6844	0.000	0.000	1.6844	14.604u	842.207m
	V(IN)	2.3986	15.708u	2.3986	714.200m	1.1040u	2.3986	15.708u	1.1993

图 3-15　Probe Cursor 窗口显示波形坐标

4. 波形分区显示

在 Probe 窗口中，同一个坐标系及其中的信号波形统称为一个波形显示区。如果需要观测的信号波形较多，在同一个显示区内容易出现混淆；或者信号类型不同，需要建立多重 Y 轴坐标；或者虽然类型相同但幅度相差很大，信号小的波形不明显，上述情况可以采用在同一个窗口内分区显示各个波形。

下面仍以本节示范电路为例，在图 3-14 中，输出波形曲线较多，不便观测，因此我们采用不同的波形显示区分别显示曲线。按照以前的操作，先让显示区中只显示输入信号波形，如图 3-16 所示。

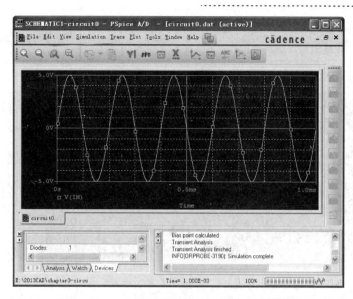

图 3-16　一个波形显示区显示 V(IN)信号波形

在 PSpice A/D 窗口状态下，选择执行"Plot\Add Plot to Window"命令，即在当前屏幕上添加一个空白的波形显示区，如图 3-17 所示。采用上述方法可以在一个窗口中添加多

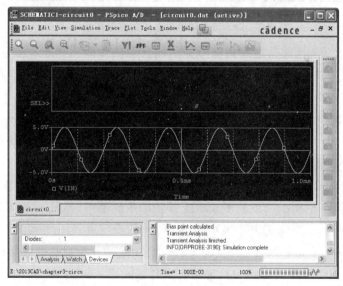

图 3-17　在 Probe 窗口中添加波形显示区

个波形显示区，并且新增的波形显示区和原先的波形显示区共用同一个 X 轴。如果选择执行"Plot\Unsynchronize Plot"命令，可使新增的波形显示区采用不同的 X 轴。再执行"Trace\Add Trace"菜单命令调出 Add Traces 对话框，添加"V(OUT)"，输入与输出电压曲线就会分区显示，如图 3-18 所示。

在存在多个波形显示区的情况下，只有一个波形显示区是处于激活状态的，其标志是在该显示区的左下边界有个"SEL≫"符号。在一个波形显示区范围内任何位置单击鼠标左键，便可使其成为激活的波形显示区，新增添的波形显示区自动加于屏幕上处于激活状态

图 3-18　输入和输出电压曲线分区显示

的波形显示区的上方，同时新增添的波形显示区自动成为激活状态。对信号波形的显示、删除等各种处理只对处于激活状态的波形显示区中的信号波形有效。选择执行"Plot\Delete Plot"命令，激活的波形显示区及波形将被同时删除。

5. 坐标轴与网格线的设置

使用"Plot\Axis Settings"菜单命令，打开 Axis Settings 对话框，单击 X Axis 标签页和 Y Axis 标签页分别设置 X 轴和 Y 轴坐标，如图 3-19 所示。

X Axis 标签页参数设置如下：

(1) Data Range 栏用于设置波形显示区 X 轴的坐标范围。

① Auto Range：选中该选项，表示采用 Probe 的内定设置；

② User Defined：选中该选项后，需要自行设置 X 轴坐标显示的起始值和终止值。

(2) Scale 栏用于设置 X 轴的坐标显示方式。

① Linear：均匀线性刻度坐标显示；

② Log：对数坐标显示。

(3) Use Data 栏用于设置显示波形时整个 X 轴的取值范围。

① Full：若选中该选项，则根据模拟分析结果，显示全部波形；

② Restricted(analog)：若选中该选项，则表示禁用某些数据，还需确定显示时 X 轴的取值范围(适用于模拟电路信号)。

(4) Processing Options 栏用于处理项目选择。

① Fourier：用于进行傅里叶分析；

② Performance Analysis：用于电路设计性能分析。

(a) X Axis 标签页　　　　　　　　　(b) Y Axis 标签页

图 3 - 19　Axis Settings 对话框中 X 和 Y 坐标轴设置

（5）Axis Variable：通常，X 轴变量类型由 Probe 根据信号的类型自动确定。如果需要改变 X 轴的变量类型，按"Axis Variable…"按钮，弹出 Trace\Add Trace 对话框，我们可以从其左侧的变量列表中选用合适的变量。

（6）Axis Title 用于设定 X 轴名称，先选中"Use this title"，然后再在其上面文本框中输入名称即可。不选择，就是扫描参数的名称。

完成设置后，若按"Save as Defaults"按钮，可以将设置值作为默认设置存储；若按"Reset Defaults"按钮，则恢复原来的内定设置。全部设置完毕，单击"OK"按钮即可。

Y Axis 标签页设置中除 Y Axis Number 和 Axies Position 两项外，其他项目和按钮的设置方法与 X 轴标签页类似。

（1）Y Axis Number 用于设定 Y 轴编号。如果窗口中有多重坐标 Y 轴，单击下拉按钮选择 Y 轴编号。

（2）Axis Position 用于设定 Y 轴位置，在波形左侧还是在波形右侧。

在默认的情况下，Probe 会自动为波形图加上网格线。如果要修改网格线的话，使用"Plot\Axis Settings"菜单命令，打开 Axis Settings 对话框，点击 X Grid 标签页和 Y Grid 标签页分别设置 X 轴和 Y 轴方向网格，如图 3 - 20 所示。

X Grid 标签页和 Y Grid 标签页设置基本相同，内容包括：

（1）Automatic 选项若处于选中状态，系统将自动确定网格线，否则，需要自行设置。

（2）Major 栏用于主网格线的设置。

① Spacing：当 X 轴为线性刻度时，两条主网格线之间的距离由 Linear 项的设置值确定；当 X 轴为对数刻度时，两条主网格线之间代表的数量级数由 Log 项的设置值确定。

② Grids：用于确定主网格线的表示形式，包括 4 个选项，分别是 Lines（线性）、Dots（点状）、＋（十字交叉型）和 None（无显示）。如果选择"Dots"或者是"＋"，还可以选择"with other major grids"（只在与其他主轴交叉处显示）或者"with other minor grids"（只在与其他副轴交叉处显示）。

(a) X Grid 标签页

(b) Y Grid 标签页

图 3-20　Axis Settings 对话框中 X 和 Y 坐标轴方向网格设置

③ Ticks inside plot edge：选中该选项后，在 X 坐标轴上用短竖线标出主网格线的位置。

④ Numbers outside plot edge：选中该选项后，在 X 坐标轴下方标出主网格线的坐标值。

（3）Minor 栏用于细网格线的设置。

① Intervals between Major：用于确定在两条主网格线之间用细网格线划分的区间数，只能从 2、4、5 和 10 中选用一个。

② Minor 栏内 Grids 和 Ticks inside plot edge 两项与主网格线的设置相同。

Y Grid 标签页只比 X Grid 标签页多了"Y Axis Number"这个设置项目。在同一个波形显示窗口采用多重 Y 坐标轴的情况下，该项设置值决定了是针对哪一个编号的 Y 轴所做的修改。

仍以图 3-13 为例，介绍 Probe 窗口中波形显示区的坐标轴和网格线的设置情况。

更改 X 轴和 Y 轴设置。X 轴坐标范围由原来的 0～1.0 ms 改为 0.3～1.0 ms。Y1 轴设置由原来的 −5.0～5.0 V 改为由 −10.0～10.0 V，并添加名称"VOLTAGE"；Y2 轴设置由原来的 −5.0～5.0 mA 改为 −5.0 mA～1.0 mA，并添加名称"CURRENT"，并把 Y2 轴移到波形图右侧，并取消 Y 轴方向网格。图 3-21 就是更改完上述设置后生成的波形图。

6. 添加标注符号和说明文字

在 Probe 窗口中选择"Plot\Label"，打开如图 3-22 所示的子命令菜单，执行这些操作，可以在 Probe 图中添加标注符号和说明文字。

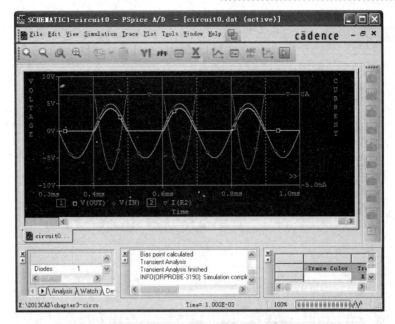

图 3 - 21　更改完 X 轴和 Y 轴坐标范围和网格的波形图

图 3 - 22　Plot\Label 菜单

　　下面给图 3 - 21 输出的波形图加上标注符号与说明文字。

　　选择"Plot\Label\Arrow"选项，鼠标光标会变成铅笔形状，在箭头起点单击鼠标左键，将看到一个小箭头，将鼠标光标移到欲画箭头终点处，再单击鼠标左键即可完成箭头绘制。

　　选择"Plot\Label\Text"命令，打开一个 Add/Modify Label Text 对话框，在输入栏内键入需要添加的文本，单击"OK"按钮关闭窗口，这时会出现一个可以使用鼠标移动的字符串，将其移动到需要的位置，单击鼠标左键即可实现定位。

　　在箭头、说明文字上单击鼠标左键，使其转为红色显示，这时可以用鼠标左键拖曳它们到新的位置上，也可以按【Delete】键将它们删除。

　　图 3 - 23 就是添加了标注符号和说明文字的输出波形曲线图。标有"电流"说明文字的箭头指向电流特性曲线，标有"输入全波信号"和"输出半波信号"说明文字的箭头指向电压特性曲线。

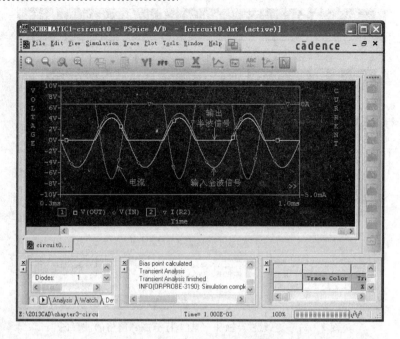

图 3-23 添加标注符号和说明文字的输出波形曲线

3.3.4 Probe 探针

Probe 探针的主要用途就是在电路图中标记出需要观测信号的位置及类型。在电路图编辑窗口内选择"PSpice\Markers"菜单命令，调出 Markers 子命令菜单，如图 3-24 所示。

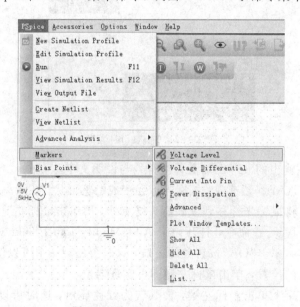

图 3-24 Markers 子命令菜单

在菜单中选择一个子命令或者直接单击窗口上方的快捷按钮，会出现一个探针的符号随着鼠标移动，在电路图中需要观测信号的位置单击鼠标左键，即可实现放置，并且探针旁边会标注探针类型。

"PSpice\Markers"菜单命令提供了 14 种探针，其中常用的有 4 种：

（1）V 探针：放置在节点位置上，用来测量电压或者是逻辑基准的探针。选择执行"PSpice\Markers\Voltage Level"子命令或者单击工具按钮 ![button]，即可放置此探针。

（2）V＋、V－探针：在两个节点位置放置的一对探针，用来测量两节点之间电压差。选择执行"PSpice\Markers\Voltage Differential"子命令或者单击工具按钮 ![button]，即可放置这两个探针。

（3）I 探针：在元器件管脚端点位置放置，用来测量流进该端点电流的探针。选择执行"PSpice\Markers\Current Into Pin"子命令或者单击工具按钮 ![button]，即可放置此探针。

（4）W 探针：放置到电源或者元器件上，用来测量功率的探针。选择执行"PSpice\Markers\Power Dissipation"子命令或者单击工具按钮 ![button]，即可放置此探针。

选择执行"PSpice\Markers\Advanced"子命令，会打开一个子菜单，提供了与交流信号有关的其余 10 种探针。

返回到本节例题中，我们可以使用放置探针的办法进行仿真并输出波形。

因为要观察电路中输入电压和输出电压，所以需要在电路中"IN"和"OUT"两节点放置电压探针，如图 3－25 所示。放置好探针后，启动 PSpice 程序执行仿真，可以看到 PSpice A/D 窗口中显示的波形与图 3－11 完全相同。

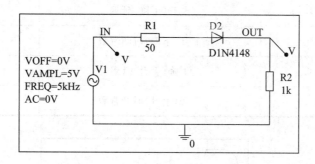

图 3－25　在电路中放置 V 探针

以监测模式运行的 Probe 模块内部设定，PSpice 将所有模拟分析结果数据，包括每个节点的电压和流经每个元器件的电流都存入 Probe 数据文件中，供 Probe 调用。其实，采用放置探针的方法，不但方便快捷、对观测位置和观测类型一目了然，而且在减小 Probe 数据文件大小方面也起了很大作用。

如果一个电路图中放置了多个探针，则有多个信号波形在 Probe 窗口中同时显示。电路中探针的颜色与该信号在 Probe 窗口中显示时采用的颜色一致，这样探针与信号波形可以一一对应，而且信号与信号之间也不会混淆。

3.4　激励源的设置与编辑

1. 常用的模拟信号源

PSpice 在对电路进行特性分析时，通常要给电路施加激励源。PSpice 提供常用的几种模拟信号源，包括指数信号源、脉冲信号源、分段线性信号源、调频信号源和调幅正弦信号源。这 5 种信号源，它们的符号放在 SOURCE.OLB 库内。这里以独立电压源为例，介绍这 5 种激励源的信号波形与参数设置。如果在分析中需要采用独立电流源，只需将信号源名称和参数名称中的字母"V"改为"I"，对应单位由伏特改为安培即可。

信号源的波形是通过参数设置的，在 Capture 绘图编辑窗口状态下，用鼠标左键双击电路图中信号源符号，或选中信号源符号后再执行"Edit\Properties"命令，调出元器件属性参数编辑器，对于不同的信号，需要设置的参数不尽相同，但设置方法完全一致。

1）指数信号源（VEXP）

描述指数信号的参数有 6 个，代表的意义见表 3-2，信号波形如图 3-26 所示。

表 3-2　指数信号源模型参数

参　数	意　义	单　位
V1	初始电压	V
V2	峰值电压	V
TD1	上升（下降）延迟	s
TC1	上升（下降）时间常数	s
TD2	下降（上升）延迟	s
TC2	下降（上升）时间常数	s

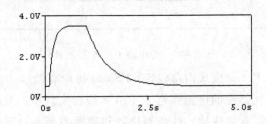

图 3-26　指数信号波形

2）脉冲信号源（VPULSE）

描述脉冲信号的参数有 7 个，代表的意义见表 3-3，信号波形如图 3-27 所示。

表 3 - 3　脉冲信号源模型参数

参　数	意　义	单　位
V1	初始电压	V
V2	脉冲电压	V
TD	延迟时间	s
TR	上升时间	s
TF	下降时间	s
PW	脉冲宽度	s
PER	脉冲周期	s

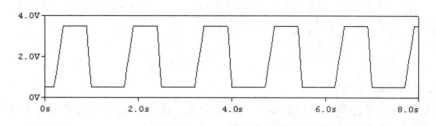

图 3 - 27　脉冲信号波形

3）分段线性信号源（VPWL）

分段线性信号波形由若干条线段组成，如果想描述这种信号，需要给出线段转折点的坐标数据。描述分段线性信号的参数所代表的意义见表 3 - 4，信号波形如图 3 - 28 所示。

表 3 - 4　分段线性信号源模型参数

参　数	意　义	单　位
Ti	时间点	s
Vi	该时间点电压	V

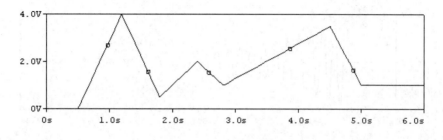

图 3 - 28　分段线性信号波形

4）调频信号源（VSFFM）

描述脉冲信号的参数有 5 个，代表的意义见表 3 - 5，信号波形如图 3 - 29 所示。

表 3 - 5　调频信号源模型参数

参　数	意　义	单　位
VOFF	偏置电压	V
VAMPL	峰值振幅	V
FC	载波频率	Hz
MOD	调制因子	无
FM	调制频率	Hz

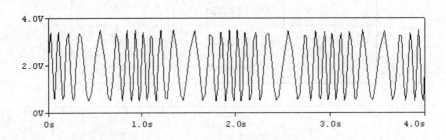

图 3 - 29　调频正弦信号波形

5）正弦信号源（VSIN）

正弦信号是电路仿真中应用最多的一种激励源。描述正弦信号的参数有 6 个，代表的意义见表 3 - 6，有衰减的正弦信号波形如图 3 - 30 所示。

表 3 - 6　正弦信号源模型参数

参　数	意　义	单　位
VOFF	偏置电压	V
VAMPL	峰值振幅	V
FREQ	频率	Hz
PHASE	相位	°
TD	延迟时间	s
DF	阻尼因子	1/s

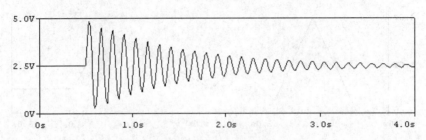

图 3 - 30　调幅正弦信号波形

若阻尼因子与偏置电压均为 0，则调幅信号就会退化成为无衰减的标准正弦信号。

2. 激励源编辑

激励源编辑器(Stimulus Editor)可以用来快速完成电路设计所需的各种激励源的编辑，包括模拟信号源(正弦源、脉冲源、调频源、分段线性源和指数源)和数字信号源(数字信号、时钟信号和总线信号)。在 SOURCSTM.OLB 库中，有 3 种激励源符号，如图 3-31 所示，分别代表激励电流源 ISTIM、激励电压源 VSTIM 和激励数字源 DigStim。

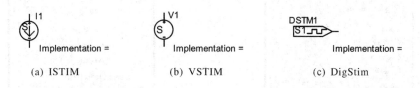

(a) ISTIM   (b) VSTIM   (c) DigStim

图 3-31 SOURCSTM.OLB 库中 3 种激励源符号

在 Capture 绘图编辑窗口状态下，利用激励源编辑器编辑信号源步骤如下：

(1) 放置需要的激励源符号，双击"Implementation"，打开 Display Properties 对话框，在"Value"栏内输入想要定义的值，设定显示的格式、字体、颜色及放置的方位。

(2) 选中激励源，选择执行"Edit\PSpice Stimulus"命令，如图 3-32 所示，或者单击鼠标右键调出快捷菜单，执行"Edit PSpice Stimulus"命令。

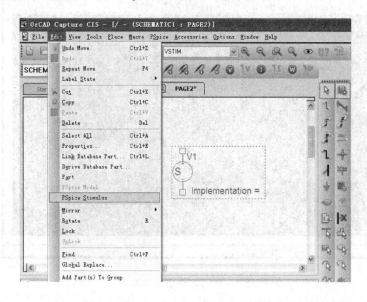

图 3-32 利用 Stimulus Editor 编辑激励源

(3) 在 New Stimulus 对话框中，在 Name 栏内输入名称，在 Analog 区域或 Digital 区域选择需要的模拟或数字激励源类型，如图 3-33 所示。设置完毕，单击 OK 按钮。

(4) 在 Attributes 对话框中进行激励源模型参数设置，如图 3-34 所示，设置振幅为 5 V，频率为 1 kHz 的正弦信号源，设置完毕，单击"OK"按钮，即可看到编辑好的激励源信号波形，如图 3-35 所示。

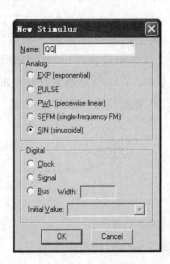

图 3 - 33　在 New Stimulus 对话框中设置激励源　　　　图 3 - 34　正弦信号源参数设置

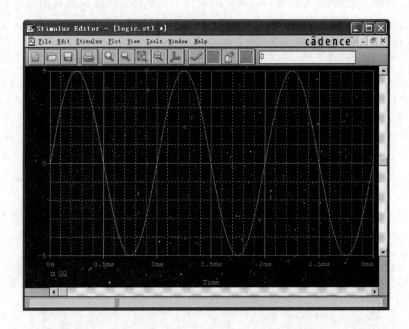

图 3 - 35　正弦信号源波形

3.5　基本电路特性分析

　　本节主要介绍使用 PSpice A/D 进行电路特性仿真分析的 4 个基本分析类型，即直流工作点（Bias Point）、直流扫描（DC Sweep）、交流扫描（AC Sweep）和瞬态响应（Transient）。

3.5.1　直流工作点分析

直流工作点分析(Bias Point)是指求解电路(或网络)仅受电路中直流电压源或电流源作用时,电路上各节点电压与各支路电流的数值。直流工作点分析是进行其他性能分析的基础,如瞬态分析。

在电路工作时,无论是大信号还是小信号,都必须给半导体器件以正确的偏置,以便使其工作在所需的区域,这就是直流分析要解决的问题。了解电路的直流工作点,才能进一步分析在交流信号作用下电路能否正常工作。因此对含有二极管、晶体管的电路进行分析时,首先进行直流工作点分析,为建立二极管、晶体管小信号模型参数奠定基础。在进行直流工作点分析时,PSpice 会将电路中的电容开路,电感短路,数字器件视为高阻接地,对各个信号源取其直流电平值,然后用迭代的方法计算电路的直流偏置状态。直流工作点分析又称为 OP 分析。本节以一个共射极基本放大电路为例,介绍直流工作点分析过程。

1. 绘制电路原理图

启动 OrCAD Capture CIS 程序,建立新设计项目,绘制并保存图 3 - 36 所示的共射极基本放大电路的电路原理图。

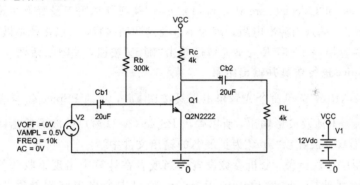

图 3 - 36　直流工作点分析电路

2. 设置分析类型和分析参数

选择"PSpice \ New Simulation Profile"菜单命令或单击工具按钮，调出 New Simulation 对话框。在 Name 栏内输入电路特性仿真文件的名称,在 Inherit From 栏内选取"none",单击"Create"按钮调出 Simulation Settings 对话框。

单击 Analysis 标签页,如图 3 - 37 所示,进行分析类型和分析参数的设置。Analysis type 栏下拉列表内有 4 个基本分析类型以供选择,因为要进行直流工作点分析,所以选择"Bias point"选项。

Options 栏中共有 4 个复选项:

(1) General Setting:基本设置,系统已经默认选择且不可取消;

(2) Temperature(Sweep):进行温度特性分析时选择此项;

(3) Save Bias Point:保存直流偏置点信息;

(4) Load Bias Point:装载直流偏置点,可以通过此项来调用在 Save Bias Point 中保存过的直流偏置点。

右侧 Output File Options 栏有 3 个复选项目,用于输出文件的设置。选中"Include

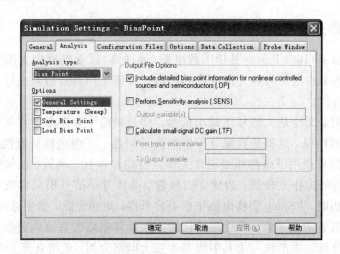

图 3-37 设置直流工作点分析

detailed bias point information for nonlinear controlled sources and semiconductors",表明输出文件中对非线性受控源和半导体器件的分析要包括详细的静态工作点信息。而"Perform Sensitivity analysis"和"Calculate small-signal DC gain"两项分别用于设置直流灵敏度分析和计算小信号直流增益、输入与输出电阻。因为不涉及这两项内容,所以在此不做选择。

本例设置内容如图 3-37 所示,完成后单击"确定"按钮,关闭对话框。

3. 启动 PSpice 进行仿真并输出结果

选择"PSpice\Run"菜单命令或者单击工具按钮 ▶,启动 PSpice 仿真程序。直流工作点分析结束,因为不涉及波形输出,所以弹出 PSpice A/D 窗口的波形输出区是空的。仿真结果以 ASCII 形式存放在以".out"为扩展名的输出文件中。

如果电路图中存在错误、分析参数设置不当或者在计算中出现不收敛的问题,都将影响模拟过程的顺利进行,这时 Output Window 窗口中会出现错误及警告提示,并显示"Simulation aborted"。如图 3-38 所示,"ERROR"处给出了出错信息,显示有元器件未

图 3-38 错误及警告信息

连接到电路中。有些错误还可以在".out"文件中指出,选择执行"View\Output File"命令即可以查阅。根据给出的信息提示,决定是否要返回 Capture 修改电路图、重新调出 Simulation Settings 对话框改变分析参数设置或者采取措施解决不收敛的问题,然后再重新进行电路模拟分析。也可以如图 3 - 38 所示,先选取某个出错信息,单击鼠标右键调出快捷功能菜单,选择"Help On…"命令,显示 Help 窗口,针对输出窗口给出的错误信息进行分析判断。

如果电路正确无误,完成直流工作点分析后,Output Window 窗口显示"Simulation complete",若想查阅这个".out"文件内容,使用"View\Output File"命令就可以在输出波形区打开一个文本窗口,显示此输出文件,如图 3 - 39 所示。

图 3 - 39　在输出波形区打开文本窗口显示仿真输出文件

通过调整滚动条和滚动按钮,可以浏览输出文件的全部内容,如表 3 - 7 所示。为了理解方便,我们将一些重要的部分直接用中文来加以注释说明。表中以 ＊ 号开头的都是注释语句。

表 3 - 7　输出文件内容

＊＊＊ 06/10/13 22:28:19 ＊＊＊＊＊ PSpice16.5.0(April 2011)＊＊＊＊＊＊ ID# 0 ＊＊＊＊
＊＊＊＊
＊＊ Profile:"SCHEMATIC1 - BiasPoint"　〔 E:\2013CAD\chapter3-circuit\BiasPoint-PSpiceFiles\ SCHEMATIC1\BiasPoint.sim 〕
＊＊＊＊　　CIRCUIT DESCRIPTION
＊＊＊
＊＊ Creating circuit file "BiasPoint.cir"
＊＊ WARNING:THIS AUTOMATICALLY GENERATED FILE MAY BE OVERWRITTEN BY SUBSEQUENT SIMULATIONS
＊ Libraries:
＊ Profile Libraries :
＊ Local Libraries :
＊ From 〔PSPICE NETLIST〕 section of D:\Program Files\cadence\tools\PSpice\PSpice.ini file:
.lib "nom.lib"

＊＊＊区域性模拟元件库

```
* Analysis directives：
.OP                      ＊＊＊执行直流工作点分析
.PROBE V(alias(＊)) I(alias(＊)) W(alias(＊)) D(alias(＊)) NOISE(alias(＊))
.INC "..\SCHEMATIC1.net"   ＊＊＊将"..\SCHEMATIC1.net"文件包含进来
＊＊＊＊ INCLUDING SCHEMATIC1.net ＊＊＊＊
* source BIASPOINT
C_Cb1        N00906 N00211   20uF          ＊＊＊＊元器件模型和参数名称、节点连接关系、参数值
C_Cb2        N00251 N00320   20uF
R_RL         0 N00320   4k TC＝0，0
R_Rc         N00251 VCC   4k TC＝0，0
R_Rb         N00906 VCC   300k TC＝0，0
V_V1         VCC 0 12Vdc
V_V2         N002110   AC 0V
＋SIN 0V 0.5V 10k 0 0 0
Q_Q1         N00251 N00906 0 Q2N2222
＊＊＊＊ RESUMING BiasPoint.cir ＊＊＊＊
.END
```

＊＊＊＊＊＊＊＊＊＊＊＊＊＊＊＊＊＊＊＊＊＊＊＊＊＊＊＊＊＊＊＊＊＊＊＊

＊＊＊ 06/10/13 22:28:19 ＊＊＊＊＊ PSpice16.5.0（April 2011）＊＊＊＊＊ ID＃ 0 ＊＊＊＊

＊＊ Profile："SCHEMATIC1 – BiasPoint" ［E:\2013CAD\chapter3 – circuit\BiasPoint – PSpiceFiles\
SCHEMATIC1\BiasPoint.sim］

＊＊＊＊   BJT MODEL PARAMETERS

＊＊＊＊＊＊＊＊＊＊＊＊＊＊＊＊＊＊＊＊＊＊＊＊＊＊＊＊＊＊＊＊＊＊＊＊

Q2N2222   ＊＊＊晶体管 Q2N2222 模型参数列表

```
      NPN
LEVEL       1
IS          14.340000E－15
BF          255.9
NF          1
VAF         74.03
IKF         .2847
ISE         14.340000E－15
NE          1.307
BR          6.092
NR          1
ISS         0
RB          10
RE          0
RC          1
CJE         22.010000E－12
VJE         .75
```

```
MJE      .377
CJC      7.306000E－12
VJC      .75
MJC      .3416
XCJC     1
CJS      0
VJS      .75
TF       411.100000E－12
XTF      3
VTF      1.7
ITF      .6
TR       46.910000E－09
XTB      1.5
KF       0
AF       1
CN       2.42
D        .87
```

＊＊＊＊ 06/10/13 22:28:19 ＊＊＊＊＊＊ PSpice16.5.0（April 2011）＊＊＊＊＊＊ ID＃ 0 ＊＊＊＊

＊＊ Profile："SCHEMATIC1－BiasPoint"　〔E:\2013CAD\chapter3－circuit\BiasPoint－PSpiceFiles\SCHEMATIC1\BiasPoint.sim〕

＊＊＊＊　　　SMALL SIGNAL BIAS SOLUTION　　　TEMPERATURE ＝　27.000 DEG C

＊＊＊

NODE	VOLTAGE	NODE	VOLTAGE	NODE	VOLTAGE	NODE	VOLTAGE
(VCC)	12.0000	(N00211)	0.0000	(N00251)	.0892	(N00320)	0.0000
(N00906)	.6760						

＊＊＊＊列出各节点名称及其电压值

　VOLTAGE SOURCE CURRENTS　　　　　　＊＊＊＊电压源电流

NAME　　　　　　CURRENT

V_V1　　　　　－3.015E－03　　　　　　　＊＊＊＊流出电压源 V1 的电流是 3.015mA

V_V2　　　　　　0.000E＋00

　TOTAL POWER DISSIPATION　3.62E－02　WATTS　　＊＊＊＊消耗总功率

＊＊＊＊ 06/10/13 22:28:19 ＊＊＊＊＊＊ PSpice16.5.0（April 2011）＊＊＊＊＊＊ ID＃ 0 ＊＊＊＊

＊＊＊＊

＊＊ Profile："SCHEMATIC1－BiasPoint"　〔E:\2013CAD\chapter3－circuit\BiasPoint－PSpiceFiles\SCHEMATIC1\BiasPoint.sim〕

＊＊＊＊　　　OPERATING POINT INFORMATION　　　TEMPERATURE ＝　27.000 DEG C

＊＊＊

＊＊＊＊ BIPOLAR JUNCTION TRANSISTORS　　　＊＊＊＊晶体管 Q1 的静态电流、电压和小信号模型参数

```
NAME       Q_Q1
MODEL      Q2N2222
IB         3.77E－05
IC         2.98E－03
```

VBE	6.76E－01
VBC	5.87E－01
VCE	8.92E－02
BETADC	7.89E＋01
GM	1.15E－01
RPI	1.47E＋03
RX	1.00E＋01
RO	2.31E＋02
CBE	8.61E－11
CBC	2.16E－10
CJS	0.00E＋00
BETAAC	1.68E＋02
CBX/CBX2	0.00E＋00
FT/FT2	6.04E＋07

JOB CONCLUDED

＊ ＊ ＊ ＊ 06/10/13 22:28:19 ＊ ＊ ＊ ＊ ＊ ＊ PSpice16.5.0 (April 2011) ＊ ＊ ＊ ＊ ＊ ＊ ID＃ 0 ＊ ＊ ＊ ＊

＊ ＊ Profile: "SCHEMATIC1－BiasPoint" 〔E:\2013CAD\chapter3－circuit\BiasPoint－PSpiceFiles\ SCHEMATIC1\BiasPoint.sim〕

＊ ＊ ＊ ＊   JOB STATISTICS SUMMARY

＊ ＊

Total job time（using Solver 1） ＝   .61 ＊ ＊ ＊ 本次模拟用时 0.61 秒

一般情况下，我们会关心网络连接状态以及各偏压点数据。除此之外，在上表中还可以看到流过各个电压源的电流、总功耗以及所有非线性受控源和半导体器件的小信号（线性化）参数。需要说明，PSpice 中对于电压源的电流方向规定为流入为正，流出为负，所以表 3－7 分析结果中显示 V_V1 的电流是－3.015E－03A。

再返回到绘图编辑窗口，单击工具按钮 Ⓥ ，各节点电压即会出现在电路图中相应位置上。这些节点电压值，与上表中所列是一致的。那么同样，单击按钮 Ⓘ 和 Ⓦ ，各支路电流和元器件消耗功率也会显示出来，如图 3－40 所示。想要切换回不显示情况，只需再次点击该按钮即可。

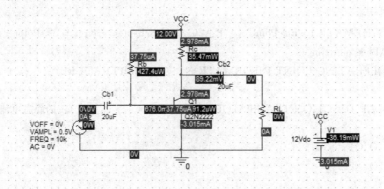

图 3－40　在电路图中显示各节点电压、各支路电流和各元器件消耗功率

其实，调用 PSpice 程序执行其他类型扫描分析时，即使不选择进行"Bias Point"分析，也要首先进行直流工作点计算，只是存入输出文件中的信息比较简单，不包含小信号线性化参数值。

4. 结束项目并保存

模拟分析结束后，切换回项目管理程序，选择"File\Close Project"菜单命令或者右击项目管理文件，选择"Close"，在弹出的 Save File In Project 对话框中单击"Yes All"按钮，结束并保存这个项目。

3.5.2　直流扫描分析

直流扫描分析(DC Sweep)是指将电路中某一参数作为输入变量，以某一个电压或电流作为输出变量，对输入变量在其变化范围内的每一个取值，计算输出变量的变化情况。直流扫描分析在分析放大器的转移特性、逻辑门的高低逻辑阈值等方面有很大作用。直流扫描分析简称 DC 分析。本节以分析晶体管 Q2N2222 输出特性为例，介绍直流扫描分析的一般过程。

1. 绘制电路原理图

启动 Capture CIS 程序，建立新设计项目，绘制并保存如图 3-41 所示的电路原理图。

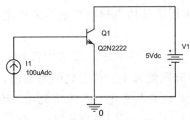

图 3-41　直流扫描分析电路

2. 设置分析类型和分析参数

选择执行"PSpice\New Simulation Profile"菜单命令，或者单击工具按钮 ，调出 New Simulation 对话框，在 Name 栏内输入电路特性仿真文件名并单击"Create"按钮，调出 Simulation Settings 对话框，打开 Analysis 标签页。为分析晶体三极管 Q2N2222 的输出特性，需要按照图 3-42 和图 3-43 所示进行主扫描和第二扫描的参数设置。

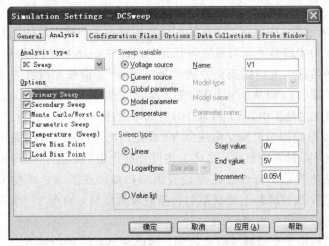

图 3-42　设置直流扫描分析主扫描参数

因为要进行直流扫描分析,所以在 Analysis type 栏下选择"DC Sweep"选项,系统已经在 Options 栏内默认选中"Primary Sweep",图 3-42 中右侧即为 DC 扫描分析中需要设置的主扫描参数。

1) Sweep Variable 栏

(1) Voltage Source:独立电压源。若选此项,需在其右侧 Name 栏内键入电路图中作为主扫描的独立电压源名称。

(2) Current Source:独立电流源。若选此项,需在其右侧 Name 栏内键入电路图中作为主扫描的独立电流源名称。

(3) Global Parameter:全局参数。若选此项,需在其右侧 Parameter 栏内键入全局参数名称。

(4) Model Parameter:模型参数。若选此项,需从 Model 栏的下拉列表中选择模型类型,并在其下方的 Model 栏内键入模型名称,Parameter 栏用于设置模型参数名称。

(5) Temperature:温度。若选此项,不需指定名称。

2) Sweep Type 栏

Sweep Type 左侧 3 个选项用于选择主扫描参数扫描变化方式,右侧 3 项用于进一步确定相应取值。

(1) Linear:表示按线性方式均匀变化。若选中此项,还需要在其右侧的"Start"、"End"和"Increment"这 3 项中分别键入主扫描变化的起始值、终止值和变化步长。

(2) Logarithmic:表示按对数关系变化。若选中此项,还需要进一步从其右侧的下拉列表中确定对数变化关系是遵从"Octave"还是遵从"Decade"。Octave 表示按倍频程关系变化,Decade 表示主扫描按幂次关系变化。除需要确定主扫描变化范围的起始点和终止点外,还需要确定每一倍频程(数量级)变化中的取值点数,即"Points/Octave"("Points/Decade")。若主扫描按照 Logarithmic 方式变化,Start 项取值必须大于 0。

不管主扫描变化方式是选择"Linear"还是"Logarithmic",在设置取值点数时,如果可能,最好预期一下输出波形的形状。如果是直线,取值点数可以相对少一些;如果是曲线,取值点数就要适当多一些,使曲线看起来更平滑。通常,取值点数设置在 1000 左右,波形就很平滑逼真了。

(3) Value List:若选中此项,则在其右侧直接键入主扫描变化的所有取值即可。

本节例题选定的主扫描类型为独立电压源,因此在 Name 栏内输入"V1",V1 是电路图中直流电压源的名称。主扫描变化方式选择"Linear",即按照线性方式均匀变化。作为主扫描的独立电压源 V1,将从 0 V 开始,以 0.05 V 为步长均匀增加,直到 5 V 为止。这就是说,在整个扫描变化过程中,V1 将取 101 个不同的值。在 DC 分析过程中,V1 只按图 3-42 的设置取值,电路图中对独立电压源 V1 设定的电压值在 DC 扫描分析时不起作用。

若 DC 分析中只需设置主扫描,完成上述设置后点击"确定"按钮即可。而对于本节的例题,为了分析晶体管输出特性还需要设置第二扫描。在图 3-42 的 Options 栏内选择"Secondary Sweep",这时屏幕上出现第二扫描的设置项目,如图 3-43 所示,设置内容与设置方法与主扫描设置完全相同。

本节例题第二扫描类型选择独立电流源,因此在 Name 栏内输入"I1",I1 为电路中直流电流源的名称。采用线性扫描类型,起始值为 0 μA,以 20 μA 为步长均匀增加,直到

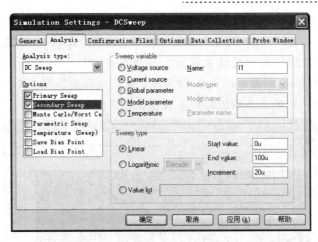

图 3 - 43　设置直流扫描分析第二扫描参数

100 μA 为止。在 DC 分析过程中，I1 只按图 3 - 43 的设置取值，电路图中对独立电流源 I1 设定的电流值在 DC 扫描分析时不起作用。

这样，关于 DC 分析的主扫描和第二扫描全部设置完毕，单击"确定"按钮关闭对话框。

3. 启动 PSpice 执行仿真并分析输出波形

选择"PSpice\Run"菜单命令，或者单击工具按钮来启动 PSpice 程序执行仿真，调出 PSpice A/D 窗口。在 Output Window 窗口中，根据"Simulation complete"字样可以确定直流扫描分析已经顺利完成。因为 PSpice 在执行直流扫描分析之前，会先执行一次直流工作点分析，所以左下角的仿真状态窗口也有一些关于扫描的信息。

PSpice A/D 窗口的输出波形区内出现一个仅有横轴与纵轴的空图，横坐标变量就是前面设置的主扫描参数 V1，而且坐标值范围也已经按照设置出现，即 0 V～5 V；而纵轴变量则需等待下一步输入。

选择"Trace\Add Trace"菜单命令，或者单击添加新波形工具按钮，或者按下键盘上的【Insert】快捷键，调出如图 3 - 44 所示的 Add Traces 对话框。

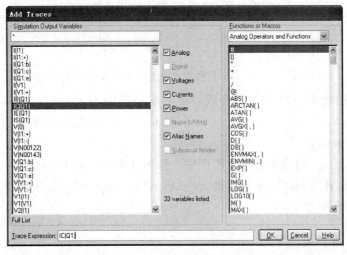

图 3 - 44　在 Add Traces 对话框中添加输出变量

这里以电流"IC(Q1)"为仿真输出变量,即以三极管集电极电流为仿真输出变量。设置完毕,直接单击"OK"按钮退出 Add Traces 对话框,这时 Pspice A/D 窗口的输出波形区会出现晶体三极管 Q2N2222 输出特性曲线簇。选择执行"Plot\Axis settings"命令,在 Axis settings 对话框的 Y Axis 标签页调整 Y 轴坐标,使其坐标范围从−5～20 mA 变化,经过调整后的晶体三极管 Q2N2222 输出特性曲线簇如图 3−45 所示。

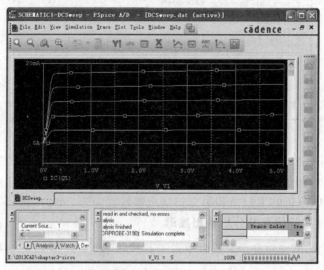

图 3−45   晶体三极管 Q2N2222 输出特性曲线簇

也可以采用简单直观的放置探针的方式设置输出点波形。在电路图编辑窗口内,选择"PSpice\Markers\Current Into Pin"菜单命令,或者单击放置电流探针工具按钮，在电路图的三极管集电极上放置电流测量探针,如图 3−46 所示,电流探针必须放置在元件管脚上。执行仿真分析后,也会出现与图 3−45 一样的晶体三极管 Q2N2222 输出特性曲线簇。

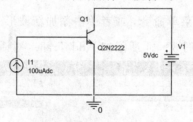

图 3−46   在三极管集电极上放置电流测量探针

由图可见,曲线簇中包含 6 条曲线,从下至上依次为 I1＝0 μA、I1＝20 μA、I1＝40 μA、I1＝60 μA、I1＝80 μA、I1＝100 μA 时 Q2N2222 输出特性曲线。

4. 结束项目并保存

模拟分析结束后,切换回项目管理程序,选择"File\Close Project"菜单命令或者右击项目管理文件,选择"Close",在弹出的 Save File In Project 对话框中点击"Yes All"按钮,结束并保存这个项目。

3.5.3   交流扫描分析

交流扫描分析(AC Sweep)的作用是计算电路的交流小信号频率响应特性。分析时,首先计算电路的直流工作点，并在工作点处对电路中各个非线性元件作线性化处理得到线性化的交流小信号等效电路。然后使电路中交流信号源的频率在一定范围内变化，并用交流小信号等效电路计算电路输出电压或电流的幅度与相位的频率响应，从而得到电路的稳定余量，判断一个电路设计是否稳定。本项分析又简称为 AC 分析。本节以一个 RLC 串联谐振回路为例，介绍交流扫描分析的基本过程。

1. 绘制电路原理图

启动 Capture CIS 程序，建立新设计项目，绘制并保存图 3 - 47 所示的 RLC 串联谐振回路的电路原理图。

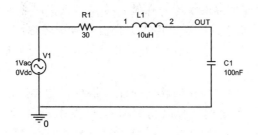

图 3 - 47　RLC 串联谐振回路

2. 设置分析类型和分析参数

选择"PSpice\New Simulation Profile"菜单命令，或者点击工具按钮 ，调出 New Simulation 对话框，在 Name 栏内输入电路特性仿真文件名称，然后单击"Create"按钮，调出 Simulation Settings 对话框。

选择 Analysis 标签页，如图 3 - 48 所示，因为要进行交流扫描分析，所以在 Analysis type 栏的下拉列表中选择"AC Sweep/Noise"选项。Options 栏内 6 个选项和直流扫描中的类似。右侧 3 栏用于设置有关交流扫描的参数。

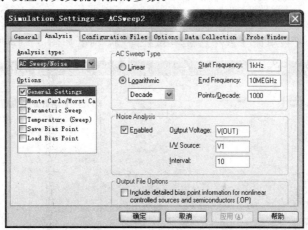

图 3 - 48　设置交流扫描参数

（1）AC Sweep Type 栏用于确定交流扫描分析中交流信号源的频率变化方式：

① Linear：表示交流信号源的频率按照线性方式均匀变化。

② Logarithmic：表示交流信号源的频率按照对数关系变化。若选中此项，还需要从其下方的下拉列表中选择"Octave(倍频程)"或者"Decade(幂次)"，以确定频率按照哪一种对

数关系变化。

　　该栏中另外 3 项用于确定频率变化范围的起始点（Start Frequency）、终止点（End Frequency）和频率记录点的个数（Points/Decade）。需要注意，如果交流信号源的频率变化方式选中"Logarithmic"，仿真起始点的频率值不能设置为 0。

　　（2）Noise Analysis 栏内的几项参数设置与噪声特性分析有关。要进行噪声分析，要使 Enabled 左侧复选框处于选中状态，才可以对下述 3 项分析参数进行设置。

　　① Output Voltage：设置电压输出变量，计算总输出噪声。

　　② I/V Source：设置独立电流源或电压源，计算等效输入噪声。

　　③ Interval：输出结果间隔的设置。在做直流扫描分析时需要设置起自变量作用的参数名称，而在交流扫描分析中并不需要再指定交流信号源名称。分析时，电路图中所有交流信号源的频率均同时按照设置的规律变化，并计算在这些交流信号源共同作用下，电路交流响应特性的变化。

　　图 3 - 48 为本节 RLC 串联谐振回路的交流扫描分析的参数设置情况。因为交流信号源频率选择按照对数关系变化，所以仿真起始点频率设置为 1 kHz，终止频率设为 10 MEGHz，Points/Decade 设为 1000。这里需要特别提醒注意，在 Simulations Settings 对话框设置仿真参数时，小写 m 和大写 M 都是代表 10^{-3}，而 10^{6} 的幂次代号为 MEG（不区分大小写）。而在 Probe 窗口内处理波形数据时小写 m 代表 10^{-3}，而大写 M 或 MEG 则代表 10^{6}，不能混淆。设置完毕，直接单击"确定"按钮退出 Simulation Settings 对话框。

　　3. 调用 PSpice 执行仿真并分析波形结果

　　在此部分，我们采用不同的方式来分析电路特性。

　　1）线性坐标和对数坐标的切换

　　选择"PSpice\Run"菜单命令，或者点击工具按钮 ⊙ 来启动 PSpice 执行仿真，调出 PSpice A/D 窗口，横坐标已经给出，即为交流信号源的频率变化情况，从 1 kHz 开始，以数量级关系变化，直到 10 MEGHz 为止。要观察仿真输出波形，还要设定纵坐标变量。选择"Trace\Add Trace"菜单命令或单击工具按钮 ，调出如图 3 - 49 所示的 Add Traces

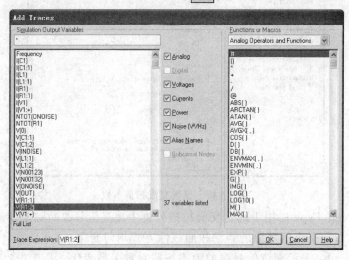

图 3 - 49　在 Add Traces 对话框中添加输出波形

对话框，从左栏 Simulation Output Variables 列表中选择"V(R1:2)"，再单击"OK"按钮即可实现仿真。使用工具按钮 ，实现 X 轴坐标在对数坐标和线性坐标间切换。横坐标为对数坐标和线性坐标的电压幅频特性曲线分别如图 3 - 50(a)和图 3 - 50(b)所示。

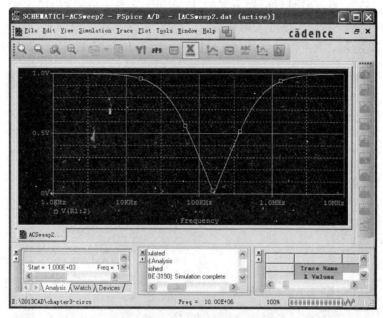

(a) 对数坐标形式幅频特性曲线

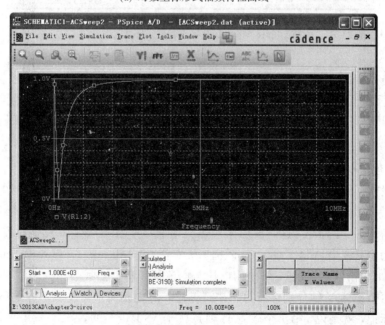

(b) 线性坐标形式幅频特性曲线

图 3 - 50　输出电压幅频特性曲线

2）调用函数进行波形分析

下面结合软件自带的一些函数来对波形进行分析。例如，想知道 V(R1:2)的**最大值**和最小值，在工具栏中单击 ![fig] ，调出 Evaluate Measurement 对话框，此对话框和 Add Traces 对话框类似，如图 3 – 51 所示，在其右侧"Functions or Macros"中选择"Measurements"（此项含有很多函数名称），接着选择"Max(1)"函数，然后在左边窗口选择变量"V(R1:2)"，可以看见对话框下方的 Trace Expression 编辑栏内出现"Max(V(R1:2))"函数，单击"OK"按钮，即可关闭对话框。用同样的方法可以调用"Min(V(R1:2)"函数。如图 3 – 52 所示，测量信息会显示在输出波形区下方的 Measurement Results 表格里。

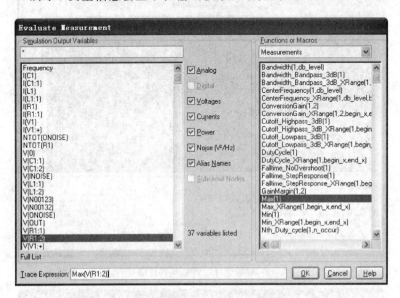

图 3 – 51　在 Evaluate Measurement 对话框中调用函数进行波形分析

Measurement Results			
Evaluate	Measurement	Value	
☑	Max(V(R1:2))	999.82240m	
☑	Min(V(R1:2))	276.10814u	
	Click here to evaluate a new measurement...		

图 3 – 52　函数测量信息显示

3）观测电压和电流的幅频特性曲线

现在，观察回路电流的幅频特性曲线，并且为了更加直观地看到电压与电流谐振曲线之间的对比关系，把它们放到同一个 Probe 窗口中进行观测。在图 3 – 50(a)中选择执行"Plot\Add Y Axis"子命令，这时波形图左边会增加一个 Y 轴坐标，然后选择"Trace\Add Trace"菜单命令，调出 Add Traces 对话框，从左栏"Simulation Output Variables"列表中选择"I(R1)"，单击"OK"按钮，输出的电压与电流幅频特性曲线显示如图 3 – 53 所示。

图中，两个坐标 Y 轴分别标有"1"、"2"标志，与之相对应，波形下方的输出变量也标有"1"、"2"标记，就是说，第 1 个 Y 坐标轴是属于 V(R1:2)的，第 2 个 Y 坐标轴是属于 I(R1)的。

由电路图中给出的元器件参数值，我们可以计算出此 RLC 串联回路的谐振点：

$$f_0 = \frac{1}{2\pi\sqrt{LC}} = \frac{1}{2\pi\sqrt{100 \times 10^{-9} \times 10 \times 10^{-6}}} \approx 159.236 \text{ kHz}$$

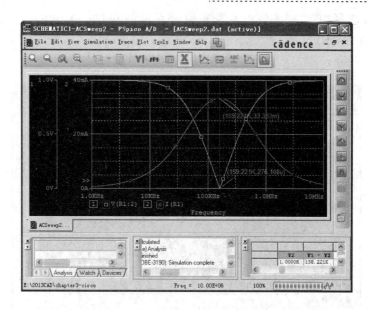

图 3-53　在同一个 Probe 窗口中显示电压与电流幅频特性曲线

再观察图 3-53，选择"Trace\Cursor\Display"菜单命令，或者是单击快捷按钮 ，
启动光标功能，用鼠标选中"V(R1:2)"前面的方框标记，依次单击快捷按钮 和 ，即
可显示 V(R1:2)曲线最大值处的坐标；用鼠标选中"I(R1)"前面的菱形标记，依次单击快
捷按钮 和 ，即可显示 I(R1)曲线最小值处的坐标。可以观察到显示的谐振点位置与
计算结果相吻合，大约是 159.221 kHz，并且二者相位相反。

4) 观测电压和电流的幅频特性和相频特性曲线

按照以前的操作，先让显示区中只显示电压幅频特性曲线一种信号波形，再选择执行
"Plot\Add Plot to Window"命令，即在当前屏幕上添加一个空白的波形显示区。再执行
"Trace\Add Trace"菜单命令调出 Add Traces 对话框，如图 3-54 所示，从右栏 Functions

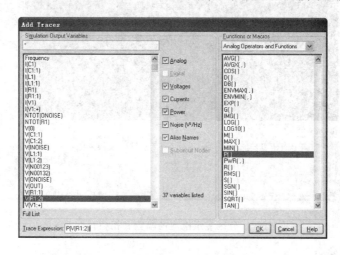

图 3-54　在 Add Traces 对话框中设置输出函数

or Macros 栏内选择"P( )"函数，表明要输出变量的相位；从左栏 Simulation Output Variables 中选中"V(R1:2)"，然后单击"OK"按钮，输出电压的幅频与相频特性曲线分区显示如图 3 – 55 所示。

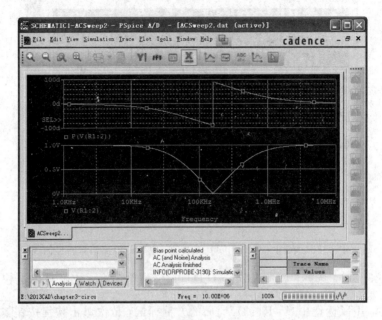

图 3 – 55 分区显示电压的幅频与相频特性曲线

在图 3 – 55 中可以看出，电压幅度变化的拐点与相位的跳变在频率上是一致的。

用同样的方法，我们还可以分区显示电流的幅频和相频特性曲线，如图 3 – 56 所示。

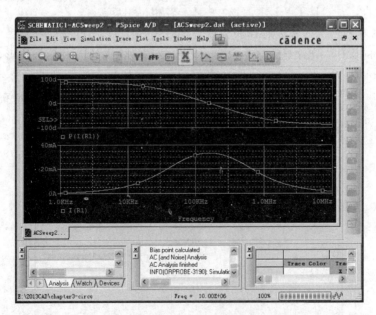

图 3 – 56 分区显示电流的幅频和相频特性曲线

5）噪声性能分析

利用交流扫描可以进行噪声分析性能。电路中每一个元器件在工作时都要产生噪声，在运用 PSpice 仿真过程中相当于把整个电路的噪声等效到一个输入点,还能看输入点噪声对输出噪声的贡献。等效点可以是电压源或电流源,观察的输出点可以由用户指定。

噪声特性分析在 Simulations Settings 对话框中的 Noise Analysis 栏设置,如图 3-48 所示,本例中我们指定输出点为"OUT"点,噪声源为电压源"V1","Interval"项中键入 10,表示每隔 10 个频点详细输出电路中噪声源在输出节点处产生的噪声信息。单击"确定"后,运行仿真,在 Add Traces 对话框中添加输出函数,如图 3-57 所示,选取 V(ONOISE)作为输出变量,观测输出节点的总噪声,输出波形如图 3-58 所示。

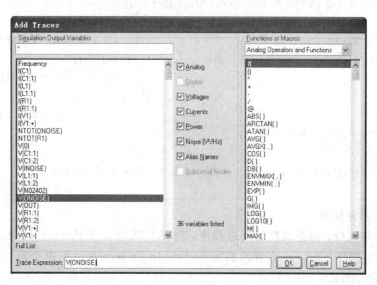

图 3-57　在 Add Traces 对话框中添加输出函数

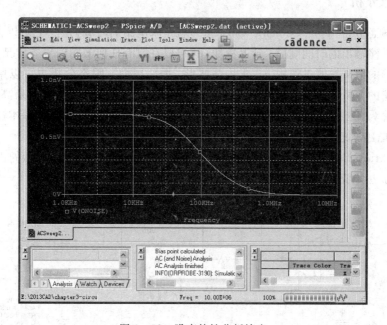

图 3-58　噪声特性分析输出

噪声信息可以在".out"文件中找到,选择其中一部分放到表 3-8 中,供参考。

表 3-8　噪声分析结果显示

```
* * * 07/16/13 23:40:25 * * * * * * PSpice16.5.0 (April 2011) * * * * * * ID# 0 * * *
* * Profile:"SCHEMATIC1 - ACSweep2"
[ E:\2013CAD\chapter3 - circuit\acsweep2-pspicefiles\schematic1\acsweep2.sim ]
* * * *        NOISE ANALYSIS                   TEMPERATURE =    27.000 DEG C
* * * * * * * * * * * * * * * * * * * * * * * * * * * * * * * * * * * * * * * * * *
   FREQUENCY =   1.023E+04 HZ                      * * * *当前噪声分析的频率点
* * * RESISTOR SQUARED NOISE VOLTAGES (SQ V/HZ)
       R_R1
TOTAL     4.833E-19                                * * * *电阻产生的噪声
* * * * TOTAL OUTPUT NOISE VOLTAGE    =4.833E-19 SQ V/HZ
                                                   * * * * 输出噪声电压
                                      =6.952E-10 V/RT HZ
                                                   * * * * 输出端的等效噪声

   TRANSFER FUNCTION VALUE：
      V(OUT)/V_V1                     =  9.858E-01
   EQUIVALENT INPUT NOISE AT V_V1 =   7.052E-10 V/RT HZ
                                                   * * * *输入电压源处等效噪声
```

4. 结束项目并保存

模拟分析结束后，切换回项目管理程序，选择"File\Close Project"菜单命令或者右击项目管理文件，选择"Close"，在弹出的 Save File In Project 对话框中单击"Yes All"按钮，结束并保存这个项目。

3.5.4　瞬态分析

电路的瞬态分析(Time Domain(Transient))就是求电路的时域响应，它可以在给定激励信号情况下求电路输出的时间响应、延迟特性；也可以在没有任何激励信号的情况下，仅在电路储能元件存储的电磁场能量作用下，求振荡波形、振荡周期。瞬态分析也可以用来作为大信号非线性电路的分析。瞬态分析是运用最多、最复杂，而且耗费计算机资源最高的分析类型。瞬态分析又称为 TRAN 分析。下面以一个加法电路为例，介绍瞬态分析的基本过程。

1. 绘制电路原理图

启动 Capture CIS 程序，建立新设计项目，绘制并保存如图 3-59 所示的由两级运算放大器组成的加法电路原理图，并放置探针于 Vi1、Vi2 和 Vout 处。

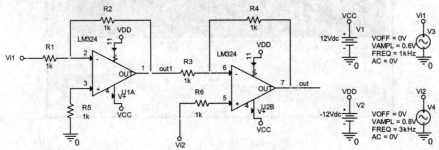

图 3-59　加法电路原理图

2. 设置分析类型和分析参数

选择"PSpice\New Simulation Profile"菜单命令，或者单击工具按钮 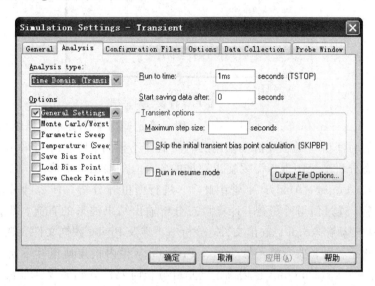，调出 New Simulation 对话框，在 Name 栏内输入电路特性仿真文件名称，然后单击"Create"按钮，调出 Simulation Settings 对话框，如图 3－60 所示。

图 3－60　设置瞬态分析参数

因为要进行瞬态分析，所以在 Analysis 标签页中的 Analysis Type 栏下选择"Time Domain(Transient)"分析类型，标签页右侧将出现瞬态分析的参数设置项目。

1) 瞬态分析参数设置

(1) Run to time：终止时间设置。瞬态分析总是从 $t＝0$ s 时刻开始进行，输入的时间参数既是仿真分析的终止时间，同时也是数据输出的终止时间。

(2) Start saving data after：数据输出起始时间设置。如果不需要从 $t＝0$ s 开始以后一段时间的数据，可以在该项设置需要输出数据的起始时间。

(3) Maximum step size：分析时间步长设置。根据设置的终止时间，PSpice 具有自动调节分析时间步长的功能，以兼顾分析精度和计算时间。如果对分析时间步长有一定要求，可以在该项设置允许采用最大步长。而且在瞬态分析时，PSpice 首先要比较该项设置值和(终止时间/50)两者的大小，整个瞬态分析过程中采用的时间步长将不会超过这两个量中的较小者。

(4) Skip the initial transient bias point calculation：初始状态的设置。若该项处于选中状态，则表示瞬态分析时将跳过初始偏置点的计算，可以节省仿真时间，这时偏置条件完全由电容、电感等元器件的初始条件确定。

(5) Run in resume mode：仿真延续模式设置。若选中此项，那么仿真状态可以在前面仿真的基础上延续下去。

2) 输出文件内容设置

在图 3－60 中点击"Output File Options…"按钮，弹出如图 3－61 所示的输出文件设置对话框，用于设置输出到".out"文件中的数据内容。

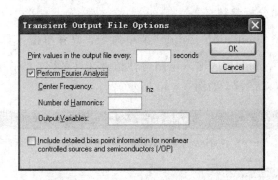

图 3-61　输出文件设置对话框

（1）Print values in the output file every：用于确定输出瞬态分析数据结果的时间步长。如果输出数据的时间值与瞬态分析中采用的时间值并不相同，PSpice 将采用二阶多项式插值的方法从瞬态分析结果中推得需要输出数据的各个时刻输出电平值。

（2）Perform Fourier Analysis：选中此项，进行傅里叶分析。傅里叶分析的作用是在瞬态分析完成后，通过傅里叶积分，计算瞬态分析输出结果波形的直流、基波和各次谐波分量，分析结果自动存入“.out”输出文件，分析中不涉及 Probe 数据文件。选择进行傅里叶分析，还需要设置下列 3 项参数：在 Center Frequency 栏内指定傅里叶分析中采用的基波频率；在 Number of Harmonics 栏内确定傅里叶分析时要计算到多少次谐波，PSpice 的内定值是计算直流分量和从基波一直到 9 次谐波；在 Output Variables 栏内确定进行傅里叶分析的输出变量名。

（3）偏置点信息的输出控制：图 3-61 中最底部的一项用于控制偏置点信息的输出。若选中该项，则输出所有与偏置点有关的信息，否则只输出与瞬态分析有关的参数，即各节点的电压。

在本节例题加法电路的瞬态分析中，设置模拟分析和数据输出时间都从 t＝0 s 开始，持续时间 1 ms，分析时间步长采用默认值。设置完毕，点击“确定”按钮，并保存文件。

3. 执行仿真并分析输出结果

选择“PSpice\Run”菜单命令，或者单击工具按钮　来启动 PSpice 程序执行仿真，出现 PSpice A/D 窗口。为看得清晰，取消了网格线，显示 Vi1、Vi2 和 Vout 的波形，如图 3-62所示。

观察图 3-59，我们可以计算出 Vout 的值。根据电路图，第一级运算放大器输出点 out1 的电压 Vout1 方程为

$$Vout1 = -\frac{R2}{R1}Vi1 \qquad\qquad (3-1)$$

第二级运算放大器输出点 out 的电压 Vout 方程为

$$Vout = \frac{R4}{R3}(-Vout1 + Vi2) + Vi2 \qquad\qquad (3-2)$$

将式（3-1）带入式（3-2），得到

$$Vout = \frac{R4}{R3}\left(\frac{R2}{R1}Vi1 + Vi2\right) + Vi2 \qquad\qquad (3-3)$$

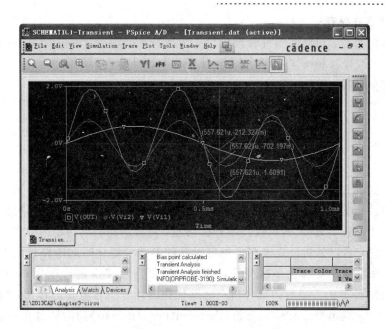

图 3 - 62　Vi1、Vi2 和 Vout 输出仿真波形

电路中 R1、R2、R3 和 R4 的值都为 1 kΩ，在图中指示时刻，Vi1 和 Vi2 的值分别为 −212.327 mV 和 −702.197 mV，将上述值分别代入式（3 − 3）中，经计算得到 out 点输出电压值为 −1.616 721 V，图中模拟仿真输出为 −1.6091 V，计算结果和仿真输出很接近。

在图 3 - 62 中，将 Vi1 和 Vi2 曲线删除，只留下 Vout 曲线，点击 **FFT** 按钮，做快速傅里叶分析，输出的波形如图 3 - 63 所示，从图中可以看出其各次谐波的频率。

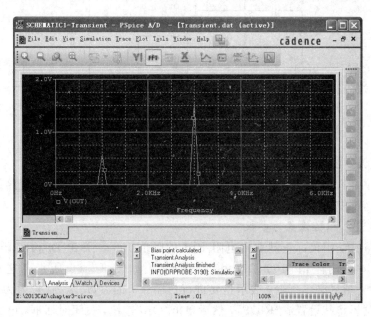

图 3 - 63　输出信号波形傅里叶分析

4. 结束项目并保存

模拟分析结束后，切换回项目管理程序，选择"File\Close Project"菜单命令或者右击项目管理文件，选择"Close"，在弹出的 Save File In Project 对话框中点击"Yes All"按钮，结束并保存这个项目。

3.6 参数扫描分析

在电路设计的过程中，常常需要针对某一个元器件参数值做调整，以达到所期望的指标。如果通过计算的方法或者反复更换元件的方式，直到满足要求，这两种方法都是既耗时又费力。如果借助 PSpice 的参数扫描分析功能，就会达到事半功倍的效果。PSpice 的参数扫描分析功能，可以分析计算电路中指定元器件参数值变化时对电路性能的影响。此类分析，元器件参数往往要发生多次变化，因此一般都涉及多次进行前面讲过的 DC 分析、AC 分析或 TRAN 分析。参数扫描分析在电路优化设计方面有重要的作用，将其与波形显示处理模块 Probe 的电路设计性能分析(Performance Analysis)功能结合在一起，可用于确定和优化元器件参数设计值。本节以一个单管放大电路为例，介绍几种元器件参数扫描设置。电路原理图如图 3-64 所示。

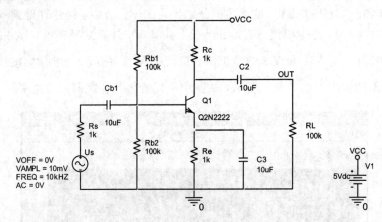

图 3-64 单管放大电路原理图

1. 设置电阻参数扫描

本例中设置电阻参数，讨论基极偏置电阻 Rb1 对输出信号波形和对电路放大倍数的影响。为了进行参数扫描分析，需要对电路图作修改，可以按照如下步骤进行操作：

1) 将电阻 Rb1 阻值设置为参数

在图 3-64 中，用鼠标左键双击电阻 Rb1 的阻值 100k，弹出 Display Properties 对话框，将其 Value 栏内阻值"100k"改为"{Rb1P}"，如图 3-65 所示。这里需要注意，"{Rb1P}"中的大括号必不可少，表示是要进行扫描分析的参数。大括号内为参数名，可以自行设置，在这里将其设置成"Rb1P"，然后单击"OK"按钮，关闭对话框，电路图中 Rb1 的阻值随即更改为此设置值。

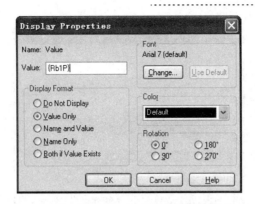

图 3 - 65　将电阻 Rb1 的阻值设置为参数

2）用参数符号设置阻值参数

选择"Place\Part"菜单命令，或者单击工具按钮 ，打开 Place Part 对话框，添加 SPECIAL.OLB 库文件。在 Part 栏内输入"PARAM"，如图 3 - 66 所示，"PARAMETERS:"符号 即出现在右下角的预览框里，单击 按钮或按下【Enter】键，将符号放置在图纸空白位置上。

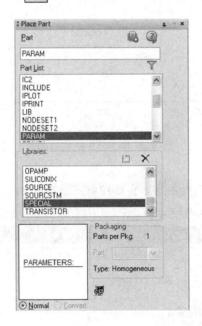

图 3 - 66　调用"PARAMETERS:"符号

用鼠标左键双击"PARAMETERS:"符号，屏幕上弹出元器件属性参数编辑器。单击 "New Column…"按钮，在打开的 Add New Column 对话框中进行设置，如图 3 - 67 所示。提 醒注意，此处 Name 栏下的参数名称无需加大括号。Value 栏下键入的"100k"表示进行其他特 性分析时该电阻值取为 100 kΩ。按照此方法设置的参数为全局参数，即为 Global 参数。

设置完毕后，单击"OK"按钮关闭对话框。用快捷键【Ctrl＋D】或者单击"Display"按 钮，调出 Display Properties 对话框，在 Display Format 项目中选中"Name and Value"，那 么此阻值就可以显示到原理图中了，如图 3 - 68 所示。

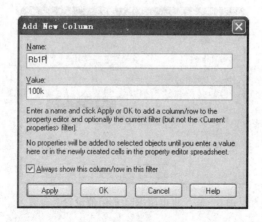

图 3-67 在 Add New Column 对话框中设置扫描参数

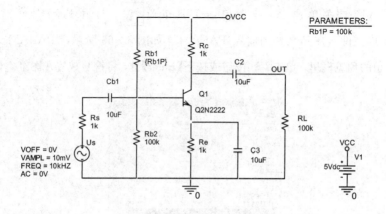

图 3-68 将电阻 Rb1 设置成扫描参数的电路图

3）设置仿真参数

为了方便观察输出电压信号波形，直接在电路输出端加上电压探针，如图 3-68 所示。在 Simulation Settings 对话框中，进行如图 3-69 和图 3-70 所示的电阻参数扫描设置。

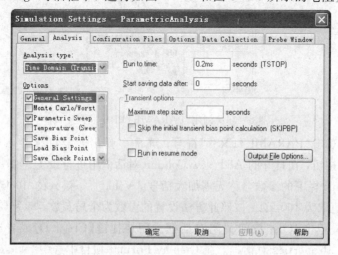

图 3-69 General Settings 参数设置

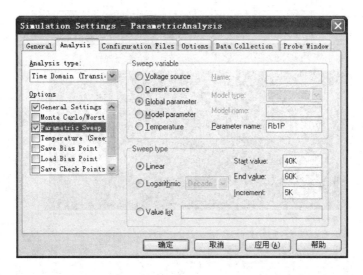

图 3 - 70　电阻参数扫描的 Parametric Sweep 设置

在 Analysis Type 栏下选择"Time Domain（Transient）"仿真分析类型，扫描时间由 0 ms 开始，持续到 0.2 ms 为止。再在 Options 栏下选择"Parametric Sweep"选项，同时在其右侧的 Sweep variable 栏内选中"Global parameter"项目，即将扫描变量设置为全局参数，在 Parameter name 栏内键入参数名称"Rb1P"；在 Sweep type 栏内将扫描类型设置成"Linear"，即均匀线性；扫描时电阻 Rb1P 以 5 kΩ 为步长，从 40 kΩ 变至 60 kΩ。设置完成后，单击"确定"按钮，关闭对话框。

4）运行 PSpice

选择"PSpice\Run"菜单命令或者单击工具按钮 ▶ ，启动 PSpice 仿真程序，弹出如图 3 - 71 所示的窗口。该窗口显示了从起始值到终止值，每一次步长增长运行后的信息，可以选择一条或利用【Ctrl】或【Shift】键选择多条信息，单击"OK"按钮，观察信号波形。

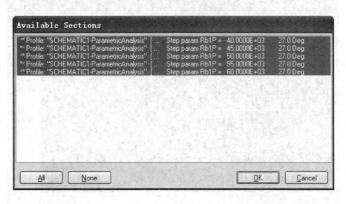

图 3 - 71　Available Sections 窗口

本例题选择"All"后单击"OK"按钮，弹出如图 3 - 72 所示的输出波形窗口。

图中显示了 5 条 V(OUT)输出波形曲线，当 Rb1P＝40 kΩ、Rb1P＝45 kΩ、Rb1P＝50 kΩ 时，三极管都处于饱和失真状态，但情况在逐渐改善。当 Rb1P＝55 kΩ、Rb1P＝60 kΩ 时，三极管工作在线性区，波形输出基本上是标准的正弦信号，看不出明显的失真状况。用鼠

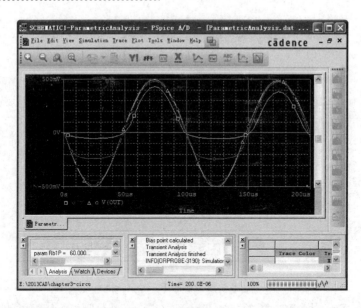

图 3-72 Rb1P 从 40 kΩ 变化到 60 kΩ 时电路输出波形

标左键双击图形下方的某个分线标记，单击鼠标右键，在菜单中选择"Trace Information"命令，就会弹出 Section Information 对话框，显示相应曲线信息。

图 3-73 是 Rb1P 以 10 kΩ 为步长，从 60 kΩ 变化到 100 kΩ 时 V(OUT)输出波形情况。可以看到，当 Rb1P>60 kΩ 后，尽管阻值不断增大，V(OUT)输出信号幅度却在逐渐减小，即当基极偏执电阻 Rb1P=60 kΩ 时，此基本放大电路的输出波形幅度最大，又因为输入信号幅度恒定，所以放大倍数也最大。Rb1P 增加到一定程度后，三极管会出现截止失真现象。这些曲线是独立的，点击参数名左侧标志就可以对其进行选择。以上讨论就是基极偏置电阻 Rb1 对输出信号波形和对电路放大倍数的影响。

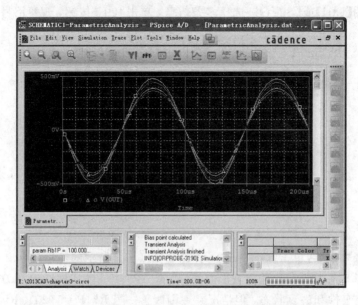

图 3-73 Rb1P 从 60 kΩ 变化到 100 kΩ 时电路输出波形

2. 设置电容参数扫描

本例中讨论基极耦合电容 Cb1 对输出信号波形和对电路放大倍数的影响。

1) 将电容 Cb1 容值设置为参数

　　将电容 Cb1 容值 $10\mu F$ 修改为{Cb1P}，在电路原理图空白处放置"PARAMETERS:"符号。双击"PARAMETERS:"符号，调出元器件属性参数编辑器。点击"New Column…"按钮，在打开的 Add New Column 对话框中进行设置。如同前面设置的电阻参数扫描一样，自行设置的参数名称为"Cb1P"，进行其他电路特性分析时该电容的取值为"$10\mu F$"。设置完成后电路图如图 3 − 74 所示。

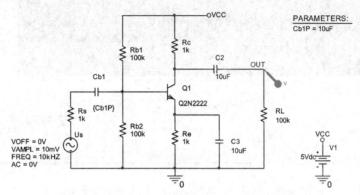

图 3 − 74　将电容 Cb1 设成参数扫描的电路图

2) 设置仿真参数

　　在 Simulation Settings 对话框中，进行电容参数扫描设置。Analysis type 栏的设置与前面相同，选择"Time Domain(Transient)"仿真分析类型，扫描时间仍然由 0 ms 开始，仿真分析和数据输出的终止时间都设置成 0.2 ms。然后在 Options 栏下选择"Parametric Sweep"选项，调出参数扫描的设置项目，如图 3 − 75 所示，在其右侧的 Sweep variable 栏内选中"Global parameter"项目，在 Parameter name 栏内键入参数名称"Cb1P"；在 Sweep type 栏内将扫描类型设置成"Linear"，扫描时电容 Cb1P 从 1 nF 变至 31 nF，步长为 5 nF。然后运行仿真，输出波形如图 3 − 76 所示。

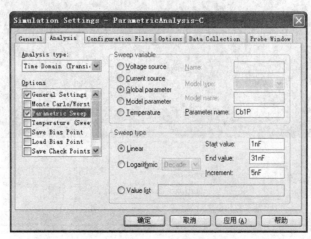

图 3 − 75　电容参数扫描的 Parametric Sweep 设置

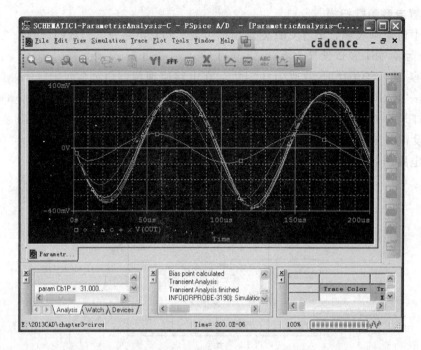

图 3-76 Cb1P 从 1 nF 变化到 31 nF 时电路输出波形

从波形图中可以看出，电容 Cb1P 从 1～31 nF 的变化过程中，随着电容值增加，V(OUT)输出电压幅度和周期不断增大。但是如果继续增加电容值，波形的变化就不那么明显了。图 3-77 所示是电容 Cb1P 以 50 nF 为步长，从 30 nF 变化到 330 nF 时 V(OUT)的波形图。除了 Cb1P＝30 nF 这条曲线外，其他 6 条曲线基本重合，说明输出信号幅度和

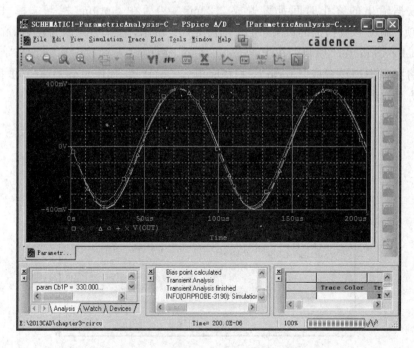

图 3-77 Cb1P 从 30 nF 变化到 330 nF 时电路输出波形

频率变化不明显,放大倍数也变化不大。读者可以继续增大电容值,看看还有什么样的情况发生。

3. 设置三极管参数扫描

电路中的无源器器件 R、C 如前述方法设置参数扫描,分析不同取值对电路输出信号波形和放大倍数的影响。电路中有源器件进行参数扫描时该如何设置及其对电路性能有何影响呢? 在此主要介绍利用三极管参数扫描分析三极管 Bf 值(最大正向放大倍数,即 β)对电路输出参量的影响。

1) 三极管基本信息的提取

三极管的基本信息在电路原理图中不显示,可以按照下述方式提取。在电路原理图中选中三极管,点击右键调出 Edit PSpice Model 窗口,如图 3 - 78 所示,此窗口显示了三极管的基本信息。

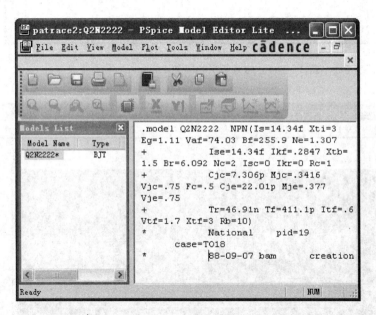

图 3 - 78　Edit PSpice Model 窗口显示三极管的基本信息

2) 设置仿真参数

调出 Simulation Settings 对话框,进行扫描参数设置。Analysis type 栏的设置与前面相同,选择"Time Domain(Transient)"仿真分析类型,扫描时间仍然由 0ms 开始,仿真分析和数据输出的终止时间都设置成 0.2 ms。然后在 Options 栏下选择"Parametric Sweep"选项,调出参数扫描的设置项目,如图 3 - 79 所示,在其右侧的 Sweep Variable 栏内选中"Model parameter"项目,在 Model type 栏内选择模型名称"NPN";在 Model name 栏内键入"Q2N2222",在 Parameter name 栏内键入"Bf",表示以最大正向放大倍数作为扫描参量,Sweep variable 栏内选择 Linear 项,Start value 栏内键入 100,End value 栏内键入 400,Increment 栏内键入 100,然后点击"确定"按钮。运行仿真波形如图 3 - 80 所示。

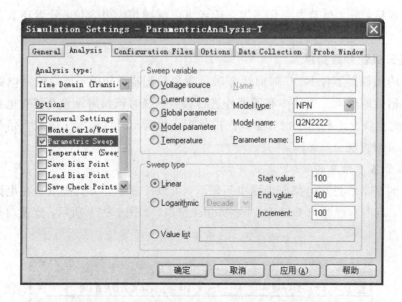

图 3-79 三极管参数扫描的 Parametric Sweep 设置

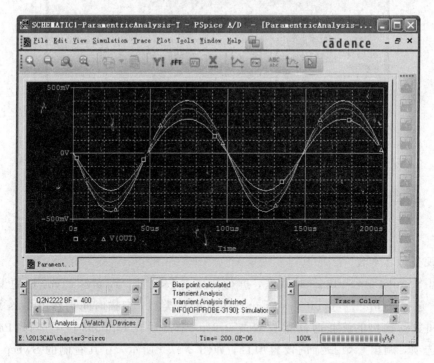

图 3-80 三极管 Bf 值从 100 变化到 400 时的电路输出波形

从上面波形图中可以看出，三极管放大倍数 Bf 从 100 至 400 的变化过程中，电路输出波形幅度依次增加，变化比较明显。

4. 设置电压源扫描参数

设置电压源扫描参数有 2 种方法：一种是将其作为"Global parameter"全局参数进行参数扫描分析；另外一种是将其设置为"Voltage source"进行参数扫描分析。以直流电压源

V1 为例，其电路原理图如图 3－81 所示，两种方法同时介绍，方便比较。

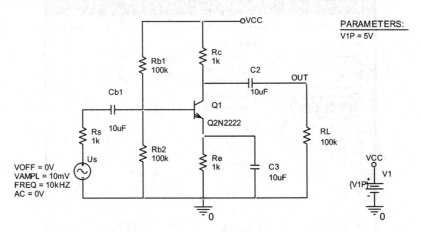

图 3－81　直流电源参数扫描原理图

　　调出 Simulation Settings 对话框，进行扫描参数设置。在 Analysis type 栏选择"Time Domain(Transient)"仿真分析类型，在 General Settings 参数设置中，扫描时间仍然由0 ms 开始，仿真分析和数据输出的终止时间都设置成 0.2 ms。在 Options 栏下选择"Parametric Sweep"选项，两者设置就不同了。

　　第一种方法，将其电压值作为"Global parameter"进行参数扫描分析，Parametric Sweep 选项设置如图 3－82 所示。

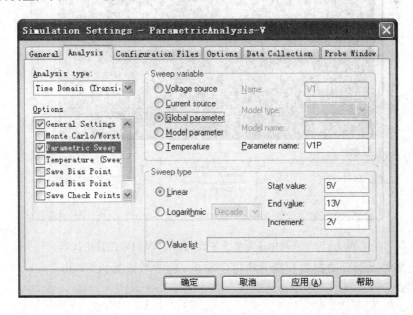

图 3－82　将 V1 电压值作为全局参数设置参数扫描

　　第二种方法，将 V2 设置为"Voltage source"进行参数扫描分析，Parametric Sweep 选项设置如图 3－83 所示。

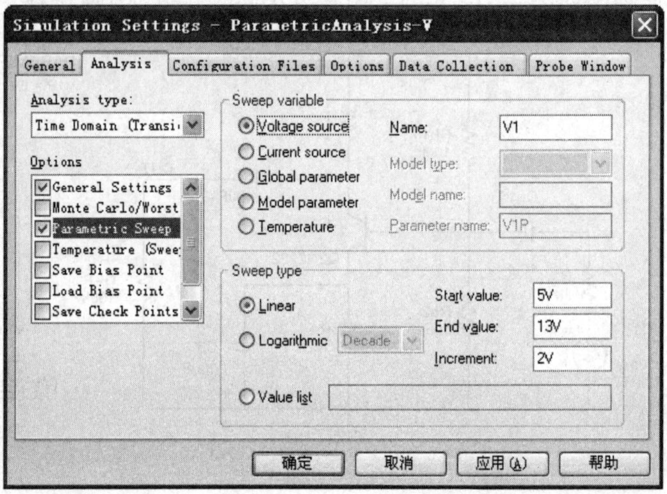

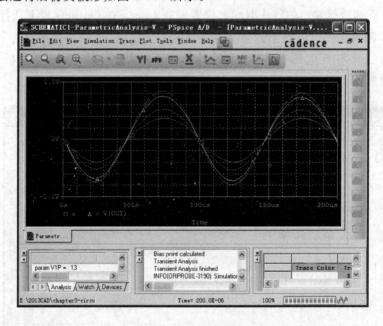

图 3-83   将 V1 作为电压源设置参数扫描

两种方法运行后仿真波形如图 3-84 所示。

图 3-84   直流电压源从 5 V 变化到 13 V 时电路输出波形

从以上多种元器件的参数扫描分析可以看出，将参数设置为"Global parameter"的方法应用比较广泛。

3.7   逻 辑 仿 真

在前面的学习中，我们主要介绍了利用 PSpice 来进行模拟电路的仿真、分析、结果显示及优化设计，实际上，PSpice 除了具有强大的模拟电路分析功能外，还可以对数字电路、模/数混合电路进行模拟和仿真。本节将在简要介绍逻辑仿真基本概念的基础上，学习利用 PSpice 程序对数字电路进行逻辑仿真的方法。

3.7.1 逻辑仿真的概念

1. 逻辑仿真及其作用

逻辑仿真的基本含义：根据给定的数字电路拓扑关系以及电路内部数字器件的功能和延迟特性，由计算机软件分析计算整个数字电路的功能和特性。PSpice 中逻辑仿真包括如下功能：

（1）仿真分析数字电路输出与输入之间的逻辑关系；

（2）仿真分析数字电路的延迟特性；

（3）对同时包括有模拟元器件和数字单元的电路进行模/数混合仿真，同时显示电路内部模拟信号和数字信号波形分析结果；

（4）最坏情况逻辑仿真；

（5）检查数字电路中是否存在时序异常和竞争冒险现象。

2. 电路节点的分类

PSpice 软件对电路进行仿真分析时，根据与节点相连元器件类型的不同，电路内部节点可分为 3 类。

（1）模拟型节点。如果与该节点相连的元器件均为模拟器件，则该节点为模拟型节点。

（2）数字型节点。如果与该节点相连的元器件均为数字器件，则该节点为数字型节点。

（3）接口型节点。如果与节点相连的元器件中既有模拟器件，又有数字器件，则这类节点称为接口型节点。对于此类节点，PSpice 在仿真时用一个数/模或模/数接口转换电路来代替，采用这种接口后，整个模/数混合电路就被分成若干个部分，每一部分将是单纯的数字电路或模拟电路。

3. 数字型节点逻辑状态(States)

PSpice 支持的数字信号包括 6 类逻辑状态，如表 3 - 9 所示。

表 3 - 9　数字信号的逻辑状态

逻辑状态	含　义
0	Low(低电平)、False(假)、No(断开)
1	High(高电平)、True(真)、Yes(是)、On(通)
R	Rising(逻辑状态由 0 到 1 的变换过程)
F	Falling(逻辑状态从 1 到 0 的变换过程)
X	不确定状态(可能为高、低电平、中间态或不稳定态)
Z	高阻状态

用 Probe 程序显示分析逻辑仿真结果时，不同逻辑状态的显示情况如图 3 - 85 所示。

4. 逻辑仿真中的激励信号(Stimulus)

为了进行逻辑仿真，必须在数字电路输入端施加激励信号。PSpice A/D 进行逻辑仿真时采用的激励信号有 3 种：

（1）时钟信号(Clock Stimulus)。这是一种规则的一位周期信号，其波形描述最为简单。

(2) 一般激励信号(Digital Signal Stimulus)。这也是一种位信号,但其波形变化不像时钟信号那样简单。

(3) 总线激励信号(Digital Bus Stimulus)。该信号又分 2 位、4 位、8 位、16 位和 32 位共 5 种。

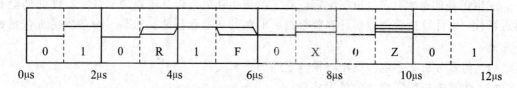

图 3-85　Probe 中显示的逻辑状态

逻辑仿真中激励信号的选择、设置和具体应用将在下面的学习中详细介绍。

5. 逻辑仿真的基本步骤

调用 PSpice A/D 进行逻辑仿真与对模拟电路进行仿真分析的过程基本相同,主要包括下述 3 个阶段:

(1) 逻辑电路原理图生成。该阶段包括新建设计项目、绘制逻辑电路原理图和设置输入激励信号波形。

(2) 逻辑仿真。该阶段包括确定分析类型和指定仿真时间、启动逻辑仿真进程。如果不希望采用默认值,还需要设置任选项参数。

(3) 逻辑仿真结果分析。该阶段包括在 PSpice A/D 的 Probe 窗口中显示结果波形,分析逻辑仿真功能关系,确定各种延迟参数,检查、分析异常原因。

3.7.2　逻辑仿真中的激励信号源

数字电路原理图中元器件类型符号只包括基本数字单元、激励信号源和端口符号,比模拟电路要少,因而绘制数字电路原理图要比模拟电路原理图简单。但是逻辑仿真中一个关键问题是激励信号源的选择和设置,激励信号采用什么波形,对逻辑模拟能否顺利进行并取得满意的模拟验证效果非常重要。

1. 逻辑激励信号源分类符号

PSpice A/D 进行逻辑仿真时,可采用 3 种激励信号波形。根据信号波形类别和设置方法的不同,SOURCE 符号库和 SOURCESTM 符号库中有 4 类不同的逻辑激励信号源符号,如图 3-86 所示。在数字电路图中放置激励信号源符号的方法与放置一般元器件符号的方法相同。

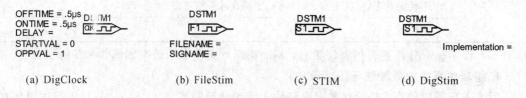

图 3-86　数字电路中的激励信号源符号

4 类信号源中,除 DigClock 只用来产生时钟信号外,其他 3 类均可产生单线或总线激

励信号。不同位数的总线激励信号源是在其名称的最后一个字符采用不同的数字，表
3-10 是这 4 类 17 种信号源符号和功能对比。

表 3-10　4 类数字信号源比较

	DigClock	FileStim	STIM	DigStim
时钟信号	DigClock	FileStim1	STIM1	DigStim1
2 位总线信号		FileStim2	STIM2	DigStim2
4 位总线信号		FileStim4	STIM4	DigStim4
8 位总线信号		FileStim8	STIM8	DigStim8
16 位总线信号		FileStim16	STIM16	DigStim16
32 位总线信号		FileStim32	STIM32	DigStim32

2. DigClock 信号源

时钟信号是逻辑模拟中使用最频繁的信号，也是波形最简单的一种脉冲信号。一个完整的时钟信号需要用 5 个参数来描述：

(1) 高电平状态(OPPVAL)：时钟高电平状态。

(2) 初值(STARTVAL)：$t=0$ 时刻的时钟初值。在延迟时间范围内，信号值由初值决定。

(3) 低电平时间(OFFTIME)：一个时钟周期中，低电平状态的持续时间。

(4) 高电平时间(ONTIME)：一个时钟周期中，高电平状态的持续时间。

(5) 延迟时间(DELAY)：状态量的持续时间。

另外，一个完整的 DigClock 激励信号还包括驱动强度能力(IO-MODEL)和输入/输出接口类(IO-LEVEL)。

在电路原理图中放置 DigClock 激励源的方法与放置其他器件的方法类似，单击 Place Part 按钮，从 SOURCE 库中选取 DigClock 即可。修改 DigClock 激励源参数时除了可以在图标上分别选中每个参数进行修改外，还可以双击时钟激励源图标，打开如图 3-87 的参数设置窗口进行调整。

本例中设置 DigClock 参数如下：OPPVAL＝1，STARTVAL＝0，OFFTIME＝1μs，ONTIME＝1μs，DELAY＝0，IO-MODEL 和 IO-LEVEL 参数皆选择默认值。设置完参数后的时钟信号波形如图 3-88 所示。

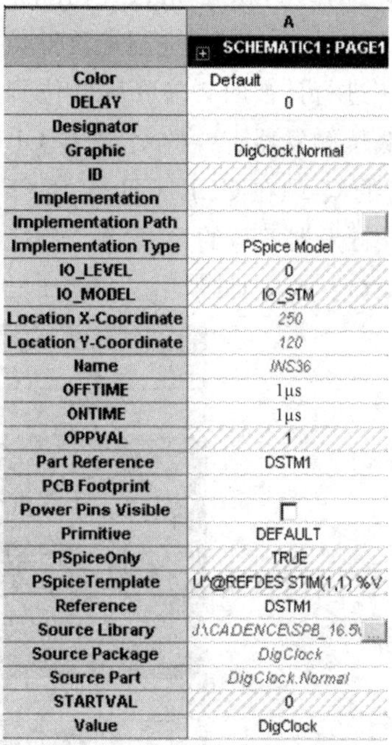

图 3-87　DigClock 参数设置窗口

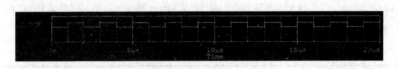

图 3-88　DigClock 波形

3.7.3　逻辑电路仿真

以一个异步 4 位二进制加法计数器为例，学习利用 PSpice A/D 进行逻辑电路仿真。绘制如图 3-89 所示的电路原理图，4 个 JK 触发器，令 J＝K＝1 接成只具有翻转功能的 T' 触发器。设置激励源参数和输入/输出端口，放置好探针后就可以进行仿真分析了。

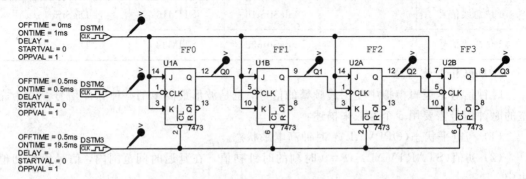

图 3-89　异步 4 位二进制加法计数器

选择"Time Domain(Transient)"仿真分析类型，扫描时间由 0 s 开始，持续到 20 ms 为止。该异步 4 位二进制加法计数器仿真时序图如图 3-90 所示，可以看出，异步加法计数器在进行计数时，采取从低位到高位的串行进位方式工作，各个触发器不是同时翻转的。最低位触发器 FF_0 的 Q_0 端在 CLK_0 的下降沿翻转，CLK_0 为要记录的计数输入脉冲，触发器 FF_1 的 Q_1 端在 CLK_1（即 Q_0）的下降沿翻转，触发器 FF_2 的 Q_2 端在 CLK_2（即 Q_1）的下降沿翻转，触发器 FF_3 的 Q_3 端在 CLK_3（即 Q_2）的下降沿翻转。计数值分别从 4 个触发器的输出端 Q_3、Q_2、Q_1、Q_0 引出。16 个时钟脉冲完成一个状态循环。

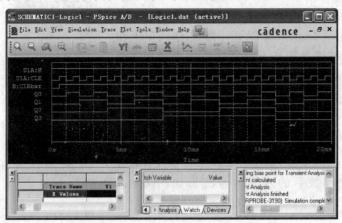

图 3-90　异步 4 位二进制加法计数器仿真时序图

3.8　模/数混合仿真

模/数混合电路是指电路中同时包括数字逻辑单元(如门电路、触发器等)和各种模拟元器件(如电阻、电容和晶体管等)。也就是说,电路中既包括 1 和 0 表示的数字信号,又包括连续变化的模拟信号。虽然模/数混合仿真技术涉及新的概念和特殊的处理方法,但这些需要特殊处理的问题是由系统自动完成的,用户在调用 PSpice A/D 进行模/数混合仿真时,基本步骤与逻辑仿真相同。

3.8.1　模/数接口电路

对于模/数混合电路,其内部节点可分为模拟型节点、数字型节点和接口型节点三种,其中接口型节点是指同时与逻辑器件和模拟器件相连的节点。在对模/数混合电路进行仿真分析时,关键是如何处理这类接口型节点,实现数字信号和模拟信号之间的转换。

PSpice A/D 处理接口型节点的基本方法是对数字逻辑单元库中的每一个基本逻辑单元都同时配备 AtoD 和 DtoA 两类接口型等效子电路。其中 AtoD 子电路的作用是将模拟信号转化为数字信号,DtoA 子电路则用于将数字信号转化为模拟信号。如果一个逻辑单元输入端与接口型节点相连,系统将在该输入端自动插入一个 AtoD 子电路,将接口型节点处的模拟信号转化为数字信号,送至逻辑单元的输入端。同样,如果逻辑单元的输出端与接口型节点相连,系统将在该输出端自动插入一个 DtoA 子电路,将该输出端的数字信号转化为模拟信号送至接口型节点。图 3 - 91(a)是一个经常用到的发光二极管指示电路,由一个非门控制三极管的通断。仿真时,系统会自动在 U1A 和 Q1 之间插入一个 DtoA 子电路,如图 3 - 91(b)所示。

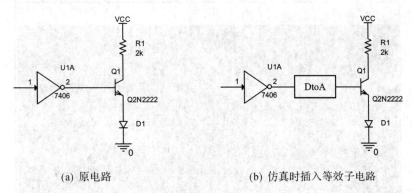

(a) 原电路　　　　　　　　　　　(b) 仿真时插入等效子电路

图 3 - 91　模/数混合电路中的接口等效电路

如上所述,PSpice 进行模/数混合仿真的基本方法是系统在接口型节点处自动插入接口等效子电路,将数字和模拟两类元器件隔开,同时又实现了数字和模拟两类信号之间的转换。

3.8.2　模/数混合电路仿真

由于接口等效子电路是由系统自动插入的,所以模/数混合仿真与上一节介绍的逻辑仿真步骤基本相同。只是在显示仿真结果波形时，要处理数字和模拟两类信号，并要考虑新增的数字型节点。下面结合一个电路实例，介绍模/数混合电路仿真。

绘制好的原理图如图 3 - 92 所示。本电路包括一个由 555 定时器组成的多谐振荡器（R1、R2、C1、C2、U1 组成）、一个非门（U1A）和一个微分电路（R3、C3 组成），完成矩形脉冲信号的产生、整形和微分运算处理。多谐振荡器输出的矩形脉冲频率为

$$f=1.43/(R1+2R2)C1$$

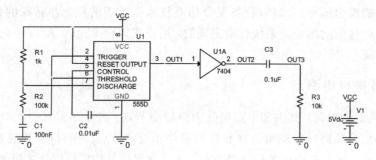

图 3 - 92　模/数混合仿真电路原理图

模/数混合仿真结果包括数字和模拟两类信号，在显示时，Probe 窗口将自动分为上、下两个子窗口，分别显示数字信号和模拟信号。两个子窗口共用一个时间坐标轴，以方便比较这两类信号随时间的变化情况。

本例选择"Time Domain(Transient)"仿真分析类型，扫描时间由 0 s 开始，持续到 100 ms 为止，仿真结果如图 3 - 93 所示。上面的子窗口中显示的是数字信号，下面的窗口中显示的是模拟信号，可以清楚地看到矩形信号的产生、整形以及微分过程。

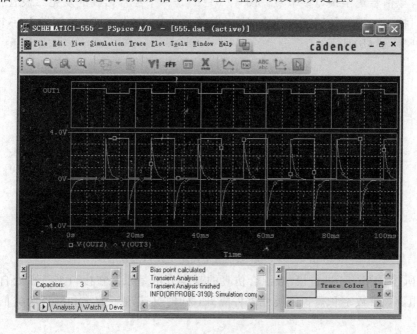

图 3 - 93　模/数混合电路仿真结果

3.9　高　级　分　析

PSpice AA(PSpice Advanced Analysis)即 PSpice 高级分析。它与电子产品设计后期的产品设计指标提升、可靠性提高以及成本优化有着密切的联系。Pspice AA 主要包含 5 部分：灵敏度分析(Sensitivity)、优化设计(Optimizer)、蒙特卡罗分析(Monte Carlo)、电应力分析(Smoke)和参数测绘仪(Parametric Plotter)。

1. 设置高级分析参数

进行 PSpice AA 分析，元器件需要从 PSpice AA 模型库中选取。PSpice AA 模型库位于...\tools\capture\library\pspice\advanls 路径下，包含 35 个库文件、几千个元器件仿真模型，库中没有的元器件参数可以在标准 PSpice A/D 模型中自行添加相关参数后，作为 PSpice AA 元器件模型。高级分析的元器件参数如表 3-11 所示。

表 3-11　高级分析的元器件参数

高级分析工具	需要的模型参数
灵敏度分析(Sensitivity)	容差参数(Tolerance Parameters，TOL)
优化设计(Optimizer)	优化参数(Optimizable Parameters)
蒙特卡罗分析(Monte Carlo)	容差参数(Tolerance Parameters，TOL)
	分布参数(Distribution Parameters，DIST)
电应力分析(Smoke)	应力参数(Smoke Parameters)

(1) 容差参数(Tolerance Parameters，TOL)：用来描述元器件的容许误差，即实际元器件参数相对标称值(正向或负向)偏离的大小(多用百分比表示)。

(2) 优化参数(Optimizable Parameters)：在优化过程中能够对其值进行调整。对于无源器件，优化参数就是其元器件值，如电阻就是其阻值；对于有源器件，优化参数就是其模型参数，如晶体管的电流放大倍数。

(3) 分布参数(Distribution Parameters，DIST)：用来描述元器件参数分散性服从规律。在蒙特卡罗分析中，通过分布函数在元器件容差规定的允许范围内随机选取元器件的参数值。

(4) 应力参数(Smoke Parameters)：描述元器件的最大(安全)工作额定值，如电阻参数中包括 POWER：描述允许承受的最大损耗功率；MAX-TEMP：描述允许的最大温度等。

以上 4 种参数可以逐一进行添加，若电路中同一种元器件的高级分析参数相同，可以通过"设计变量表"(Variable Table)方法实现，它以全局方式来设置高级分析的参数值，其符号可以在特殊符号库"PSPICE-ELEM"中查询得到"VARIABLES"。

2. PSpice AA 工作流程

在完成经典 PSpice A/D 分析后必须为相应元器件设置高级分析参数，然后才能进入 PSpice AA。PSpice AA 工作流程如下：

(1) 首先进行灵敏度分析，以便确定电路中对电路特性影响最大的元器件参数。

117

（2）调用参数优化工具，对关键元器件参数进行优化。由于优化设计所得的优化元器件参数还是一种标称值设计，而实际采用的各个元器件不可能都是标称值，具有一定的分散性。

（3）调用蒙特卡罗分析，预测电路成品率，分析其可生产性。

（4）调用电应力分析，以提高电路的可靠性。

本节以一个低通滤波器为例，介绍 PSpice AA 的分析过程。原理图如图 3-94 所示，所有元器件从 PSpice AA 模型库中选取。进行 PSpice AA 分析之前首先进行 PSpice A/D 分析，本例采用 AC Sweep 分析，并添加了测量函数，Cutoff_lowpass_3db(V(Vo))仿真分析结果如图 3-95 所示。

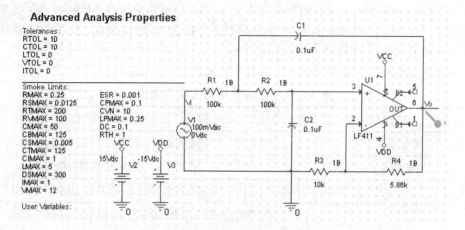

图 3-94　低通滤波器原理图

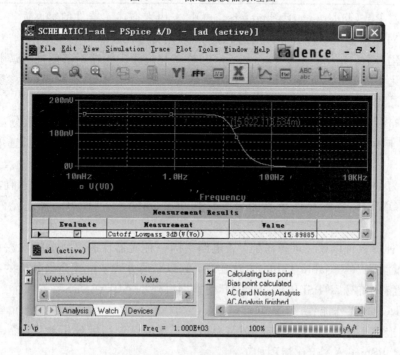

图 3-95　PSpice A/D 低通滤波器输出波形

3.9.1　参数测绘仪

在 PSpice A/D 分析中有 Parametric Sweep 分析，但它每次只能针对一种参数进行分析，如果同时考察多个参数对电路特性影响时，使用参数测绘仪比较直观方便。

1. 参数扫描类型

使用参数测绘仪进行参数扫描类型分为 4 种，包括：离散扫描（Discrete）、线性扫描（Linear）、对数十进制扫描（Logarithmic Dec）和对数八进制扫描（Logarithmic Oct）。

2. 参数测绘仪选择

参数测绘仪选择如下，执行"PSpice\ Advanced Analysis\ Parametric Plot"，进入"Cadence Product Choices"窗口，然后选择"PSpice Advanced Analysis"，打开高级分析"Parametric Plot"窗口，如图 3 - 96 所示。该窗口主要由三部分组成：

（1）第一部分 Sweep Parameters 用于添加扫描变量。

（2）第二部分包括三个标签页：

① Measurements：添加性能函数；

② Results：显示扫描运行结果和观看设定的波形；

③ Plot Information：显示关系曲线。

（3）第三部分显示扫描进程。

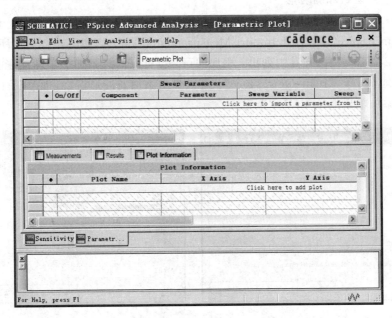

图 3 - 96　Parametric Plot 初始窗口

3. 添加扫描变量

执行"Edit\Profile Settings …"命令，弹出 Profile Settings 窗口，在 Parametric Plot 项目下设置参数扫描次数最大值，默认为 1000，自行修改之后选择"OK"关闭窗口。

在图 3 - 96 中，在 Sweep Parameters 部分点击"Click here to import a parameter from the design property map …"，打开 Select Sweep Parameters 窗口，如图 3 - 97(a)所示；在 Sweep Type 下拉列表中选择参数类型，点击 Sweep Values 栏打开如图 3 - 97(b)所示的

Sweep Settings 窗口确定参数变量范围。一般默认起始值为原理图所标值的十分之一，终止值为其十倍。

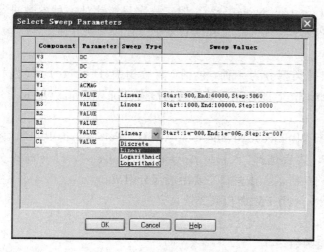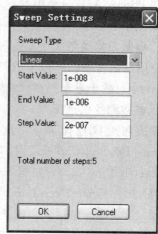

(a) Select Sweep Parameters 窗口   (b) Sweep Settings 窗口

图 3-97　添加扫描变量

4. 添加性能函数和新波形

在图 3-96 中，在 Measurements 标签页点击"Click here to import a measurement created within PSpice…"，打开 Import Measurement(s)窗口，如图 3-98(a)所示；Cutoff_Lowpass_3dB(V(Vo))已在其中列出，添加即可，也可以同时添加多个性能函数。在 Type 空白处点右键，选择"Create New Trace"，可以弹出添加新波形窗口，如图 3-98(b)所示，这里以选择添加输出电压 V(Vo)为例。

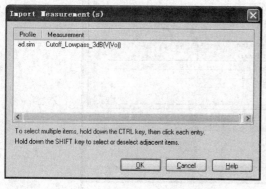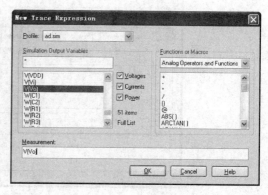

(a) Import Measurement(s) 窗口   (b) New Trace Expression 窗口

图 3-98　添加性能函数和新波形

完成设置后效果如图 3-99 所示，扫描变量窗口中，Sweep Variable 需要指明输入端 (inner)和输出端(outer)，Number of Steps 表示扫描次数，进程窗口第一行显示参数测绘仪扫描次数 $2\times6\times5=60$，Measurements 标签页中添加了性能函数"cutoff_lowpass_3db (V(Vo))"和新波形"V(Vo)"。

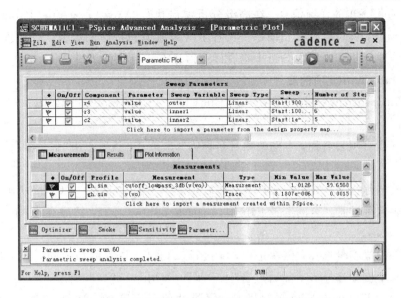

121

图 3-99　所有设置完成后的 Parametric Plot 窗口

5. 运行和查看结果

设置好后运行，状态窗口显示仿真进程，出现"Parametric sweep analysis completed"表示仿真结束，可以点击 Results 标签页查看运行结果和观察波形。

Results 列表中显示了扫描变量的 60 种组合情况。在特性函数单元格中双击鼠标，则可以对此项目测量结果进行排序，V(Vo) 列框中有"√"表示选中，双击可以查看在此扫描变量组合值下"V(Vo)"波形，选择 R4＝11 kΩ、R3＝31 kΩ 和 C2＝1e−008F，以及 R4＝2 kΩ、R3＝11 kΩ 和 C2＝2.1e−007F 两种不同扫描变量参数组合情况下 V(Vo) 波形对比情况，如图 3-100 所示，从而可以清晰看出波形的输出效果，两种情况的 Cutoff_lowpass_3db(V(Vo)) 分别为 59.43 897 Hz 和 7.32 997 Hz。

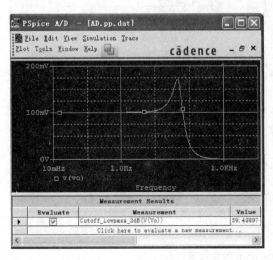
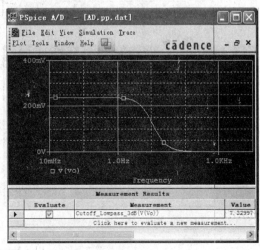

(a) R4＝11 kΩ、R3＝3 kΩ 和 C2＝1e-008F　　　　(b) R4＝2 kΩ、R3＝11 kΩ 和 C2＝2.1e-007F

图 3-100　不同扫描变量组合情况下 V(Vo) 波形对比

如果想看每一步的详细信息，在高级分析窗口执行"View\Log File\Parametic Plot"，打开写字板窗口，就可以查看扫描每一步各个参数取值和特性函数值。灵敏度分析、优化分析、蒙特卡罗分析和电应力分析中查看详细信息方法与此类似。

6. Plot Information 项的应用

选择 Plot Information 标签页，点击"Click here to add plot"进行如图 3-101 所示的后续操作：

(1) 选择仿真项目名称，本例的项目名称为"ad.sim"，然后点击"下一步"，如图 3-101(a)所示；

(2) X轴名称选择，本例中选择 r4，然后点击下一步，如图 3-101(b)所示；

(3) Y轴名称选择，本例选择 cutoff_lowpass_3db(v(vo))，然后点击"下一步"，如图 3-101(c)所示；

(4) 另一扫描变量选择，也就是说，在进行(2)和(3)设置的扫描同时还可以对另一变量进行扫描，本例中选择 r3，然后点击"下一步"，如图 3-101(d)所示；

(5) 设置恒量，也就是说在扫描时，恒量的值是不变的，选择 c2=1e-008，如图 3-101(e)所示，右击此项，选择"Lock"，则此值变为红色，同时前面的锁符号处于锁住状态，如 3-101(f)所示，然后点击完成，即可完成设置。

(a) 仿真项目名称选择

(b) X轴名称选择

(c) Y轴名称选择

(d) 另一扫描变量选择

图 3-101　Plot Information 参数设置过程

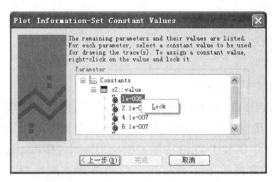
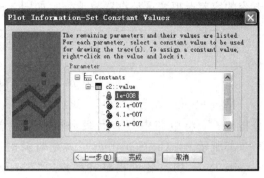

(e) 固定参数锁定设置　　　　　　　　　　(f) 操作完成

续图 3-101　Plot Information 参数设置过程

完成以上设置后需再次运行仿真，在 Plot Information 标签页中相应栏内点右键选择
"Display Plot"就可以显示波形，如图 3-102 所示。选中某一曲线，单击鼠标右键调出快捷
菜单，执行"Trace Information"命令，可以看到如图 3-103 所示的选取曲线的详细信息。

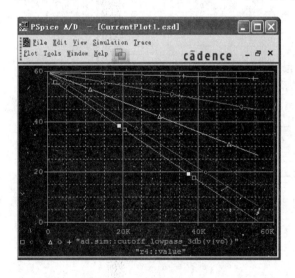

图 3-102　输出波形图

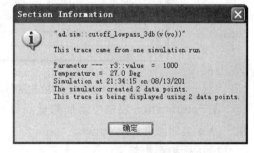

图 3-103　输出波形详细信息

3.9.2　灵敏度分析

灵敏度分析是为了确定电路中对指定电路特性影响最大的关键元器件参数，以便进行
优化分析，所以灵敏度分析是参数优化设计的前提和基础。对于高灵敏度的电路，可选择
高精度的元器件，而对于低灵敏度的电路，可以采用容差大一些的元器件，所以灵敏度分
析还是容差分析的基础。

1. Parameters 设置

电路图中元器件参数设置一般是要自行设计的，其中无源元件电阻 R、电容 C 是最常
用的元件。在原理图中双击其符号，调出它的属性参数编辑器，将负容差（NEGTOL）和正
容差（POSTOL）的虚拟变量（RTOL%）都设置为相应的值。为简单起见，本例中将电阻和

电容的容差虚拟变量都设置为 10%，如图 3 - 104 所示。

MAX_TEMP	NEGTOL	POSTOL	POWER	SIZE
RTMAX	10%	10%	RMAX	1B

图 3 - 104　容差虚拟变量设置

进行 PSpice A/D 仿真后，执行"PSpice\Advanced Analysis\Sensitivity"，打开灵敏度分析窗口，将电路中具有高级分析参数设置的元器件罗列到 Parameters 表格中，如图 3 - 105所示。"Abs Sensitivity"为绝对灵敏度，在其上点击右键，执行"Display\Relative Sensitivity"，切换显示相对灵敏度。"Linear"为线性表示，在其上点击右键，执行"Bar Graph Style\Log"，可以转换为对数表示。

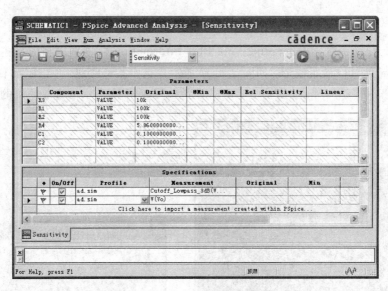

图 3 - 105　Sensitivity 窗口

在 Spesification 表格中添加测量函数，本例仍然是观察 Cutoff_Lowpass_3dB(V(Vo)) 和 V(Vo)，如图 3 - 105 所示。

2. 运行和查看结果

设置完成后运行灵敏度分析，仿真状态窗口出现"Sensitivity analysis completed"，表示运行结束。若在 Specification 中选择不同的性能函数，Parameters 表格中将显示各个元器件对其影响情况。图 3 - 106 中，Parameters 表格中显示了电路中各个元器件对性能函数"Cutoff_Lowpass_3dB(V(Vo))"的影响情况。

3. 修改参数值

图 3 - 106 中显示了电容 C2 对性能函数"Cutoff_Lowpass_3dB(V(Vo))"影响最大，其次为 R2。如果需要对其参数值进行调整，有两种修改方法：一种是选中 C2 后点击右键，执行"Find in Design"命令，原理图中 C2 元件符号就会有粉色虚线框显示，找到该元器件直接对其参数进行修改；另一种方法是和优化分析结合，在图 3 - 106 中，同时选中需要修改的多个元器件，点击右键执行"Send to Optimizer"命令，进行优化分析，具体操作在优化分析中进行介绍。

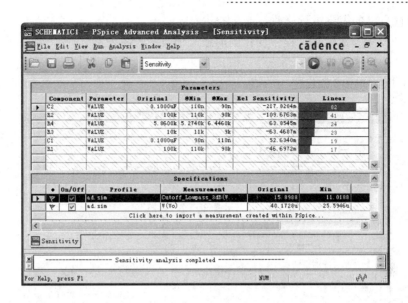

图 3 - 106　灵敏度分析运行结果

3.9.3　优化设计

PSpice AA 优化工具可以当做是离散数学中的求最优化解的数学问题来对待。它在求解时需要设定一个最优化目标值，同时还要设置相关的一系列约束条件。

它有两种优化方式：一种是设定目标值和约束条件，调用优化引擎进行优化操作；另一种是指定目标曲线，通过曲线拟合的方式得到最优解。

它有三种优化算法：第一种是改进的最小二乘法（Modified Least Squares Quadratic，Modified LSQ），它使用的是有约束和无约束的最小化运算法则，允许它将优化目标按非线性特点来约束。第二种是随机引擎（Random Engine），它随机地选取优化初始值，用于解决 MLSQ 和 LSQ 不能确定初始值和局部最小极值的问题。第三种是离散引擎（Discrete Engine），它用于选定与优化结果要求最接近的实际元器件标称值。前两种方法得到的是优化理论值，第三种方法得到的是我们可以买到的商品化的元器件的值，因此一般使用第一和第二种优化算法后，还要使用第三种，以便找到更合适的元器件。

1. 设定目标值和约束条件，调用优化引擎进行优化操作

仍以电路的"Cutoff_Lowpass_3dB(V(Vo))"作为目标参数为例。在 3.9.2 节中经过灵敏度分析已经找到影响性能函数"Cutoff_Lowpass_3dB(V(Vo))"的几个关键元器件，同时选中它们，然后点击右键执行"Send to Optimizer"，打开如图 3 - 107 所示的优化分析窗口。

（1）Error Graph 用于显示优化的当前状态，是一个动态过程。

（2）Parameters 显示各个参数优化过程。

① On/Off：有"√"表示选中，优化时要考虑此项，无"√"表示未选中，其值没有导入，优化时不考虑此项，其值不会改变。"锁"初始状态是打开的，表示优化时要考虑此项，单击锁住，表示优化时不考虑此项，其值不会改变。

② Original：显示电路图中参数的值。

③ Min：设置参数优化过程中变化到的最小值，一般系统默认是原始值的十分之一，

用户可以根据自己的需要进行修改。

④ Max：设置参数优化过程中变化到的最大值，一般系统默认是原始值的十倍，用户可以根据自己的需要进行修改。

⑤ Current：显示参数优化后的值。

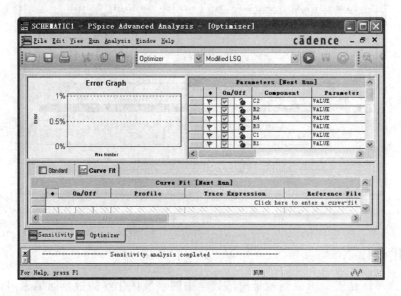

图 3 - 107   Optimizer 窗口

（3）Specifications 用于性能函数的选择。

本例添加性能函数 Cutoff_Lowpass_3dB(V(Vo))。

① 绿色旗表示运行正确，红色旗表示运行错误，黄色旗表示有误差。

② On/Off：第一列有"√"表示选中，优化时要考虑此项，无"√"表示未选中，优化时不考虑；第二列曲线表示该项优化时在 Error Graph 中的曲线形式。

③ Min：设置目标或约束量的最小值。

④ Max：设置目标或约束量的最大值。

⑤ Type：设置特性函数的类型，Goal 表示优化目标，Constraint 表示优化约束条件。

⑥ Weight：表示权重，权重越大，说明优化中优先级越高，在优化中优先考虑其影响。

2. 运行仿真

设置好各项参数后，在优化引擎中先选择"Modified LSQ"，然后点击 ▶ 运行，当进程窗口显示"Optimization complete"，表示优化结束。如图 3 - 108 所示，Specifications 项 Error 中显示 0%，说明优化达到目标了，如果不是 0%，则优化不达标，需要重新调整设置；Original 中显示原始值，Current 中显示优化后性能函数的值，是计算出的理论值，在市场上有可能买不到这样的器件，所以还要进行离散引擎(Discrete Engine)操作。

在优化引擎中选择"Discrete"，Parameters 表格中就会多出"Discrete Table"一列，在其中选择元器件的误差范围，然后再点击 ▶ 运行，结果如图 3 - 109 所示。

从图 3 - 109 中可以看出，Error 中显示误差仍旧为 0%，Parameters 表格中 Current 一列显示离散优化后元器件的值，是在市场上可以买得到的元器件的标称值。

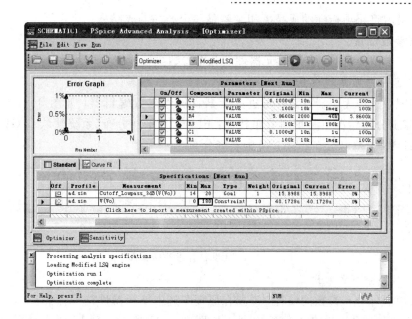

图 3 - 108　优化分析结果

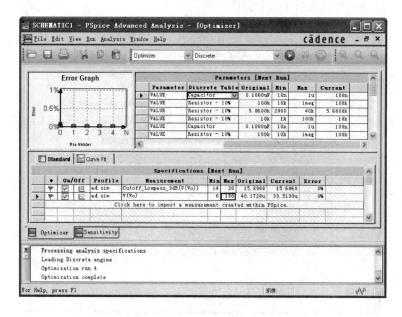

图 3 - 109　离散分析结果显示

3.9.4　蒙特卡罗分析

在电子产品的设计流程中，都会碰到由于采用的元器件存在公差，导致产品的性能指标在一定区间内漂移的问题。如果性能的偏移在设计要求范围之内，那么成品率就是 100%，如果只有部分在设计指标的指定范围内，那么产品的成品率就是该部分所占的比例了。

PSpice AA 可以同时对多项性能指标进行分析，并且可以通过光标测量直接得到产品的成品率。最后将每项指标的成品率相乘就是整个产品的成品率。

1. 分布参数设置

进行蒙特卡罗分析时，需要对元器件的分布参数进行设置。

1）无源器件分布参数设置

在原理图中选中无源器件，双击进入元器件属性参数编辑器，如图 3 - 110 所示。在 DIST 栏内根据分析情况自行填写分布特性：FLAT 为平均分布（系统默认）、GUASS 为高斯分布、BSIMG 为双峰分布、SKEW 为斜峰分布。

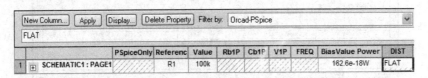

图 3 - 110　无源器件参数编辑器

2）有源器件分布参数设置

对于有源器件分布参数的设置，需要在原理图选中该元器件符号，点击右键执行"Edit PSpice Model"命令进入模型参数编辑器。如图 3 - 111 所示，对 IS 项进行设置，先设置 Postol 和 Negtol 项，然后设置 Distribution 项。

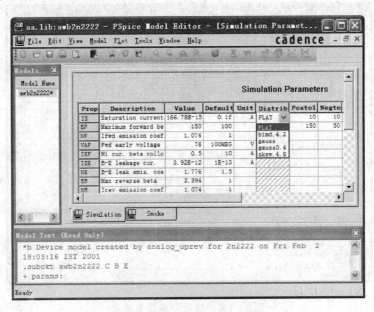

图 3 - 111　有源器件参数编辑器

2. 蒙特卡罗工具介绍

进行 PSpice A/D 仿真后，执行"PSpice\Advanced Analysis\Monte Carlo"，打开蒙特卡罗分析窗口。图 3 - 112 是蒙特卡罗分析初始界面，同样由三部分组成。第一部分为图形显示，第二部分用于添加特性函数，第三部分显示仿真进程。

进行蒙特卡罗分析之前还需进行其他设置，如图 3 - 113 所示，选择执行"Edit\Profile Settings"命令，打开 Monte Carlo 标签页，设置 Monte Carlo 分析的相关参数：

（1）Number of Runs 表示抽样次数；

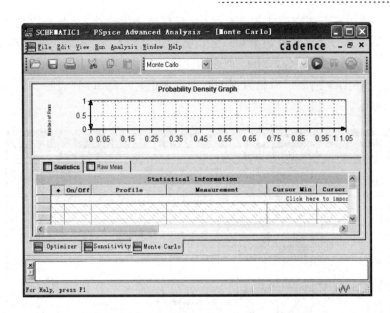

图 3-112　蒙特卡罗分析初始界面

（2）Starting Run Numbers 表示从第几次抽样开始，一般选择 1；

（3）Random Seed Value 表示随机种子值，一般选择 1；

（4）Number of Bins 表示显示直方图的个数。

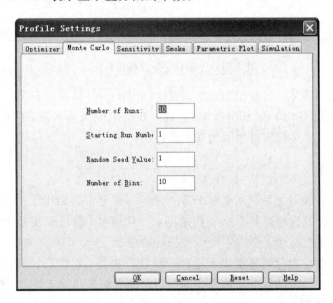

图 3-113　Profile Settings 窗口蒙特卡罗分析设置

3. 添加特性函数

设置好以上参数之后，可以仿照前面介绍方法添加特性函数。

4. 运行和查看结果

完成以上步骤之后运行仿真，状态窗口提示"Monte Carlo analysis completed"，表示仿真结束。如图 3-114 所示，窗口第一部分显示直方图，有 2 条光标线 Max 和 Min。光标线位置可以改变，选中需要改变位置的光标线（光标红色表示选中），点击想要放置的位置即可实现定位。第二部分显示特性函数相应的仿真值。其中 Cursor Min 列和 Cursor Max 列显示 Min 和 Max 两个光标位置，Yield 列表示两个光标之间的产品成品率，Mean 列表示原始数据平均值，Std Dev 列表示原始数据的标准偏差值，3 Sigma 列表示 3 倍标准偏差值范围内的数据与原始数据之比。

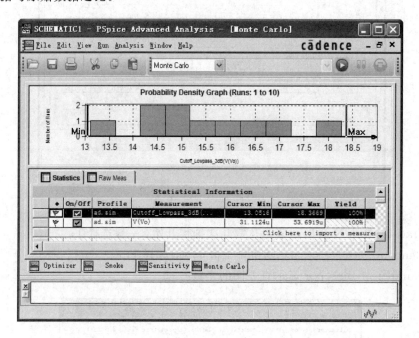

图 3-114　蒙特卡罗分析仿真完成

图形有 2 种显示方式：一种是上述所讲的 PDF Graph（概率分布图），即所说的直方图形式；另一种是 CDF Graph（累积分布图）形式。在图形中点击右键，执行"CDF Graph"或者"CDF Graph"命令，实现两者之间的互相转换。

3.9.5　电应力分析

在完成性能指标设计之后，在制作 PCB 之前，一般还需要对电子产品的安全性进行验证，检查每个器件有没有超过其安全工作范围，一旦超过，就需要更换更大工作范围的器件，这样才能确保该产品在工作中不会出现损坏的情况。

PSpice AA 的电应力分析就提供了这样一种分析功能，它可以计算出每个元器件有无超过其安全工作范围，并且会以非常直观的图形化的界面显示出来。

1. Smoke 参数设置

在图 3-94 的 Smoke Limits 项中对相应参数进行设置。

2. 运行分析

在进行 Smoke 分析之前，先进行 PSpice A/D 的时域（瞬态）分析，仿真时间设为 1 μs，然后执行"PSpice\Advanced Analysis\Smoke"菜单命令，进行电应力分析，结果如图 3-115所示。

图中深色部分表示元器件工作范围没有超标，是有效的，浅色部分说明这个参数对于这种扫描类型是无效的。无效部分可以隐藏起来。方法是在无效值处点击右键，在弹出菜单中选择"Hide Invalid Values"即可。图中：

· Component 表示元器件名称；

· Parameter 表示参数名称；

· Type 表示仿真后应力参数显示类型，包括"Average Values"（平均值）、"RMS Values"（有效值）和"Peak Values"（峰值）；

· Rated Value 表示额定值；

· % Derating 表示降额因子，100% 表示没有降额；

· Max Derating 表示最大降额，其值等于额定值与降额的乘积；

· Measured Value 表示测量值；

· % Max 表示比例，其值等于测量值除以最大降额，用百分比表示。

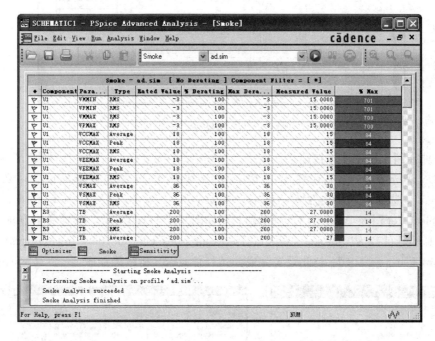

图 3-115　Smoke 运行结果

3. 降额分析

需要注意的是，在仿真标题"Smoke-ad.sim[No Derating] * Component Filter=[*]"中，"[No Derating]"表示没有降额，是系统默认的。但是在设计实际电路时，如果元器件承受的电应力和热应力（主要是工作温度）高于元器件的额定值，就会使元器件的失效率增大，缩短使用寿命；如果低于元器件的额定值，可以提高元器件工作的可靠性，进而提高整个电路工作的可靠性。因此，我们在设计电路时，需要保证对电路可靠性影响较大的关键元器件具有比常规额定值还低的裕量，以便确保安全运行。这就是降额设计，又称裕量设计。

降额方法有 2 种方法：一种是调用降额工具，方法是在 Max Derating 项中点击右键，在弹出的菜单中选中"Derating"，此时仿真标题就变为"Smoke - ad. sim[Standard Derating] * Component Filter=[*]"，然后再点击 运行仿真，结果如图 3-116 所示。

降额之后％ Derating 项的值有所变化。有时进行降额后，【％ Max】项中个别行就会变为红色，则说明此参数已经超出了它的工作范围，需要对其进行调整。

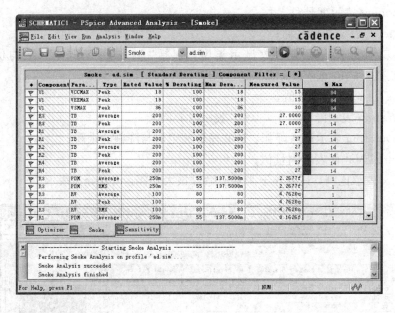

图 3－116　降额之后结果

另一种降额方法是用户自定义。在 Max Derating 项中点击右键，选择执行"Derating\Custom Derating Files…"，在弹出的 Profile Settings 窗口中进行降额设置。点击 New（Insert）按钮，选择路径及文件"…\tools\pspice\library\custom_derating_template.drt"，同时在 Select derating type 中也选择此路径，如图 3－117(a)所示。设置完毕点击"OK"按钮，则仿真标题就变为"Smoke－ad.sim[Derating File：custom_derating_template.drt]＊Component Filter＝[＊]"，至此设置完成。运行仿真，分析结果如图 3－117(b)所示。

(a) 用户自定义降额设置

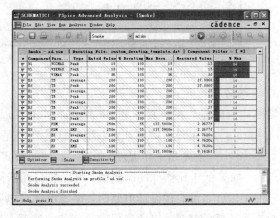

(b) 用户自定义降额之后结果

图 3－117　用户自定义降额

4.修改％ Derating 值

修改％ Derating 值有 2 种方法：一种方法是在 custom_derating_template.drt 文件中

修改，其路径为…\tools\pspice\library\custom_derating_template.drt，如图 3 - 118 所示。我们可以根据需要在此文件下对 Smoke 参数进行修改，也可以添加更多的 Smoke 参数。

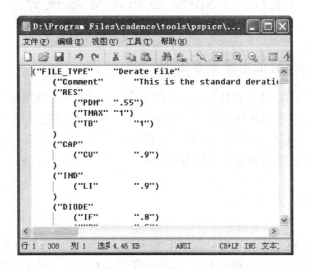

图 3 - 118　在 custom_derating_template.drt 文件中修改 % Derating 值

另一种方法是在图 3 - 117(a)中单击"Edit Derate File"按钮，打开 Edit Derate File 窗口，如图 3 - 119 所示，Derate Types 表示降额类型，Derating Factor 表示降额因素，可以对 Smoke 参数进行修改，同时也可以点击"Click here to add derating factor"来添加更多的 Smoke 参数，但是此参数必须在源文件中有定义，如果没有定义，则不能添加。

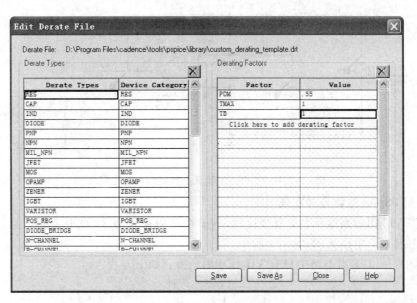

图 3 - 119　在 Edit Derate File 窗口中修改 % Derating 值

总之，利用 PSpice AA 高级分析中的参数测绘仪、灵敏度分析、优化分析、蒙特卡罗分析和电应力分析等工具，可以与 PSpice A/D 工具实现协同仿真，改善设计性能、提高成本效益和可靠性，可以讲，PSpice AA 高级分析更贴近于产品的制造与生产。

3.10 PSpice 应用与电路设计

3.10.1 应用 PSpice 验证电路基本定理

电路理论中常用的定理有叠加定理、替代定理、互易定理、戴维南定理、对偶定理和功率守恒定理等，这些定理大部分都适用于线性电路，有些定理还适用于非线性电路。下面以叠加定理为例介绍电路基本定理的 PSpice 描述，不仅采用 PSpice 仿真程序来分析电路的工作过程，还用分析结果来验证这些基本定理。

1. 叠加定理

可加性的数学表达式为

$$f(x_1 + x_2) = f(x_1) + f(x_2) \tag{3-4}$$

电路中的可加性就是叠加定理，叠加定理表述为：对于具有唯一解的线性电路，多个独立激励信号同时作用时所引起的响应(电路中某处的电流、电压)等于各激励源单独作用(其他激励源置零)所引起响应的代数和。

2. 绘制电路原理图

为了说明方便，我们以一个简单直观的加法电路为例，如图 3-120 所示，用 PSpice 验证叠加定理。

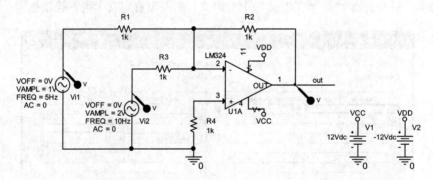

图 3-120　用 PSpice 验证叠加定理示范电路图

3. 启用 PSpice 验证叠加定理

(1) 将 Vi2 用短路线代替，直接接地，Vi2 电压源被置为 0，此时电路中只有独立电压源 Vi1 单独作用，电路如图 3-121 所示。

对于图 3-121，当电路中只有 Vi1 作用时，得到如下方程：

$$-\frac{Vout}{R2} = \frac{Vi1}{R1} \tag{3-5}$$

所以

$$Vout = -\frac{R2}{R1}Vi1 \tag{3-6}$$

当 R1＝R2 时，有

$$Vout = -Vi1 \tag{3-7}$$

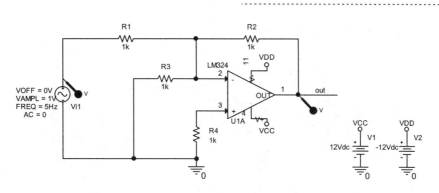

图 3-121   Vi1 单独作用于电路

为了验证上面的推导，我们启用 PSpice 执行仿真分析。设置分析类型为"Time Domain(Transient)"，仿真时间是 400 ms。将 Probe 探针按如图 3-121 所示放置，即测量 Vi1 和节点 out 处的电压。选择"PSpice\Run"菜单命令或者单击工具栏内的 ▶ 按钮，即可执行仿真，得到如图 3-122 所示的输出波形。

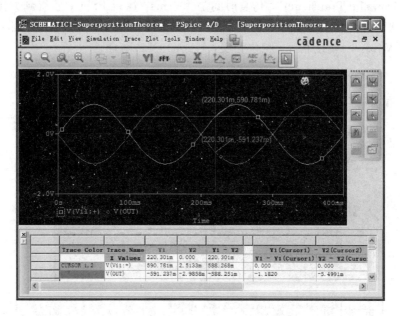

图 3-122   Vi1 单独作用于电路时的仿真输出波形

由图中标注的坐标值和波形区下方的 Cursor Window 都可以观察到 V(OUT) 与 V(i1:+) 幅度相等，相位相反，这样就验证了式(3-7)。

(2) Vi1 用短路线代替，直接接地，Vi1 电压源被置为 0，此时电路中只有独立电压源 Vi2 单独作用，电路如图 3-123 所示。

对于图 3-123，当电路中只有 Vi2 作用时，得到如下方程：

$$-\frac{Vout}{R2} = \frac{Vi2}{R3} \tag{3-8}$$

所以

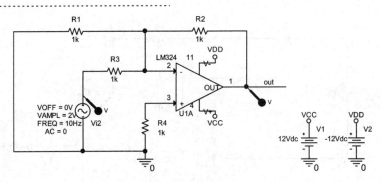

图 3 – 123　Vi2 单独作用于电路

$$Vout = -\frac{R2}{R3}Vi2 \qquad (3-9)$$

当 R2＝R3 时，有

$$Vout = -Vi2 \qquad (3-10)$$

将 Probe 探针按如图 3 – 123 所示放置，即测量 Vi2 和节点 out 处的电压，设置分析类型为"Time Domain(Transient)"，仿真时间是 400 ms，运行 PSpice 后得到如图 3 – 124 所示的输出波形。由图中标注的坐标值和波形区下方的 Cursor Window 都可以观察到 V(OUT)与 V(i2：＋)幅度相等，相位相反，与式(3 – 10)吻合。

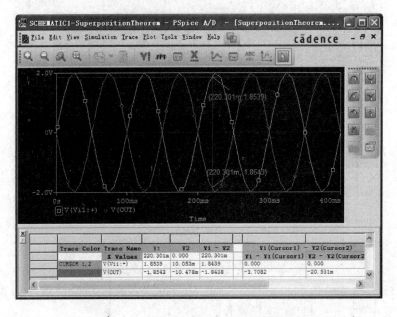

图 3 – 124　Vi2 单独作用于电路时的仿真输出波形

(3) 考虑两个独立电压源 Vi1 与 Vi2 共同作用于电路的情况，电路如图 3 – 120 所示。可知 Vout 和 Vi1、Vi2 关系式为

$$-\frac{Vout}{R2} = \frac{Vi1}{R1} + \frac{Vi2}{R3} \qquad (3-11)$$

所以

$$Vout = -\left(\frac{R2}{R1}Vi1 + \frac{R2}{R3}Vi2\right) \qquad (3-12)$$

当 R1＝R2＝R3 时，则有

$$Vout = -(Vi1 + Vi2) \qquad (3-13)$$

从而实现加法功能。

需要观测 V(Vi1：＋)、V(Vi2：＋)和 V(OUT)信号波形，探针放置的位置如图 3-120 所示。运行 PSpice 执行仿真，显示输出波形，如图 3-125 所示。

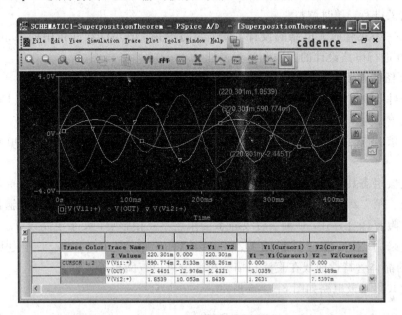

图 3-125　Vi1 与 Vi2 共同作用于电路时的仿真输出波形

由图 3-125 可见，我们在全部 0.4 s 的扫描过程中任意取一个时间点，如在 t＝220.301 ms时刻，V(Vi1：＋)为 590.774 mV，V(Vi2：＋)为 1.8539 V，V(OUT)为－2.4451 V。

其中

$$Vi1 + Vi2 = 0.590\ 774\ V + 1.8539\ V \approx 2.4447\ V \qquad (3-14)$$

V(Vi1：＋)与 V(Vi2：＋)幅度之和与 V(OUT)基本相等，符号相反，这样就验证了式(3-13)，也就验证了叠加定理。

(4) 结束项目并保存。

切换回项目管理程序，选择"File\Close Project"菜单命令或者右击项目管理文件，选择"Close"，在弹出的 Save File in Project 对话框中点击"Yes All"按钮，结束并保存这个项目。

用 PSpice 验证叠加定理时，应注意以下几个问题：

·叠加定理只适用于线性电路，非线性电路不能使用。

·各独立电源单独作用时，其余电源均置为零(电压源用短路线代替，电流源用开路代替)，电路结构保持不变。

线性网络最重要的基本性质就是叠加性，此外，还有许多定理和方法是根据叠加定理导出的，如诺顿定理和戴维南定理等。因此 PSpice 除了可以描述叠加定理外，只要方法适当，还可以验证一些电路理论中的其他常用定理。

3.10.2　电路设计

电子线路设计方法和步骤包括如下内容：根据设计要求确立总体方案、设计单元电路、参数计算与元器件选择、绘制电路原理图、仿真分析、电路的组装与调试、撰写设计报告。因为在设计过程中可能会不断有新的情况发生，所以这些环节不是一成不变的，需要根据具体情况交叉进行，随时调整。

下面以一个双管放大电路的设计为例，学习使用 OrCAD 软件包中的 Capture CIS 和 PSpice A/D 进行电路设计的方法和过程。

1. 设计任务和要求

工作条件：输入信号幅度值为 5 mV，频率范围为 20 Hz～10 kHz，内阻 Rs 为 100 Ω，输出的负载 RL 为 4 kΩ。

指标要求：高输入阻抗，低输出阻抗。在 5 kHz 频率点上得到不小于 100 倍的无失真放大。

共集电极组态具有高输入阻抗、低输出阻抗的特点，故在要求高输入阻抗电路中可以用作输入级。第二级采用共射极放大电路，以取得较高的放大倍数和较低的输出阻抗。两极之间采取阻容耦合方式，使前、后级静态工作点不互相影响，便于电路设计。

晶体管采用 NPN 型硅材料的 Q2N2222，$V_{CES} = 1$ V，$\beta = 160$，工作电压为 12 V。Q2N2222 的晶体管特性曲线在直流扫描分析部分可以查阅得到。

第一级共集电极电路如图 3-126 所示。

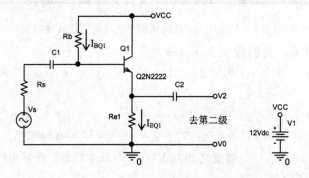

图 3-126　第一级共集电极电路

第一级交流信号幅度较小，为减少功耗，可将静态工作点设计得低一些。这里取 $I_{EQ1} = 5$ mA，$V_{CEQ1} = 6$ V，则

$$\text{Re1} = \frac{VCC - V_{CEQ1}}{I_{EQ1}} = \frac{12\,V - 6\,V}{5 \times 10^{-3}\,A} = 1.2 \text{ k}\Omega \qquad (3-15)$$

$$I_{BQ1} = \frac{I_{EQ1}}{160} = \frac{5 \times 10^{-3}\,A}{160} = 31.25 \ \mu A \qquad (3-16)$$

$$V_{EQ1} = VCC - V_{CEQ1} = 12 \text{ V} - 6 \text{ V} = 6 \text{ V} \qquad (3-17)$$

故

$$Rb = \frac{V_{CC} - V_{EQ1} - V_{BE}}{I_{BQ1}} = \frac{12\,V - 6\,V - 0.7\,V}{31.25 \times 10^{-6}\,A} = 169.6 \text{ k}\Omega \qquad (3-18)$$

第一级共集电极放大电路的输入电阻为

$$Ri = Rb // [r_{be1} + (1 + \beta) Re1] \qquad (3-19)$$

其中

$$r_{be1} = 200 + (1 + \beta) \frac{26 \text{ mV}}{I_{EQ1}} = 200 + (1 + 160) \frac{26 \text{ mV}}{5 \text{ mA}} = 1037.2 \text{ } \Omega \qquad (3-20)$$

代入式(3-19)可求得 Ri=90.5 kΩ，满足高输入阻抗的要求。

第二级共射极放大电路如图 3-127 所示，它是采用基极分压方式的偏置电路。

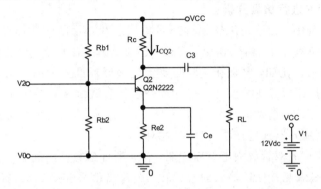

图 3-127　第二级共射极放大电路

第二级承担主要的放大任务，为保证电路有较大的线性工作区，取 $I_{CQ2}=20$ mA，静态集电极电压 $V_{CQ2}=6$ V，$V_{CEQ2}=4$ V，则

$$Rc = \frac{VCC - V_{CQ2}}{I_{CQ2}} = \frac{12 \text{ V} - 6 \text{ V}}{20 \times 10^{-3} \text{A}} = 300 \text{ } \Omega \qquad (3-21)$$

$$V_{EQ2} = V_{CQ2} - V_{CEQ2} = 6 \text{ V} - 4 \text{ V} = 2 \text{ V} \qquad (3-22)$$

$$Re2 = \frac{V_{EQ2}}{I_{CQ2}} = \frac{2V}{20 \times 10^{-3} \text{A}} = 100 \text{ } \Omega \qquad (3-23)$$

$$V_{BQ2} = V_{EQ2} + V_{BE} = 2 \text{ V} + 0.7 \text{ V} = 2.7 \text{ V} \qquad (3-24)$$

取流过 Rb1 和 Rb2 分压电路的电流是基极电流的 10 倍，可根据如下方程组求解 Rb1 和 Rb2：

$$\begin{cases} VCC \dfrac{Rb2}{Rb1 + Rb2} = V_{BQ2} \\ VCC \dfrac{1}{Rb1 + Rb2} = 10 \dfrac{I_{CQ2}}{160} \end{cases} \qquad (3-25)$$

从以上两式可以解出 Rb1=7.44 kΩ，Rb2=2.16 kΩ。

2. 动态参数分析

第一级共集电极电路交流放大倍数 $A_{V1} \approx 1$，整个电路的放大倍数由第二级决定。共集电极电路具有高的输入电阻和低的输出电阻，所以近似计算时可不考虑它的输出电阻对第二级电路放大倍数的影响。

第二级共射极电路的放大倍数为

$$A_{V2} = - \frac{Rc \times \beta}{r_{be2}} \qquad (3-26)$$

其中

$$r_{be2} = 200 + (1 + \beta)\frac{26 \text{ mV}}{I_{EQ2}} = 200 + (1 + 160)\frac{26 \text{ mV}}{20 \text{ mA}} = 409.3 \ \Omega \qquad (3-27)$$

所以

$$A_{V2} = -\frac{300 \times 160}{409.3} \approx -117 \qquad (3-28)$$

即 $|A_{V2}| > 100$，并且输出电阻 Ro＝Rc＝300 Ω，满足设计要求。

3. 绘制原理图并进行仿真分析

在实际设计过程中，无论是阻容元件还是集成芯片，元器件选择都要遵循一定原则。除了要考虑精度、频率特性、耐压和功耗等外，还要兼顾工作环境、封装形式以及损坏后要易于更换维护等因素。比如，电阻在选取时要优先选择标准系列的电阻，这样既能满足使用要求，又容易在损坏后寻找替换件。在计算好阻值参数之后，采用就近原则选取标准系列电阻。本例中电阻 Rb 精确的计算结果是 169.6 kΩ，但是因为电阻无此系列值，所以就近选择 160 kΩ。其他元器件选择原则也与此类似。

图 3－128 为完整的双管放大电路原理图，各元器件参数已经确定。在图中所示位置添加电压探针，目的是观测并比较输入信号、第一级输出信号和第二级输出信号。模拟分析类型选择"Time Domain（Transient）"，运行时间为 600 μs。电路的瞬态仿真结果如图 3－129所示。

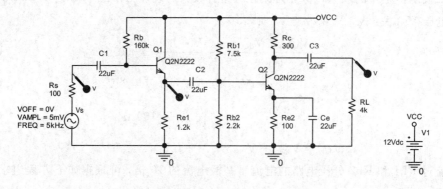

图 3－128　设计的双管放大电路原理图

图中 V(Rs：1)为输入信号，V(Q1：e)为第一级射随器的输出，同时送给第二级作为输入的信号，V(RL：1)为输出信号。可以观察到，V(Rs：1)与 V(Q1：e)幅度基本相等，如果启用标尺数据显示功能，可以计算出二者的幅度大约都是 5 mV，即第一级的放大倍数$A_{V1} \approx 1$。

从图 3－129 窗口中的坐标值中可以计算出

$$A_{V2} = -\frac{V(RL：1)}{V(Q1：e)} = -\frac{611.429 \times 10^{-3} \text{ V} + 617.401 \times 10^{-3} \text{ V}}{(6.5060 - 6.4963) \text{ V}} \approx -127 \qquad (3-29)$$

因为整个放大电路的放大倍数 $A_V \approx A_{V2}$，即在 5 kHz 频率点上，输出信号 V(RL：1)与输入信号 V(Rs：1)相比，有超过 100 倍的放大，所以满足设计要求。

下面再讨论此双管放大电路的通频带。

为了进行交流扫描分析，将原来输入的 VSIN 信号换为 VAC 信号，即将原固定频率的输入信号改为变频信号，幅度仍然保持为 5 mV。

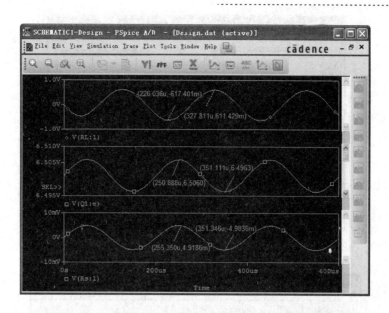

图 3-129　电路的输入信号与第一、二级输出信号的比较

按照图 3-130 所示设置分析参数，在 Analysis type 栏下选择"AC Sweep/Noise"分析类型，在右侧交流信号源的频率变化方式中选择"Logarithmic"，表示信号源的频率按照对数关系变化。频率变化范围的起始点为 10 Hz，终止点为 1 GHz，频率记录点数为 1000 个。

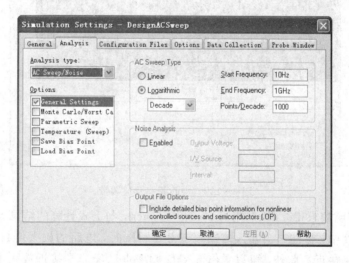

图 3-130　在 Simulation Settings 对话框中设置交流扫描参数

设置完毕，启动 PSpice 执行扫描分析，调出 Add Traces 窗口，如图 3-131 所示，设定输出变量函数为"V(RL:1)/V(Rs:1)"，即电路的放大倍数。点击"OK"按钮，就可以观察到电路的放大倍数随信源频率变化的情况，如图 3-132 所示。

由图中坐标可以看出此放大电路的中心频率 $f_0 = 218.273$ kHz，在此谐振点上，放大倍数为 165 左右。

通频带为

$$2\Delta f_{0.7} = 11.176 \text{ MHz} - 4.3481 \times 10^{-3} \text{ MHz} \approx 11 \text{ MHz} \tag{3-30}$$

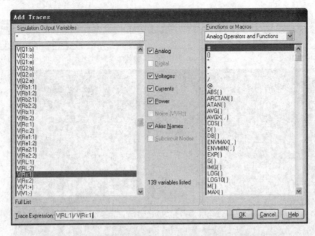

图 3 - 131　在 Add Traces 对话框中添加输出函数

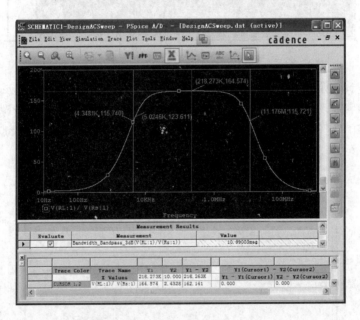

图 3 - 132　中心频率及通频带

用系统自带函数求得 3 dB 带宽为 10.990 03 meg，与上式计算的结果大致相等。

在图 3 - 132 中，标注出当输入信号频率为 5 kHz 时，电路的放大倍数约为 124，与式 (3 - 29) 计算结果接近。此外，可以看出 5 kHz 频率点已经非常接近放大电路的下限截止频率 4.3481 kHz 了。

上面即为电路设计的基本过程，如果第一次的设计结果不能满足要求，就要进行修改。修改的过程其实就是重复上面的步骤，直到满足要求为止。

本 章 小 结

本章开始介绍了 PSpice A/D 的功能特点、使用 PSpice A/D 进行电路分析的基本步骤以及波形显示和分析模块 PROBE 的使用，然后以具体的电路为实例，详细阐述了 4 种基本电路特性分析（直流工作点、直流扫描、交流扫描和瞬态分析）和参数扫描分析的参数设置、运行仿真和输出结果的方法。接着，介绍了 PSpice A/D 的逻辑仿真和模/数混合仿真功能，对于 PSpice A/D 的高级功能 PSpice AA 也进行了说明。最后以叠加定理为例，介绍 PSpice A/D 的应用；以一个双管放大电路的设计为例，展示利用 PSpice A/D 进行电子线路设计的一般过程。

143

习　　题

3-1　对习题图 3-1 所示电路进行直流工作点分析。要求在电路图中显示各节点电压、流经各支路电流和各元器件消耗的功率。查看".out"输出文件中的相关内容，核对与显示的数据是否一致。

3-2　利用直流扫描分析测定二极管的伏-安特性曲线。直流电源 V1 采用均匀线性变化方式，以 0.05 V 为步长，从 0 V 变化到 1 V。电路如习题图 3-2 所示。

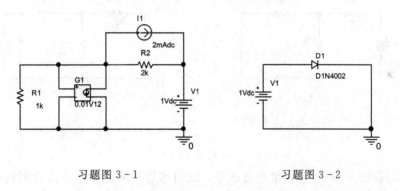

习题图 3-1　　　　　　　　　　　　　习题图 3-2

3-3　习题图 3-3 是一个有源滤波器，利用交流扫描分析做出电路输出端的幅频特性曲线，并记录增益和截止频率以及高频段的下降斜率。

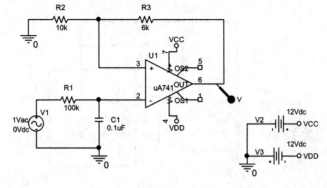

习题图 3-3

3-4　习题图 3-4 是一个小信号全波整流电路，利用瞬态分析，设置运行时间为 400 μs，观测并比较电路的输入/输出信号波形。

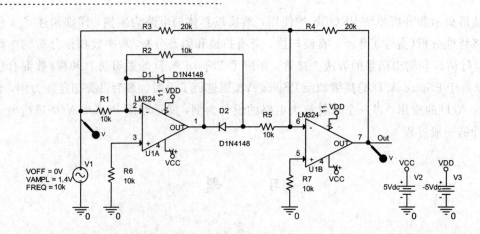

习题图 3-4

3-5 验证互易定理。电路原理图如习题图 3-5(a)和(b)所示。图 3-5(a)中，独立电压源作用于 $11'$ 端口，观测 $22'$ 支路的电流。图 3-5(b)中，独立电压源作用于 $22'$ 端口，观测 $11'$ 支路的电流。

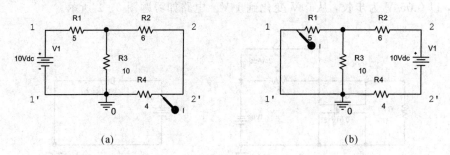

习题图 3-5

3-6 习题图 3-6 是一个带通滤波器，试用参数扫描分析的方法分别讨论反馈电阻 R1 和电容 C2 对电路输出端幅频特性和相频特性的影响，通过观察分析波形结果给出结论。电阻 R1 在做其他分析时取值 50 kΩ，电容 C2 做其他分析时取值 0.47 μF。

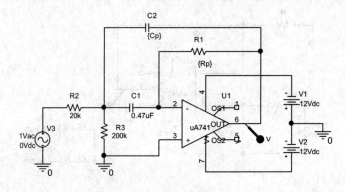

习题图 3-6

3-7 设计一个电容反馈三点式振荡器，要求 $2\Delta f_{0.7} = 2.5$ MHz，在中心频率 $f_0 = 6$ MHz附近，振幅在 0.5～10 V 范围内连续可调。

3-8　利用运算放大器 741 设计一个二阶压控电压源低通滤波器电路，要求截止频率 $f_c = 2$ kHz，增益 $A_V = 2$。

3-9　绘制习题图 3-8 所示的二阶带通滤波器原理图。先执行 AC Sweep 仿真分析，并依次添加测量三个函数 Bandwidth_Bandpass_3dB(V(Vo))、Cutoff_Highpass_3dB(V(Vo))和 Cutoff_Lowpass_3dB(V(Vo))。

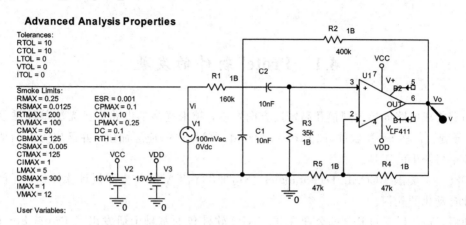

习题图 3-8

（1）使用参数测绘仪工具，学会对多个元器件同时进行扫描，并查看参数不同组合下的 V(Vo)波形。例如下面的参数组合：

r5："Start:10000，End:200000，Step:47000"；

c2："Start:1e-009，End:1e-007，Step:1e-008"；

r2："Start:80000，End:2e+006，Step:400000"。

查看当 R5=10 kΩ，C2=4.1e-008F，R2=1.68 MΩ 和 R5=198 kΩ，C2=9.1e-008F，R2=1.28 MΩ 时 V(Vo)的波形。

（2）执行灵敏度分析，查找影响 Bandwidth_Bandpass_3dB(V(Vo))的重要元器件。

（3）选择（2）中影响 Bandwidth_Bandpass_3dB(V(Vo))较大的 5 个参数做优化分析，得到元器件的标称值。

（4）执行蒙特卡罗分析，得到整个产品的成品率。

（5）在 PSpice A/D 中做时域（瞬态）分析，然后进行 PSpice AA 电应力分析，试用两种方法分别进行降额分析和修改％ Derating 值。

第 4 章　Protel DXP 2004 快速入门

4.1　Protel 软件的发展

随着集成电路向超大规模和高密度方向发展，越来越多的电路板已无法单纯靠手工来完成，于是，各种 EDA 软件（如 Protel、Orcad、PADS 等）应运而生，并已成为人们从事电子设计不可缺少的工具。

1988 年，美国 ACCEL Technologies 公司推出了 TANGO 电路设计软件包，开创了电子设计自动化的先河。

随后，澳大利亚的 Protel 公司在 TANGO 软件包的基础上研发出了 Protel For DOS，并于 1991 年推出了基于 Windows 平台的 PCB 软件包 Protel For Windows。1994 年，Protel 公司首创 ESA Client/Server 体系结构，使各种 EDA 工具可以方便地实现无缝连接，从而确定了桌面 EDA 系统的发展方向。

1999 年，Protel 公司正式推出了 Protel 99，其具有产品数据管理（Product Data Management，PDM）功能的强大 EDA 综合设计环境。2009 年，Protel 公司兼并了美国著名的 ESA 公司，并随后推出了 Protel 99 SE，进一步完善了 Protel 99 软件的高端功能，既满足了产品的高可靠性，又极大地缩短了设计周期，降低了设计成本。

2001 年，Protel 公司相继收购了数家电路设计软件公司，并正式改名为 Altium。

2004 年，Altium 公司推出了 Protel DXP 2004，它是一套完整的板卡级设计系统，主要运行在 Window XP/7/8/10 环境下。

4.2　Protel DXP 2004 概述

4.2.1　Protel DXP 2004 的特点

Protel 是目前最为流行的一款 EDA 软件，Protel DXP 2004 作为 Protel 系列软件中功能较为完备、性能较为稳定的一个版本，它采用全新的设计平台（Design Explorer，DXP），给用户提供了一个直观、轻松的设计环境。Protel DXP 2004 集成原理图绘制、印制电路板设计、现场可编程门阵列（Field Programmable Gate Array，FPGA）器件设计以及电子电路仿真等功能于一体，在电子电路设计领域占有极其重要的地位，是目前使用人数非常多的 EDA 软件。

Protel DXP 2004 几乎将所有的电子电路设计工具集成在其中，通过把电路图设计、电路仿真、PCB 绘制编辑、FPGA 应用程序的设计、自动布线、信号完整性分析和设计输出等技术完美融合，为用户提供了全面的设计解决方案，使用户可以轻松进行各种复杂的电子电路设计。

Protel DXP 2004 已经具备了当今所有先进的电路辅助设计软件的优点，能进行任何从概念到成型的板卡设计，而不受设计规格和复杂程度的束缚。作为单一的板卡设计应用程序，能提供前所未有的、最高程度的工具集成功能。

4.2.2　Protel DXP 2004 的组成

Protel DXP 2004 由以下几部分组成。

1. 电路原理图设计

Protel DXP 2004 的主要功能之一就是绘制电路原理图。为此，系统提供了丰富的原理图元件库和强大的绘图功能。利用这些功能可以方便地绘制、编辑和管理电路原理图。

原理图绘制结束后，还可以对电路原理图进行电气规则检查，并输出材料清单和网络表。其中，网络表是电路原理图和 PCB 图之间的桥梁，其中包括电路中所用元件的名称、元件封装信息，以及元件之间的连接关系等。

2. 原理图元件设计

在绘制原理图时，如果某些要使用的元件符号无法在现有的元件库中找到，用户还可以借助 Protel DXP 2004 创建自己的原理图元件库，并在其中自定义元件符号。

3. PCB 设计

PCB 设计是 Protel DXP 2004 的另一项主要功能，为此，系统提供了丰富的元件封装库和强大的电路图绘制与管理功能，例如，可以规划电路板的边界和工作层，对元件进行自动或手工布局，对电路板进行自动或手工布线，对电路板进行信号完整性分析等。

4. PCB 元件封装设计

如果所选对应的封装形式无法在现有的 PCB 封装库中找到，用户还可借助 Protel DXP 2004 创建自己的 PCB 封装库，并在其中自定义元件封装。

5. 电路仿真

Protel DXP 2004 内含一个强大的模/数信号仿真器，使得设计者在设计电路时就可以方便地分析电路的工作状况，从而缩短电路开发周期和降低开发成本。但是，要注意，要使用 Protel DXP 2004 的电路仿真功能，必须使用仿真元件库中的元件符号来绘制电路原理图，并设置合适的仿真参数。

6. 现场可编程门阵列(FPGA)器件设计

可编程逻辑器件(Programmable Logic Device, PLD)是作为一种通用集成电路生产的，用户可通过对器件编程来设置其逻辑功能。目前使用的 PLD 产品主要有现场可编程逻辑阵列(Field Programmable Logic Array, FPLA)；可编程阵列逻辑(Programmable Array Logic, PAL)；通用阵列逻辑(Grogammable Array Logic, GAL)；复杂可编程逻辑器件(Complex Programmable Logic Device, CPLD)；可擦除的可编程逻辑器件(Erasable Programmable Logic Device, EPLD)；现场可编程门阵列(Field Programmable Gate Array, FPGA)。其中，应用最广泛当属 FPGA 和 CPLD。

利用 Protel DXP 2004 可以方便地使用 VHDL 语言为 FPGA 编制源文件，然后对源文件进行编译以生产编程下载文件,如果需要的话,还可以对 FPGA 进行仿真,仿真结果以波形形式显示。

4.2.3 Protel DXP 2004 对系统的要求

推荐配置如下:

(1) 操作系统:Windows XP/7/8/10 操作系统。

(2) 硬件配置:

CPU:Intel(R) Core(TM) i3 CPU 2.4 GHz 以上。

内存:1 GB RAM。

硬盘:100 GB。

显示:1280×1024 像素,32 位色,512 MB 显存。

如果用户受条件限制,系统的最低需求应达到:

(1) 操作系统:Windows XP。

(2) 硬件配置:

CPU:Pentium PC,1.2 GHz。

内存:512 MB。

硬盘:大于 620 MB。

显示:1024×768 像素,16 位色,32 MB 显存。

4.2.4 Protel DXP 2004 的安装

Protel DXP 2004 软件也是基于 Windows 的应用程序,因而其安装和卸载过程与其他基于 Windows 的应用软件没有什么不同,一般有用户许可协议确认、用户信息及许可证号的输入、安装路径的选择等几个步骤,熟悉 Windows 操作系统的用户都比较了解。如果想获得试用版 Protel DXP 2004 软件,可以到 Protel 公司网站(http://www.protel.com/product/trial.htm)下载。

Protel DXP 2004 的安装过程如下:

(1) 运行 Altium 文件夹中的"Setup.exe"安装程序,出现安装向导画面。

(2) 单击"下一步"按钮,将出现注册协议许可对话框。选择"I accept license agreement"单选按钮,然后单击"下一步"按钮。

(3) 在弹出的对话框中填写相关信息,包括"Full Name"、"Organization"、"Anyone who uses this computer"和"Only for me"。

(4) 填写完后单击"下一步"按钮,弹出软件安装路径对话框,默认路径是"C:\Program Files\Altium\",用户根据自己的情况选择合适的安装路径,然后单击"下一步"按钮。

(5) 此时弹出输入软件序列号对话框,输入正确的软件序列号后单击"下一步"。

(6) 此时进入准备就绪对话框,如果用户确认准备安装,可以直接单击"下一步",否则,只要单击"Back"按钮就可以进行重新设置。

(7) 单击"下一步"开始安装。此时对话框中将出现安装进度条实时显示安装的进度。

(8) 当安装结束后,单击"完成"按钮,即完成 Protel DXP 2004 的安装。

4.3 Protel DXP 2004 原理图的设计步骤

鉴于原理图对于电路设计的重要性,以及原理图设计的好坏直接决定了电路设计的成功与否,因此,我们必须掌握原理图的设计方法。

4.3.1 设计印制电路板的一般步骤

设计印制电路板是从绘制电路原理图开始的,一般来说,设计印制电路板基本上有如下 4 个步骤:

1. 原理图的设计

原理图的设计主要是指用 Protel 的原理图设计环境来绘制一张正确、清晰的电路原理图,这是本章的讲解重点。该图不但可以准确表达电路设计者的设计意图,同时可以为后续工作打下良好的基础。

2. 生成网络表

网络表是原理图与印制电路板之间的桥梁,网络表可以通过原理图生成,也可以从印制电路板中获取。

3. 印制电路板的设计

印制电路板主要是依据原理图来完成电路板板面设计,完成高难度的布线工作。

4. 生成印制电路板并送生产厂家加工

印制电路板设计完成后,还需要生成相关报表,打印电路板图,最后送厂家生产。

4.3.2 设计 Protel DXP 原理图的一般步骤

电子电路的设计基础是原理图的设计,原理图设计的好坏将直接影响后续工作的开展。一般而言,原理图的设计步骤如图 4-1所示。

1. 启动 Protel DXP 原理图编辑器

在设计原理图之前,首先要进行构思,即必须知道所设计的项目需要使用哪些电路,然后创建一个新的项目,或者打开一个项目文件夹。在该项目中添加一个新的原理图设计图纸,原理图设计界面如图 4-2所示。

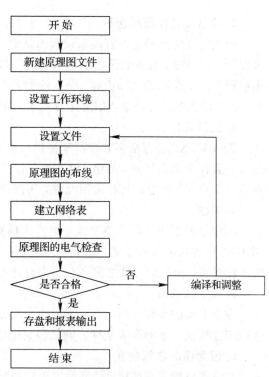

图 4-1 Protel DXP 原理图的设计步骤

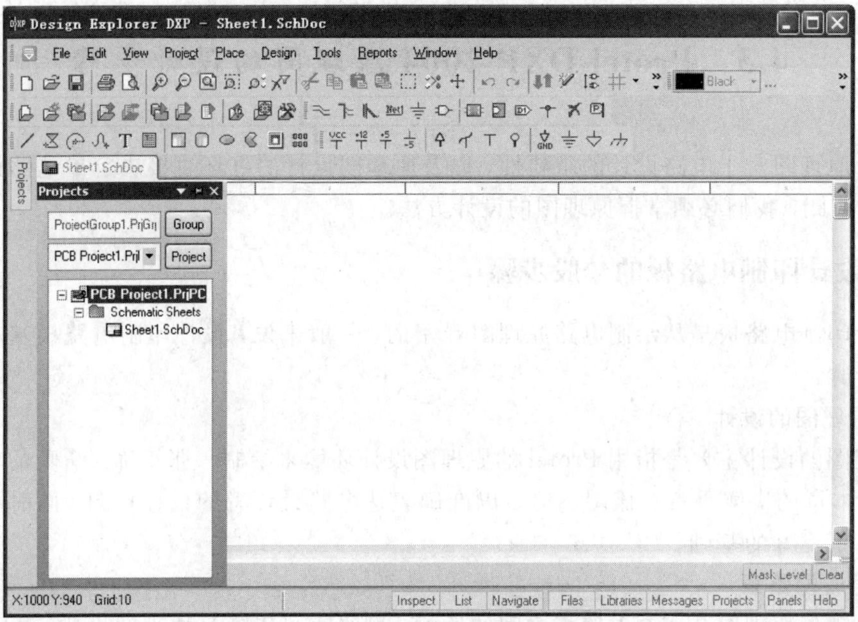

图 4-2　Protel DXP 原理图界面

2. 设置原理图图纸信息

根据实际电路的复杂程度来设置图纸的大小。在电路设计的整个过程中，图纸的大小可以不断地调整，设置合适的图纸大小是完成原理图设计的第一步。在这一步中，可以根据要设计的电路图的实际内容、个人绘图习惯，或者具体的图纸要求，设置图纸的大小、方向，以及图纸的设计信息，如设计者姓名、设计日期、修改日期等。

3. 放置元件

Protel DXP 拥有众多芯片厂家提供的大量种类齐全的元件库，但不是每个厂家的每个元件在设计中都会用到，因此，设计者在设计时，可以有选择地装载元件库，以便在设计过程中能简单、方便地查找和使用元件，提高设计效率。

4. 布线

根据原理图清晰美观的要求，调整元件在图纸上的位置；然后根据实际电路的需要，利用 SCH 提供的各种工具、指令将调整好位置的元件用具有实际电气意义的导线、网络标号连接起来，使各个元件之间具有用户设计的电气连接。

5. 建立网络表

完成上面的步骤以后，就可以得到一张完整的电路原理图，但是要完成电路板的设计，还应当要生成一个网络表文件。网络表是电路板和电路原理图之间的重要纽带。

6. 原理图的电气检查

当完成原理图布线后，需要设置项目选项来编译当前项目，利用 Protel DXP 提供的各种校验工具，根据设计规则，对所设计的原理图进行检查，并做进一步的调整，以确保原理图准确无误。

7. 编译和调整

如果原理图已通过电气检查，那么原理图的设计就完成了。对于一般的电路设计而言，尤其是较大的项目，通常需要对电路进行多次修改才能够通过电气检查。

8. 存盘和报表输出

在 Protel DXP 中，可以利用各种报表工具生成报表（如网络表、组件清单等），同时可以对设计好的原理图和各种报表进行存盘和输出打印，为印制电路板的设计做好准备。

4.4　原理图设计系统的窗口管理

在 Protel DXP 2004 中，集成开发环境为用户提供了强大的设计窗口管理功能，掌握这些窗口管理功能将有助于用户设计工作的有效完成。因此，在介绍原理图设计的操作环境时，原理图设计系统的窗口管理是用户应该掌握的一项重要任务。

4.4.1　工具栏的打开与关闭

在 Protel DXP 2004 的原理图设计系统中，系统为用户提供了丰富的工具栏，这些工具栏提供的工具将会大大方便用户的设计工作。通常，原理图设计系统提供的工具栏并不总是处于显示状态，用户只是将常用的工具栏设为显示状态，而将不经常使用的工具栏关闭，只有在使用它们的时候才将其设为显示状态。

首先在项目工作板上单击 Workspace 按钮，然后在弹出的菜单中选择"Open Design Workspace"菜单选项，这时将会弹出一个如图 4-3 所示的打开项目组选择对话框；接下来

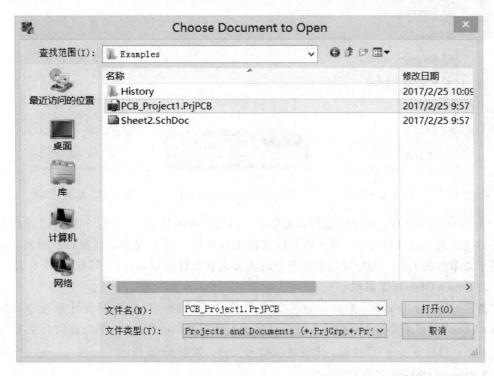

图 4-3　打开项目组选择对话框

在选择对话框中选择文件夹 PCB_Project1.PrjPCB 后。单击 打开(O) 按钮，然后在新的选择对话框中再选择项目 PCB_Project1.PrjPCB 并单击 打开(O) 按钮，这时便会打开一个名称为 PCB_Project1.PrjPCB 的项目组文件。打开项目组文件后，此时的项目工作板如图 4-4 所示。

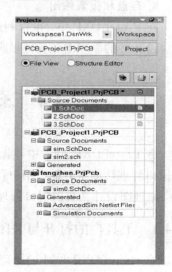

在图 4-4 所示的项目工作板中，任意打开一个原理图文件，这时系统将会启动原理图设计系统。在原理图设计系统中，Protel DXP 为用户提供了多种工具栏，其中 Drawing 工具栏、Power Objects 工具栏、Digital Objects 工具栏、Simulation Sources 工具栏、Formatting 工具栏、Schematic Standard 工具栏、Wiring 工具栏、Mixed Sim 工具栏、Project 工具栏是最常使用的工具栏。下面讨论一下这 9 种常用的工具栏在设计系统中的打开与关闭操作。

1. Drawing 工具栏

图 4-4　项目工作板

通常，Drawing 工具栏也称为绘图工具栏。在原理图设计系统中，执行"View\Toolbars"菜单命令，弹出下拉菜单，如图 4-5 所示。如果在下拉菜单中勾选"Utilities"选项，那么这时将会打开元件工具栏，如图 4-6 所示；然后点击 按钮这时将会打开如图 4-7 所示的下拉菜单。

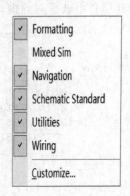

图 4-5　Toolbars 下拉菜单　　图 4-6　Utilities 工具栏　　图 4-7　绘图工具栏

在 Protel DXP 中，原理图设计系统中的工具栏具有两种显示方式：一种是以浮动工具栏的方式出现在设计窗口中；另一种是以锁定工具栏的方式出现在设计窗口的顶部，它通常处于菜单栏的下面。用户可以根据自己的需要或者设计习惯来选择不同的显示方式。

2. Power Objects 工具栏

通常，Power Objects 工具栏也称为电源信号工具栏。在原理图设计系统中，执行"View\Toolbars"菜单命令，如果在下拉菜单中勾选"Utilities"选项，那么这时将会打开元件工具栏；然后点击 按钮，出现电源信号元件，如图 4-8 所示。

3. Digital Objects 工具栏

通常在原理图设计系统中，执行"View\Toolbars"菜单命令，在下拉菜单中勾选

"Utilities"选项，然后点击 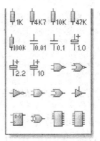 按钮出现浮动的数字器件工具栏，如图 4-9 所示。

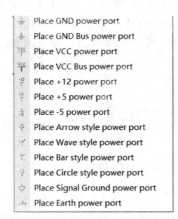

图 4-8 电源信号元件

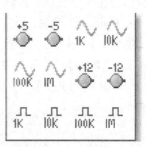

图 4-9 数字器件工具栏

4. Simulation Sources 工具栏

通常，Simulation Sources 工具栏也称为仿真信号源工具栏。在原理图设计系统中，执行"View\Toolbars"菜单命令，在下拉菜单中勾选"Utilities"选项。然后点击 ⬡ ▾ 按钮，出现浮动的仿真信号源工具栏，如图 4-10 所示。

5. Formatting 工具栏

通常，Formatting 工具栏也称为文字格式工具栏。在原理图设计系统中，执行"View\Toolbars"菜单命令，如果在下拉菜单中勾选"Formatting"选项，那么这时将会打开文字格式工具栏；否则将会关闭文字格式工具栏。

图 4-10 仿真信号源工具栏

6. Schematic Standard 工具栏

通常，Schematic Standard 工具栏也称为原理图标准工具栏。在原理图设计系统中，执行"View\Toolbars"菜单命令，如果在下拉菜单中勾选"Schematic Standard"选项，那么这时将会打开原理图标准工具栏；否则将会关闭原理图标准工具栏。浮动的原理图标准工具栏如图 4-11 所示，锁定的原理图标准工具栏如图 4-12 所示。

图 4-11 浮动的原理图标准工具栏

图 4-12 锁定的原理图标准工具栏

7. Wiring 工具栏

通常，Wiring 工具栏也称为布线工具栏。在原理图设计系统中，执行"View\Toolbars"菜单命令，如果在下拉菜单中勾选"Wiring"选项，那么这时将会打开布线工具栏；否则将会关闭布线工具栏。浮动的布线工具栏如图 4-13 所示，锁定的布线工具栏如图 4-14 所示。

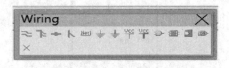

图 4-13　浮动的布线工具栏　　　　　图 4-14　锁定的布线工具栏

8. Mixed Sim 工具栏

通常，Mixed Sim 工具栏也称为混合信号仿真工具栏。在原理图设计系统中，执行"View\Toolbars"菜单命令，如果在下拉菜单中勾选"Mixed Sim"选项，那么这时将会打开混合信号仿真工具栏；否则将会关闭混合信号仿真工具栏。

9. Project 工具栏

通常，Project 工具栏也称为项目工具栏。在原理图设计系统中，执行"View\Toolbars"菜单命令，如果在下拉菜单中勾选"Project"选项，那么这时将会打开 Project 工具栏，如图 4-15 所示。

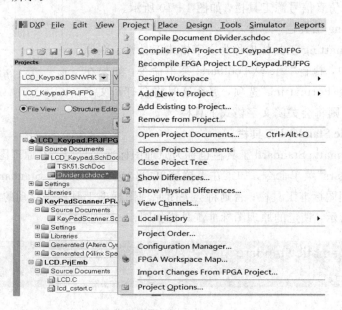

图 4-15　Project 工具栏

4.4.2　工作窗口的缩放

在 Protel DXP 2004 的集成开发环境中，用户可以同时打开多个设计窗口。对于用户来说，有时候需要在同一项目中查看多张电路原理图，因此 Protel DXP 2004 提供了设计窗口的缩放与排列功能。通过这些功能，用户既可以查看整张电路原理图以规划电路整体布局，同时也可以查看电路原理图的某一部分，目的是为了更好地放置元件。因此，掌握 Protel DXP 2004 中设计窗口的缩放与排列功能，有助于用户更好地设计出完整美观的电路原理图。

在 Protel DXP 2004 中，用户常常是通过菜单栏中的 View 菜单来进行设计窗口的具体操作。在原理图设计系统中，单击菜单栏中的 View 菜单，这时会弹出如图 4-16 所示的下拉菜单。

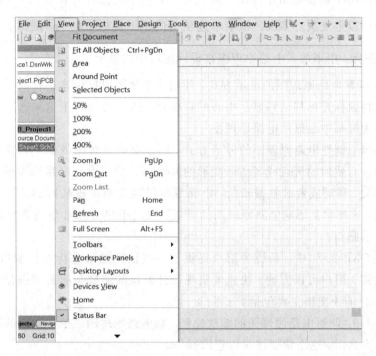

图 4-16　原理图设计系统的 View 下拉菜单

可见，这个下拉菜单中集成了设计窗口缩放的很多菜单选项。通过这些菜单选项，用户可以很好地完成原理图设计系统中设计窗格的各种缩放操作。View 下拉菜单中各个选项的具体介绍如下：

（1）Fit Document：调整电路原理图的缩放比例，使电路原理图中的所有信息都包含在设计窗口中，而不考虑原理图中元件的显示大小。

（2）Fit All Objdects：调整电路原理图的显示方式，使电路原理图中的所有对象包含在设计窗口中，而不考虑原理图图纸的显示大小。该菜单选项对应于工具栏中的 图标。

（3）Area：调整电路原理图中某一部分的缩放比例，使原理图中选中的区域放大到整个设计窗口。该菜单选项对应于工具栏中的 图标。用户选择这个菜单选项后，鼠标光标将变成十字光标，这时按住鼠标左键进行拖动，即可将鼠标选中的矩形区域放大到设计窗口中。

（4）Selected Objects：调整电路原理图中某一个对象的缩放比例，使原理图中的区域放大到整个设计窗口。该菜单选项对应于工具栏中的 图标。

（5）Around Point：调整电路原理图中某一部分的缩放比例，使原理图中选中的区域放大到整个设计窗口。用户选择这个菜单选项后，鼠标光标将变成十字光标，单击鼠标左键选定一个基准点，然后拖动鼠标到达选择区域的某一个角后再次单击鼠标，即可将鼠标选中的以基准点为中心的矩形区域放大到设计窗口中。

（6）50％、100％、200％、400％：调整电路原理图的缩放比例，使原理图按照原始尺寸的 50％、100％、200％和 400％显示在设计窗口中。

（7）Zoom Out：调整电路原理图的缩放比例，缩小电路原理图在设计窗口中的显示，这个菜单选项可以重复执行多次。该菜单选项对应于工具栏中的 🔍 图标。另外，工具栏中提供了 🔍 图标，用来放大电路原理图在设计窗口中的显示。

（8）Pan：调整电路原理图的显示方式，使电路原理图以鼠标选定点为中心显示在设计窗口中。首先将鼠标光标移动到显示中心的目标点，然后选择这个菜单选项，这时设计窗口将以该目标为屏幕中心显示电路原理图。

（9）Refresh：调整电路原理图的显示方式，刷新电路原理图的显示画面，目的是消除原理图操作后含有残留的斑点或者图形变形的问题。通常在设计电路原理图的过程中，用户进行画面缩放、移动或者对象编辑后，电路原理图经常会出现残留的斑点、图形变形或者模糊等问题，这样将会影响电路原理图的美观，因此用户会经常使用菜单选项来刷新电路原理图的显示画面。

在 Protel DXP 2004 中，系统为用户提供了一些快捷键来进行设计窗口的缩放工作。通过这些快捷键，用户可以方便、快速地实现设计窗口的缩放和刷新等操作。Protel DXP 2004 为用户提供的快捷键主要包括：

（1）Page Up：调整电路原理图的缩放比例，将电路原理图以鼠标光标的当前位置为中心位置进行放大显示，这个快捷键可以连续操作。

（2）Page Down：调整电路原理图的缩放比例，将电路原理图以鼠标光标的当前位置为中心位置进行缩小显示，这个快捷键可以连续操作。

（3）Home：调整电路原理图的显示方式，功能与 Pan 菜单选项相同。

（4）End：调整电路原理图的显示方式，功能与 Refresh 菜单选项相同。

这些快捷键的好处是可以在原理图设计系统处于其他命令状态时，用户可以方便地进行设计窗口的缩放和刷新等操作；而当设计系统处于其他命令状态时，用户无法使用鼠标去执行上面的菜单选项命令。

4.4.3　工作窗口的排列

在原理图设计系统中，用户有时候需要同时打开多个电路原理图。这时，为了便于在多个电路原理图设计窗口中进行切换或者激活设计窗口，原理图设计系统为用户提供了多种设计窗口的显示方式，为了说明多个设计窗口的显示功能，首先在如图 4-17 所示的项目工作面板中打开 3 个电路原理图文件，它们分别是 1.SchDoc、2.SchDoc 和 3.SchDoc。

在 Protel DXP 2004 中，用户通过菜单栏中的 Window 菜单来进行设计窗口的排列操作。在原理图设计系统中，单击 Window 菜单，这时将会弹出如图 4-17 所示的下拉菜单。可以看出，这个下拉菜单中集成了设计窗口排列的菜单选项。通过这些菜单选项，用户可以很好地进行多个设计窗口的排列操作，从而有效地进行不同设计窗口的切换或者激活某一个设计窗口。Window 下拉菜单中各个排列选项具体介绍如下：

（1）Title：进行多个电路原理图设计窗口的排列，排列方式是将多个电路原理图设计窗口平铺排列在主工作窗口中。在前面已经打开的 3 个原理图文件的原理图设计系统中，选择这个菜单选项后的设计窗口排列如图 4-18 所示。

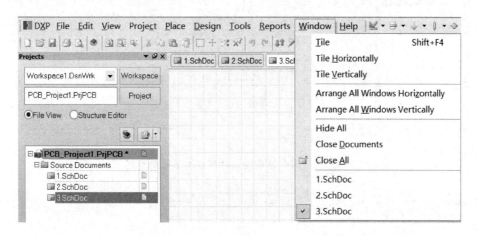

图 4-17　原理图设计系统的 Window 下拉菜单

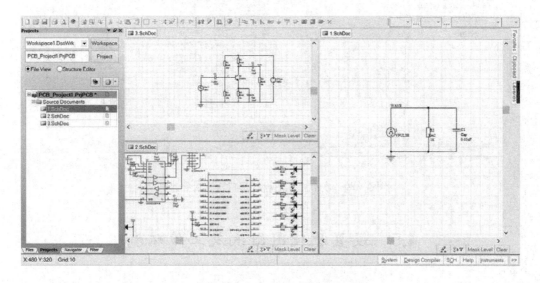

图 4-18　多个原理图设计窗口平铺排列

（2）Title Horizontally：进行多个电路原理图设计窗口的排列，排列方式是将多个电路原理图设计窗口水平层叠排列在主工作窗口中，在前面已经打开的 3 个原理图文件的原理图设计系统中，选择这个菜单选项后的设计窗口排列如图 4-19 所示。

（3）Title Vertically：进行多个电路原理图设计窗口的排列，排列方式是将多个电路原理图设计窗口垂直层叠排列在主工作窗口中。在前面已经打开的 3 个原理图文件的原理图设计系统中，选择这个菜单选项后的设计窗口排列如图 4-20 所示。

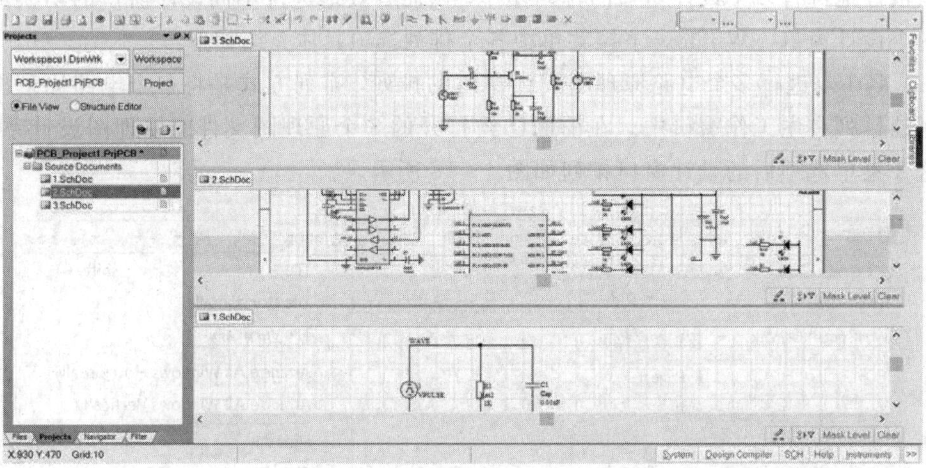

158

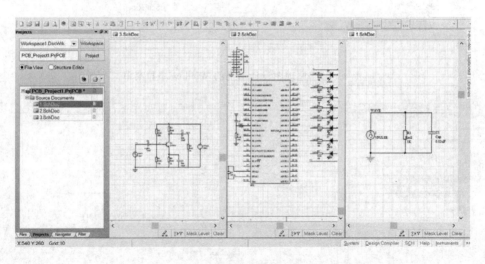

图 4 - 19　多个原理图设计窗口水平层叠排列

图 4 - 20　多个原理图设计窗口垂直层叠排列

4.5　设置原理图图纸及工作环境

4.5.1　图纸参数设定

　　在原理图绘制过程中，根据所要设计的电路图的复杂程度，首先应对图纸进行设置。虽然在进入电路原理图编辑环境时，Protel DXP 2004 系统会自动给出默认的图纸相关的参数，但是在大多数情况下，这些默认的参数不一定适合用户的要求，尤其是图纸尺寸的大小。用户可以根据设计对象的复杂程度来对图纸的大小及其他相关参数重新定义。

1. 设置图纸大小

　　执行"Dedign\Document Options"菜单命令，或在编辑窗口内单击鼠标右键在弹出的快捷菜单中执行选项\文档选项或文档参数命令，将会打开一个文档选项对话框。

在该对话框中，有三个标签页：图纸选项、参数、单位。选择图纸选项标签页，这个标签页的右半部分即为图纸大小设置部分。

对于图纸尺寸的大小，Protel DXP 2004 给出了标准尺寸。在这种格式中，单击其右边的 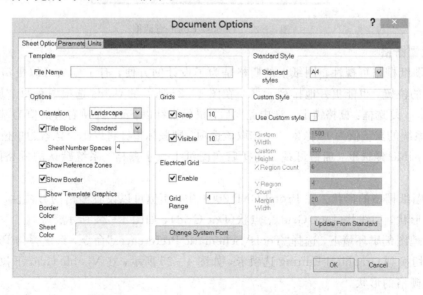 按钮，在下拉列表框中可以选择已定义好的图纸标准尺寸。通常，Protel DXP 2004 提供了 18 种广泛使用的英制和米制图纸尺寸，这 18 种图纸尺寸如下所示：

（1）米制尺寸：A0、A1、A2、A3、A4，其中 A4 是最小的尺寸。

（2）英制尺寸：A、B、C、D、E，其中 A 是最小的尺寸。

（3）OrCAD 尺寸：OrCAD A、OrCAD B 、OrCAD C、OrCAD D、OrCAD E，其中 OrCAD A 是最小的尺寸。

（4）其他尺寸：Letter、Legal、Tabloid。

选择后，单击对话框右下方的 Update From Standard 按钮，将对目前的编辑窗口中的图纸尺寸进行更新。

另一种是自定义风格，选中 Use Custom Style 复选框，则自定义功能被激活，在 5 个文本框中，可以分别输入自定义的图纸尺寸，包括宽度、高度、X 轴参考坐标分格、Y 轴参考坐标分格及边框宽度。

对这两种图纸设置方式，用户可以根据设计需要进行选择，系统默认的图纸格式为标准格式。

2. 设置图纸方向、标题栏和颜色

在设计过程中，除了对图纸的尺寸大小进行设置外，往往还需要对图纸的其他选项进行设置，如图纸的方向、标题栏样式和图纸的颜色等。这些设置可以在图 4 - 21 左侧的 Options 区域中完成，如图 4 - 21 所示。

图 4 - 21　Document Options 对话框

（1）设置图纸方向。图纸的方向通过单击 Orientation 右侧的 按钮设置，可以设置为水平方向即横向(Landscape),也可以设置为垂直方向即纵向(Portrait)。一般在绘制及显示时设为横向,在打印输出时可根据需要设为横向或纵向。

(2)设置图纸标题栏。图纸的标题栏是对设计图纸的附加说明,用户可以在此栏目中对图纸做简单的描述,也可以作为日后图纸标准化时的信息。Protel DXP 2004 中提供了两种预先定义好的标题栏格式:标准格式和美国国家标准格式。

(3)设置图纸颜色。图纸颜色的设置包括边颜色和图纸颜色两项设置。单击欲设置颜色的颜色框,会弹出如图 4 - 22 所示的 Choose Color 对话框。

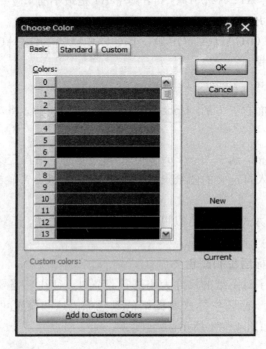

图 4 - 22　Choose Color 对话框

3. 设置栅格

(1)图纸栅格可视性。图纸上的栅格是为了设计的方便,有了栅格可以更清楚地知道元件放置的位置,也能更好地排列元件。在图 4 - 23 所示的 Grids 选项中有两个复选框。

① Snap 复选框:栅格锁定。选中此项后,鼠标指针以 Snap 选项右边的值为基本单位进行移动,系统的默认值为 10 像素。不选取该选项,则鼠标指针将以 1 个像素为单位移动。

② Visible 复选框:栅格可视。选择后在图纸上显示栅格,系统默认的栅格距离为 10 个像素。

(2)图纸栅格的形状。在 Protel DXP 2004 中,不但可以设置栅格的可视性,还可以选择栅格的形状,如线状(Line Grid)、点状(Dot Grid),如图 4 - 24 所示。

在原理图编辑环境下,选择"Tools\Schematic Preferences"命令,系统弹出 Preferences 对话框,切换到 Graphical Editing 选项卡,如图 4 - 25 所示,在 Visible Grid 下拉列表框中可以选择栅格的形状。

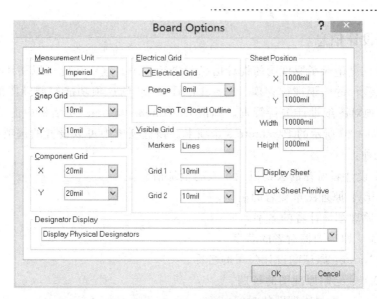

图 4 - 23　Board Options 对话框

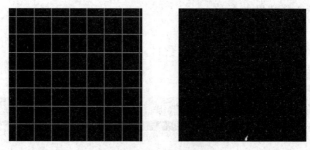

图 4 - 24　线状与点状栅格

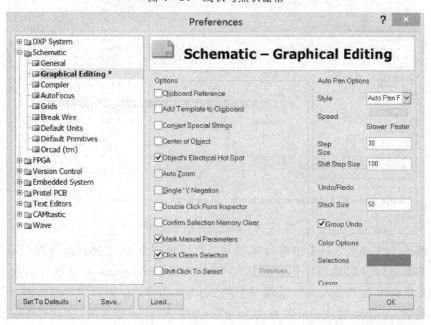

图 4 - 25　图纸设置

161

4.5.2 填写设计信息

图纸设计信息记录了原理图的设计信息和更新记录。这项功能可以使用户更系统、更有效地对自己设计的图纸进行管理。Protel DXP 2004 的这项功能使原理图的设计者可以更方便、有效地对图纸设计进行管理。单击 Document Options 对话框中的 Parameters 标签，弹出如图 4-26 所示的 Parameters 选项卡。该选项卡中可以设置的选项很多，其中常用的有以下几种：

Address：设计者所在的公司以及个人的地址信息。

ApprovedBy：原理图审核者的名字。

Author：原理图设计者的名字。

CheckedBy：原理图校对者的名字。

CompanyName：原理图设计公司的名称。

CurrentDate：绘制原理图的日期。

CurrentTime：绘制原理图的时间。

DocumentName：该文件的名称。

SheetNumber：图纸编号。

SheetTota：整个设计项目拥有的图纸数目。

Title：原理图的名称。

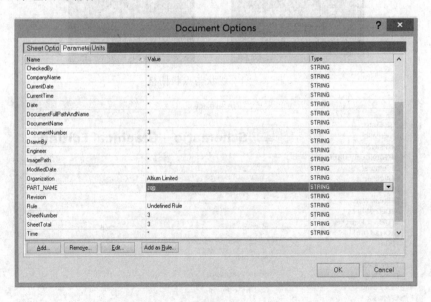

图 4-26　图纸设计信息选项卡

如需修改上述参数，只需单击所需项目，然后单击 Edit 按钮后编辑即可，还可以双击该项目，都可以弹出如图 4-27 所示的 Parameters Properties 对话框。以设置 Author 参数为例，鼠标双击 Parameters 选项卡中的 Author 选项，在弹出的 Parameters Properties 对话框中设置 Author 的 Value 参数为"zqg"，选中 Visible 复选框，单击"OK"按钮确定即可。

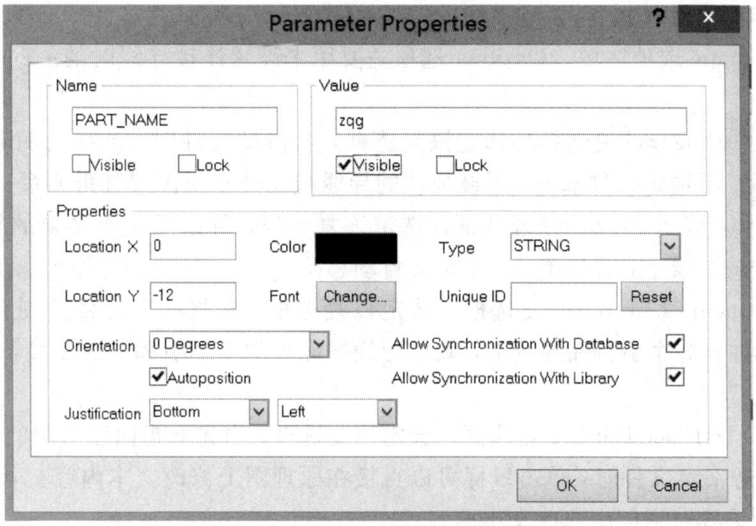

图 4 - 27　Parameter Properties 对话框

4.5.3　原理图环境参数设置

　　一张原理图绘制的效率和正确性，常常与环境参数设置有重要的关系。设置原理图的环境参数可以通过执行"Tools\Preferences"命令来实现。执行该命令后，系统将弹出如图 4 - 28 所示的 Preferences 对话框。通过该对话框可以分别设置原理图环境、图形编辑环境以及默认原始状态设置等。

　　1）设置原理图环境

　　原理图环境通过 Preferences 中的 Schematic 选项卡来实现，如图 4 - 28 所示。

图 4 - 28　Preferences 对话框

该选项卡参数设置如下：

（1）Schematic 选项区域。Options 选项主要用来设置连接导线时的一些功能，分别介绍如下：

① Drag Orthogonal 复选框。选定该复选框，当拖动元件时，被拖动的导线将与元件保持直角关系。不选定该复选框，则被拖动的导线与元件不再保持直角关系。

② Optimize Wire & Buses 复选框。选定该复选框，可以防止不必要的导线、总线覆盖在其他导线或总线上，若有覆盖，系统会自动移除。

③ Components Cut Wires 复选框。选定该复选框，在将一个元件绘制在一条导线上时，如果该元件有 2 个引脚在导线上，则该导线被元件的 2 个引脚分成 2 段，分别连接在 2 个引脚上。

④ Enable In-Place Editing 复选框。选定该复选框，当光标指向已绘制的元件标注、文本、网络名称等文本文件时，单击鼠标可以直接在原理图上修改文本内容。若未选中该项，则必须在参数设置对话框中修改文本内容。

⑤ CTRL＋Double Click Opens Sheet 复选框。选中该复选框，双击原理图中的符号，会选中元件或打开对应的子原理图，或者弹出属性对话框。

⑥ Convert Cross-Junctions 复选框。选中该复选框，当用户在 T 字连接处增加一端导线形成 4 个方向的连接时，会产生 2 个相邻的 3 向连接；如果没选，则会形成两条交叉的导线，而且没有电气连接。

⑦ Display Cross-Overs 复选框。选中该复选框，会在无连接的十字交叉处显示拐过的曲线桥。

⑧ Pin Direction 复选框。选中该复选框，根据引脚的电气类型，会在原理图中显示元件引脚的方向，引脚方向用一个三角符号表示。

⑨ Sheet Entry Direction 复选框。选中该复选框，层次原理图中入口的方向会显示出来，不选中该复选框，则只显示入口的基本形状。

⑩ Port Direction 复选框。选中该复选框，端口属性对话框中的样式的设置被 I/O 类型选项所覆盖。

⑪Unconneced Left To Right 复选框。此复选框只有在选中 Port Direction 复选框后才有效。选中该复选框，原理图中未连接的端口将显示由左到右的方向。

（2）Alpha Numeric Suffix 选项区域：

① Alpha。选择 Alpha 单选按钮，则后缀以字母表示，如 A，B 等。

② Numeric。选择 Numeric 单选按钮，则后缀以数字表示，如 1，2 等。

（3）Pin Margin 选项区域。设置引脚选项，此选项区域可以设置元件引脚号和名称离边界的距离。

① Name。在文本框输入数值，设置引脚名称离元件边界的距离。

② Number。在文本框中输入数值，设置引脚号离元件边界的距离。

2）Default Power Object Names

（1）Power Ground。该选项表示电源接地。系统默认值为 GND。

（2）Signal Ground。该选项表示信号地，系统默认设置为 SGND。

（3）Earth。该选项表示接地，系统默认设置为 EARTH。

3）Include with Clipboard and Prints

（1）No-ERC Markers。选中此选项，则使用剪切板进行复制操作，或者打印时，对象的 No-ERC 标记将随对象被复制或打印；否则，复制或打印对象时将不包括 No-ERC 标记。

（2）Parameter Sets。选中此选项，则使用剪贴板进行复制操作，或打印时，对象的参数设置将随对象被复制或打印；否则，复制或打印对象时将不包括对象参数。

4）Document scope for filtering and selection 选项区域

Document scope for filtering and selection 选项区域用于设定给定选项的适用范围，可以只应用于 Current Document 和 Open Documents。

5）Auto-Increment During Placement 选项区域

（1）Primary。设置此项数值后，在绘制元件时，元件流水标号会按设置的值自动增加。

（2）Secondary。此选项在编辑元件库时有效，设置此选项的值后，在编辑元件库时，绘制的引脚号会按照设定的值自动增加。

6）Default Blank Sheet Size 选项区域

此选项区域用来设置默认的空白原理图纸的大小，用户可在其下拉列表中选择。在下次新建原理图文件时，系统就会选取默认的图纸大小。

7）Default Template Name 选项区域

Default Template Name 选项用于设置默认模板文件，当一个模板设置为默认模板后，每次创建一个新文件时，系统自动套用该模板，其适用于固定使用某个模板的情况。

4.6　元器件的操作

Protel DXP 2004 提供了多种放置元器件的方法，以方便用户的设计工作。下面具体介绍这几种方法。

4.6.1　输入元件名来获取元件

如果知道元件的编号名称和其所在的元器件库，最方便的做法是通过 "Place\Part" 菜单命令或直接单击工具栏上的 "Place Part" 按钮 ▷ ，打开如图 4-29 所示的 "Place Part" 对话框。

（1）选择元件库。单击 Place Part 对话框中的浏览按钮 ，系统将弹出如图 4-30 所示的 Browse Libraries（浏览元件库）对话框。在该对话框中，用户可以选择需要放置的元件的库。本例中选择了 Miscellaneous Devices.IntLib 元件库。

（2）选择了元件库后，可以在 Component Name 列表中选择自己需要的元件，在预览框中可以察看元件图形以及管脚类型。

（3）选择了元件后单击 "OK" 按钮，系统返回到如图 4-29 所示的对话框，此时可以在 Designator 编辑框中输入当前元件的流水序号，例如 C1。

（4）在 Comment 编辑框中可以输入该元件的注释，例如 LM348N，这将会显示在图纸上。

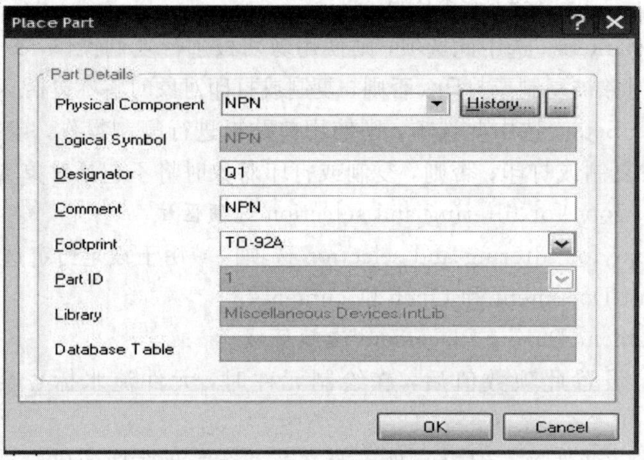

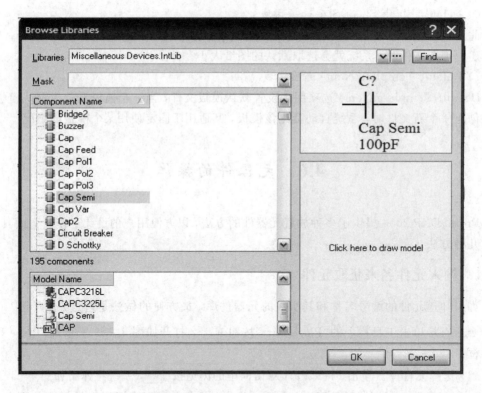

图 4-29 Place Part 对话框

图 4-30 Browse Libraries 对话框

完成放置一个元件的动作之后,系统会再次弹出 Place Part(放置元件)对话框,等待输入新的元件编号。假如现在还要继续放置相同形式的元件,就直接单击鼠标左键,新出现的元件符号会依照元件封装自动地增加流水序号。如果不再放置新的元件,可单击右键,在弹出的 Place Part 对话框中单击 Cancel 按钮结束放置。放置了 2 个 LM348N 和 4 个电阻后的图形如图 4-31 所示。

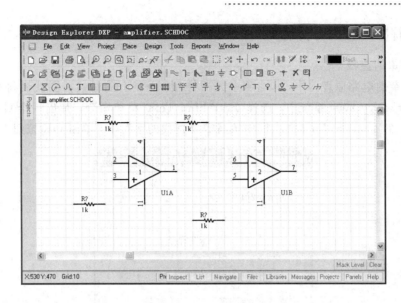

图 4-31   放置元器件

4.6.2   利用元件列表选择元件

通过元件列表，可以快速地选取元件，具体方法如下：

（1）单击 Libraries（元件库）控制面板（如该面板没有显示，可以单击工作区右下角的 Libraries 标签）的第一个下拉列表框，选取需要使用的元件所在的元件库。

（2）使用 Filter（过滤器）快速定位需要的元件，若用默认通配符"＊"，将列出当前元件库中所有的元件。

（3）在元件列表框中选取需要的元件，该元件的外观将出现在控制面板中，双击该元件，使该元件处于选中状态。

（4）将鼠标指针移动到图纸上的适当位置，单击鼠标左键，即可完成元件的放置，如图 4-32 所示。

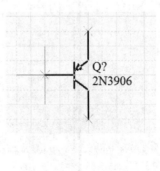

图 4-32   选择需要元件与放置元件

4.6.3 字符串的查找与替换

1. 字符串的查找

在较复杂的电路原理图中，包含很多元器件和标注，有的时候需要找到每个元件或标注，在 Protel DXP 2004 系统中，选择"Edit\Find Text"菜单命令，弹出一个对话框，如图 4-33所示，在 Text To Find 文本框中填写需要查找的字符串，单击 OK 按钮。

图 4-33 Find Text 对话框

2. 字符串的替换

在绘制原理图的时候，有的字符串需要新的字符串替换，在 Protel DXP 2004 菜单栏中选择"Edit\Find Text"菜单命令，弹出一个对话框，如图 4-34 所示，将被替换的字符串写在 Text To Find 后面的文本框中，将替换后新的字符串写在 Replace With 后面的文本框中，然后点击 OK 按钮。

图 4-34 字符串替换对话框

4.6.4　使用工具栏放置元件

对一些比较常见的元件，比如电阻、电容等，可以使用系统提供的 Digital Objects 工具栏选取放置。单击工具栏上相应的图标，即可放置元件。

4.6.5　元件的调整

1. 元件的选取

用鼠标直接选取单个元件或多个元件，是绘制原理图时最方便、最常用的方法。

（1）选取单个元件。将光标移动到该元件上，单击即可选中，这时该元件周围出现一个绿色框，表示该元器件已经被选中。

（2）框选多个元件。在要选择的元件区域的一个顶点处点击，并拖动鼠标到达选择区域的对角端，释放鼠标后，该矩形区域内的所有元件被选中。

（3）【Shift】键选取。按住【Shift】键，光标指向要选取的元件，逐一单击鼠标，可选中多个元件。

（4）还可以使用工具栏中的对象选取工具选取元件，如图 4 - 35 所示。

图 4 - 35　工具栏中的对象选取工具

2. 元件的移动

元件的移动包括将元件移动到合适的位置和将元件旋转成合适的方向。

移动元件的方法主要有两种：鼠标移动法和菜单命令移动法。最简单和常用的方法就是鼠标移动法，其中单个元件的移动和多个元件的移动略有不同。

（1）鼠标移动法。单个元件的移动：单个元件的移动等同于菜单命令中的"Move"命令。单个元件的移动方法非常简单，首先在原理图上选取元件，按住鼠标左键不放，移动鼠标指针到合适的位置释放即可。如果需要改变元件的方向，可以按住鼠标左键不放，按【Space】键改变元件的方向。

多个元件的移动：若某一组元件的相对位置已经调整好，但是与其他元件的位置需要调整，此时就涉及多个组件的移动。移动多个元件的步骤如下：先按下【Ctrl】键不放，然后单击选取元件，之后拖动鼠标就可以将选取的元件和与选取元件相连的导线（导线没有被选取）移动到合适位置，单击鼠标确认即可完成元件的拖动。同样按【Space】键也能实现一组元件的方向改变。

（2）菜单命令移动法。菜单命令移动法即选择"Edit\Move"命令，如图 4 - 36 所示。

该菜单命令包括 Drag（拖动命令）、Move（移动命令）、Move Selection（选定元件移动）、Drag Selection（选定元件拖动）、Move To Front（移动上层元件）、Bring To Front（移动元件到重叠组件的上层）、Send To Back（移动元件到重叠元件的下层）、Bring To Front Of（移动元件到元件的上层）、Send To Back Of（移动元件到元件的下层）命令。

3. 元件的旋转

在画电路原理图时，为了方便布线，有时需要对元件进行旋转或翻转，及改变元件的放置防线。在 Protel DXP 2004 中，提供了很方便的旋转操作。

169

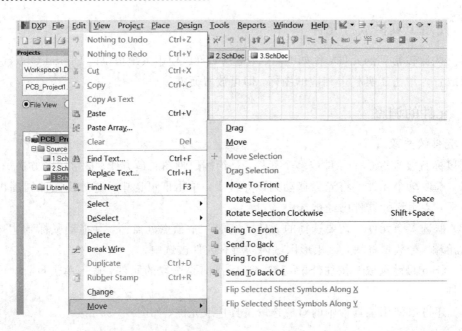

图 4-36 移动元件菜单

旋转：按键盘的空格键，每按一次，对象逆时针旋转 90°，如图 4-37 所示。

翻转：按键盘 X 键，对象将按垂直轴线水平翻转；按键盘 Y 键，对象将按水平轴线垂直翻转，如图 4-38 所示。

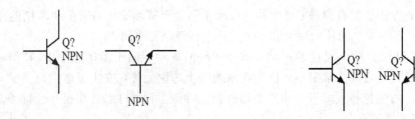

图 4-37 元件的旋转   图 4-38 元件的水平翻转

调整好位置的电路如图 4-39 所示。

4. 元件的剪贴

元件的剪贴包括复制、剪切、粘贴等操作，复制元件和 Word 中复制文字方法一样，首先选择需要复制的元件，然后右击选择 Copy，这样元器件就被复制了。粘贴的元件就是前面复制的元件，在需要粘贴的位置右击鼠标，选择 Paste。同理剪切和复制方法类似，首先选择需要剪切的元件，右击鼠标选择 Cut。

5. 元件的删除

当图纸上的对象在选中的状态时，可以使用下面的方法将它删除。

（1）使用键盘命令，在键盘上按下【Delete】键即可实现选中对象的删除。

（2）使用"Edit\Clear"菜单命令可以将选中的一个或多个对象一次删除。

（3）直接删除图纸上的对象，可执行"Edit\Delete"菜单命令，进入对象删除状态。这时光标变为十字光标，将光标移到要删除的对象处，单击鼠标左键，即可删除光标指向的对象，不论其选中与否。使用该操作可以连续删除多个对象，直到单击鼠标右键或按键盘【Esc】键退出为止。

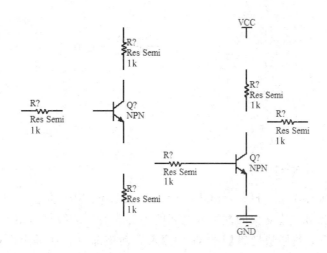

图 4 - 39　调整好元件位置后的图纸

6. 组件的排列与对齐

Protel DXP 2004 提供了一系列排列和对齐命令，它们可以极大地提高用户的工作效率，快速地设计出美观整齐的电路原理图。选中一组要排列对齐的对象，然后选择"Edit\Align"菜单命令，弹出排列与对齐的各种命令，如图 4 - 40 所示。

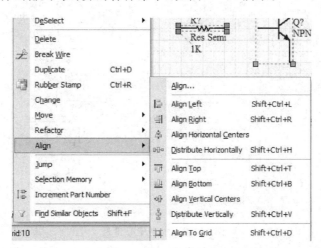

图 4 - 40　排列与对齐菜单命令

（1）左对齐排列（Align Left）。该命令用于将选中的一组对象以最左边对象的左边缘为基准线将这组元器件靠左对齐。也可以在选中一组对象后，利用快捷键【Shift＋Ctrl＋L】来启动该命令，左对齐的效果如图 4 - 41 所示。

（2）右对齐排列（Align Right）。该命令用于将选中的一组对象以最右边对象的左边缘为基准线将这组元器件靠右对齐。也可以在选中一组对象后，利用快捷键【Shift＋Ctrl＋

R】来启动该命令，右对齐的效果如图 4-42 所示。

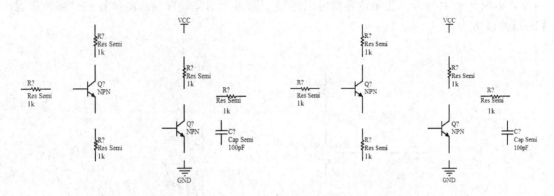

图 4-41 左对齐排列   图 4-42 右对齐排列

（3）水平中心排列（Align Horizontal Centers）。该命令用于将选中的一组对象以最右边的对象的右边缘和最左边对象的左边缘之间的中心线为基准线将这组元器件对齐，也可以在选中一组对象后，利用快捷键【E+G+C】来启动该命令。水平中心排列的效果如图4-43所示。

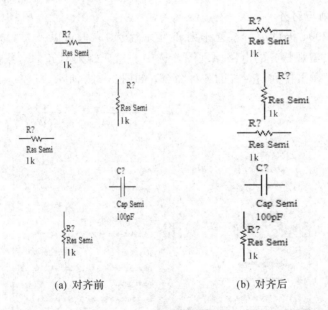

(a) 对齐前   (b) 对齐后

图 4-43 水平中心排列

（4）水平分布（Distribute Horizontally）。该命令用于将选中的一组对象以最右边对象的右边缘和最左边对象的左边缘为界进行均匀分布。也可以在选中一组对象后，利用快捷键 Shift+Ctrl+H 来启动该命令。水平分布的效果如图 4-44 所示。

（5）顶部对齐排列（Align Top）。该命令用于将选中的一组对象以最上边对象的上边缘为基准线将这组元器件靠上对齐，也可以在选中一组对象后，利用快捷键 Shift+Ctrl+T 来启动该命令。顶部对齐的效果如图 4-45 所示。

（6）底部对齐排列（Align Bottom）。该命令用于将选中的一组对象以最下边对象的下边缘为基准线将这组元器件靠下对齐。也可以在选中一组对象后，利用快捷键 Shift+Ctrl+T 来启动该命令。底部对齐的效果如图 4-46 所示。

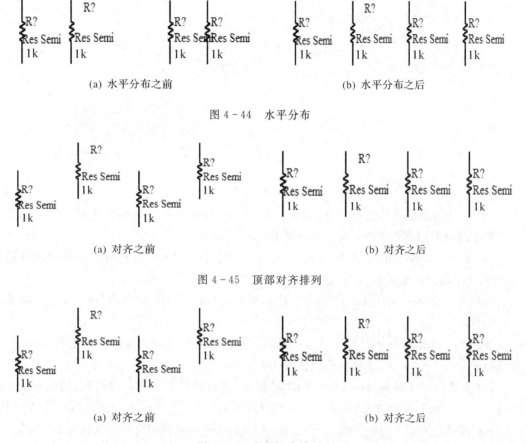

(a) 水平分布之前　　　　　　　　　　(b) 水平分布之后

图 4-44　水平分布

(a) 对齐之前　　　　　　　　　　(b) 对齐之后

图 4-45　顶部对齐排列

(a) 对齐之前　　　　　　　　　　(b) 对齐之后

图 4-46　底部对齐排列

7. 更新流水号

在设计原理图的过程中，虽然已经为每一个元器件定义了一个相应的标志，即元器件的编号，但是由于在设计原理图的过程中，可能会进行添加、复制、删除元器件等操作，致使刚刚绘制完的电路原理图元器件的编号可能比较零乱，这就需要重新调整元器件的标志。对于这些问题，可以利用手动修改，但是比较烦琐。如果用户利用 Protel DXP 2004 提供的元器件自动标注功能，就可以大大地方便修改。

Protel DXP 2004 提供了自动更新元件流水号功能。执行"Tools\Annotate"菜单命令将启动更新元件流水号操作。执行该命令后，出现如图 4-47 所示的 Annotate(自动编号)对话框，在该对话框中，可以设置重新编号的方式。下面简单介绍如何设置更新元件流水号。

(1) 设置自动编辑方案(Schematic Annotate Configuration)：在设置自动编号方案域中共给出了四种序号排列方案，可根据给出的图示选择。本例中选择方案 4：Across then down(先左右，后上下)。

(2) 选择匹配参数(Match By Parameters)：在匹配参数栏内根据对象编号的特征选择匹配的参数。

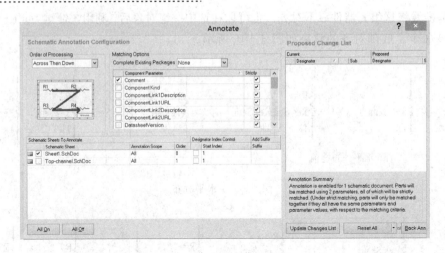

图 4 - 47　Annotate 对话框

（3）选择自动编号的文件（Schematic Sheet To Annotate）：该参数的列表中给出了当前工程中所有的原理图文件，这里选择了 Sheet1.SchDoc。

（4）选择自动编号的起始位置（Start Index）和后缀（Suffix）：这里选择 Start Index 值为 1，原图中电阻的起始编号为 2，这里将其设置为由 1 开始，Suffix 不选。

（5）单击"Reset Designators"按钮，然后在弹出的对话框中按 "OK"确定复位，系统将会使元件编号复位。

（6）然后单击"Update Change List"按钮，系统将会按设定的编号方式更新编号情况，并且会显示在 Proposed Change List 列表中。

（7）单击"Accept Changes(Create ECO)"按钮，系统将弹出如图 4 - 48 所示的 Engineering Chonge Order（编号变化情况）对话框。在该对话框中，单击图 4 - 48 所示对话框的"Validate Changes"按钮，即可以使编号更新操作有效，但此时图形中元件的序号还没有显示出变化。

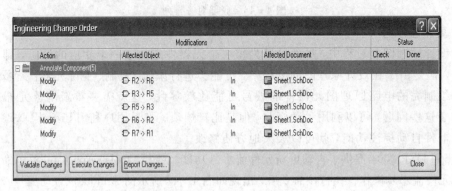

图 4 - 48　Engimeering Change Order 对话框

（8）然后单击"Execute Changes"按钮，即可真正执行编号的变化，此时图纸上的元件序号才真正改变了。

（9）最后单击"Close"按钮完成流水号的改变。更新流水号前、后的原理图如图 4 - 49 所示。

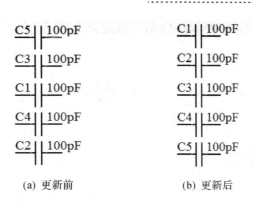

$$(a)\ 更新前 \qquad\qquad (b)\ 更新后$$

图 4-49　更新流水号前、后的原理图

8. 撤销与恢复命令

（1）撤销命令。执行撤销命令有如下两种方法。

① 执行"Edit\Undo"命令，撤销最后一步操作，恢复到最后操作之前的状态，如果想恢复多步操作，只需多次执行该命令即可。

② 利用主工具栏中的撤销命令按钮，如图 4-50 所示。

图 4-50　主工具栏中的撤销和恢复按钮

（2）恢复命令。执行恢复命令方法如下。

① 执行"Edit\Redo"命令，恢复到撤销前的状态，如果想恢复多步操作，只需多次执行该命令即可。

② 单击主工具栏中的恢复 ⤷ 按钮，恢复到撤销前的状态。

4.6.6　设置元件属性

在 Protel DXP 2004 中，每一个元器件都有自己的属性，有些属性能在图纸上设定，有些属性只能在元器件库中设定。

在元器件已经选中而没有放在图纸上的时候，可以按【Tab】键来打开 Component Properties（元器件属性）对话框，如果元件已经放置在图纸上了，则可以通过双击该元件，或者执行"Edit\Change"菜单命令，单击图纸上的元件来打开元器件属性对话框，如图 4-51所示。用户可以根据需要设置元件属性。

该对话框的各个选项解释如下：

1. Properties 选项组

（1）Designator：电路图中元件的流水号。

（2）Comment：元件注释。

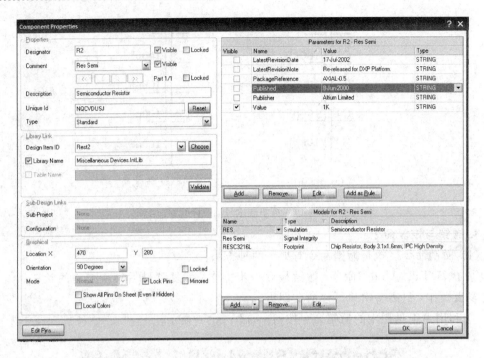

图 4 - 51　Component Properties 对话框

(3) Library Ref：在元件库中定义的元件名称，图纸上不会显示。

(4) Library：元件所示的元件库。

(5) Description：元件描述。

(6) Unique Id：元件的唯一标示。

(7) Type：元件所在文件类型。

2. Graphical 选项组

(1) Location X，Location Y：用于设置元件的 X、Y 轴坐标，即元件在图纸上的位置。

(2) Orientation：元件旋转角度。

(3) Mirrored：元件镜像。

(4) Local Colors：元件内部颜色、线条颜色、引脚颜色设置。

(5) Show All Pins On Sheet(Even if Hidden)：显示原理图中所有的引脚，包括隐藏引脚。

(6) Lock Pins：锁定引脚。

3. Parameters(元件参数)列表

该列表用来显示一些与元件相关的参数，如果勾选 Visible 列中的复选框，则相应的参数就会显示在图氏上。

4. Models(元件模型)列表

该列表包括与元件相关的引脚类型、信号完整性和仿真模型。用户可以在此添加、移除以及编辑元件模型。

4.7　元器件库的操作

Protel DXP 拥有众多芯片厂家提供的大量种类齐全的元件库，但不是每个厂家的每个元件在设计中都会用到，通常用户都是有选择地装载元件库，以便在设计过程中能简单、方便地查找和使用元件，提高设计效率。因此，用户在设计原理图的时候，必须确保原理图所需要的元件都已经加载到当前的设计环境中。

4.7.1　打开元件库管理器

元件库将原理图元件与 PCB 封装和信号完整性分析联系在一起，关于某个元件的所有信息都集成在一个模块库中，所有的元件信息被保存在一起。Protel 将不同类的原件放置在不同的库中，放置元件的第一步就是找到元件所在的库并将该库添加到当前项目中。

在完成原理图工作环境的设置以后，将出现空白原理图图纸界面。由于设置工作环境的不同，主菜单栏和主工具栏也会有所不同。

打开 Libraries(元件库管理器)主要有两种方法。

(1) 单击 Libraries… 按钮，将弹出如图 4-52 所示的元件库管理器面板。

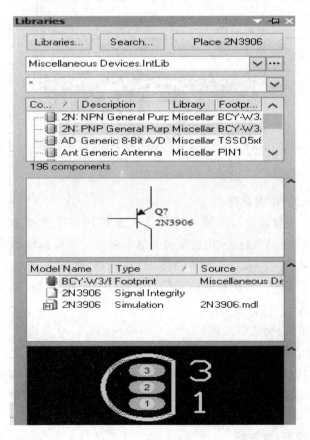

图 4-52　Libraries(元件库管理器)面板

（2）选择"Design\Browse Library"命令，也同样可以弹出如图所示的元件库管理器面板。

4.7.2　元件库管理器面板

在如图 4-53 所示的对话框中单击 [...] 按钮，弹出下拉列表，有三个复选框，分别为 Components(元件)、Footprints(封装)、3D Models，如图 4-53 所示。

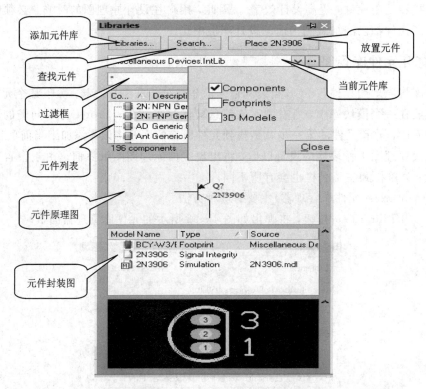

图 4-53　选中 Components 复选框

1. Components(元件)复选框

选中 Components 复选框，在装入的元件库下拉列表中选择 Miscellaneous Devices. IntLib 选项，过滤器下拉列表框采用通配符设置，则在对象库元件列表框中显示该库所有的元件。若选中对象库中的元件，如 2N3 NPU General Pur...，则在对象元件原理图框中显示该元件的原理图符号。在元件封装和信号完整性分析栏中显示该元件对应的封装和信号完整性分析，如图 4-54 所示。

2. Footprints(封装)复选框

选中 Footprints(封装)复选框后，如果在过滤器下拉列表框中采用通配符设置，则在 Footscrips Name 列表框显示对象库中的所有元件封装。在 PCB 图框显示对象库中元件的 PCB 封装图。图 4-54 所示的对象库封装中显示了 Miscellaneous Devices.IntLib 库中的所有封装。

3. 3D Models(模型)复选框

3D Models(模型)复选框的作用是在库管理器的下面显示元件的封装外形，如果不选中该复选框，则在库管理器下面不显示元件封装外形。

4. 过滤下拉列表框的设置

过滤下拉列表框的功能是筛选元件，一般默认的设置是通配符"＊"。如果在过滤下拉列表框中输入相应的元件名，如 BU＊，则在对象库元件列表框中显示以 BU 字母开头的元件。

图 4 - 54　选中 Footprints 复选框

4.7.3　添加元件库

元件库管理器主要用于实现添加或删除元件库、在元件库中查找元件和在原理图上放置元件。单击元件库管理器中的"Libraries…"按钮，将弹出如图 4 - 55 所示的对话框。

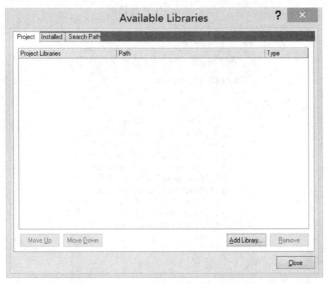

图 4 - 55　Available Libraries 对话框

单击图中的"Add Library…"按钮，将弹出打开对话框。在一般情况下，元件库文件在 Altium\Library 目录下，Protel 主要根据厂商来对元件进行分类。选定某个厂商，则该厂商的元件列表会被显示。

在如图 4 - 56 所示的对话框中，根据原理图的需要选中希望加载的元件库。例如选中 Burr-Brown，双击该文件夹或单击打开按钮，可以看到 Burr-Brown 公司的元件分类，选中 BB Amplifier Buffer.IntLib，单击打开按钮，即可完成元件库的加载。值得一提的是，Miscellaneous Connectors.IntLib（杂件库）主要包括电阻、电容和接插件，在一般情况下，杂件库都是必须加载的。加载了杂件库和 Burr-Brown 公司 BB Amplifier Buffer.IntLib 后，元件库管理器如图 4 - 57 所示。

图 4 - 56　打开对话框

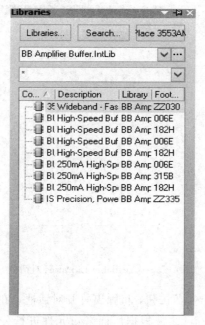

图 4 - 57　元件库管理器

4.7.4 删除元件

如果想删除加载的元件库，可以单击元件库管理器的 Libraries 按钮，打开如图 4 - 58 所示的对话框。选择想要删除的元件库，单击 Remove 按钮，即可删除该元件库。

图 4 - 58 删除元件库对话框

4.7.5 搜索元件

Protel 提供了很强大的元件搜索功能，打开 Libraries Search(搜索元件)对话框主要有两种方法。

（1）在元件管理面板中，单击 Search 按钮，将弹出如图 4 - 59 所示的 Libraries Search 对话框。

（2）执行 Tools\Find Component 命令，同样可弹出 Libraries Search 对话框。

Libraries Search 对话框有 Options(搜索类型)选项组、Scope(搜索范围)选项组、Path (搜索路径)选项组。

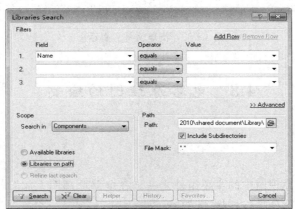

图 4 - 59 Libraries Search 对话框

1. Options 选项组

Options 选项组主要包括 3 种搜索类型：Components（元件）、Protel Footprints（封装）、3D Models（3D 模型）。

2. Scope 选项组

Scope 选项组主要有 3 个单选按钮：Available libraries（可用库）、Libraries on path（指定路径的库）、Refine last search（定义最后的搜索）。选定某个单选按钮，可按此要求进行搜索。系统默认的选择是 Libraries on path。

3. Path 选项组

Path 选项组主要由 Path 和 File Mask 选项组成。单击 Path 路径右边的打开文件按钮，将弹出浏览文件夹对话框，如图 4 - 60 所示，可选中相应的搜索路径，单击"确定"按钮。一般情况下，选中 Path 下方的 Include Subdirectories（包括子目录）复选框。File Mask 具有文件过滤器的功能，默认采用通配符。如果对搜索的库文件比较了解，可以输入相应的符号减少搜索范围。

图 4 - 60　浏览文件夹对话框

4.8　电路原理图的绘制

4.8.1　绘制导线

导线是组成电路原理图中的主要组件之一。在电路原理图上放置好元器件之后，要按照电气属性对电路元器件进行连接。

在进行连线操作时，可单击电路绘制工具栏的连线工具栏中（见图 4 - 61）的按钮⇒或执行 Place \Wire 命令将编辑状态切换到连线模式，此时鼠标指针的形状也会由空心箭头变为大十字。这时只需将鼠标指针指向预拉线的一端，单击鼠标左键，就会出现一个可以随鼠标指针移动的预拉线，当鼠标指针移动到连线的转弯点时，每单击鼠标左键一次可以定位一次转弯。拖动虚线到元件的引脚上并单击鼠标左键，就可以连接到该元件的引脚上，如图 4-62 所示。单击鼠标右键可以终止该次连线，但是还处于连线状态，可以继续连接新的连线。若想将编辑状态切换到待命模式，可单击鼠标右键两次或按下【Esc】键。

图 4-61　连线工具栏

当预拉线的指针移动到一个可建立电气连接的点时（通常是元件的引脚或先前已拉好的连线），十字指针的中心将出现一个黑点，提示我们在当前状态下单击鼠标左键即可形成一个有效的电气连接，如图 4-63 所示。

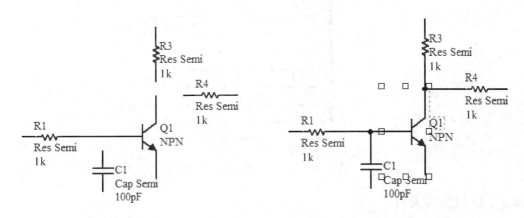

图 4-62　连接导线　　　　　　　　　　　　　图 4-63　连接电气节点

4.8.2　绘制总线

总线（Bus）是指一组具有相关性的信号线。总线本身并没有任何实质上的电气意义，其目的仅仅是为了简化连线的表现方式，也就是说，尽管在绘制总线时会出现热点，而且在拖动操作时总线也会维持其原先的连接状态，但这并不表明总线就真的具有电气性质的连接。Protel DXP 2004 使用较粗的线条来代表总线。

总线出入端口（Bus Entry）是单一导线进出总线的端点，总线与元件的连接是通过总线出入端口（Bus Entry）来实现的。但是，总线出入端口同样也不具备实际的电气意义。在总线中，真正代表实际的电气意义的是通过网络标号（Net Label）与输入/输出端口来表示的逻辑连通性。通常，网络标号（Net Label）名称应该包括全部总线中网络的名称。

绘制总线的步骤：

（1）首先执行"Place\Bus"命令，或者从 Wiring Tools 工具栏中单击 图标，然后在图形屏幕上绘制数据总线，绘制的位置可以根据要求确定，如果位置不合适，还可以手动调整。

（2）绘制总线输入/输出端口。执行命令"Place\Bus Entry"或单击工具栏中的 ▷ 图标，光标变成十字状，并且上面有一段 45°或 135°的线，表示系统处于画总线出入端口状态。

（3）将光标移到所要放置总线出入端口的位置，光标上出现一个圆点，表示移到了合适的放置位置，单击鼠标左键可完成一个总线出入端口的放置。

（4）画完所有总线出入端口后，单击鼠标右键，即可结束画总线出入端口状态，光标由十字形状变成箭头形状。

（5）设置总线出入端口属性。在放置总线出入端口状态下，按【Tab】键，即可打开总线出入端口属性对话框，可以设置总线输入/输出端口的位置、颜色和宽度属性。

（6）最后在总线输入/输出端口上放置网络标号。在绘制过程中按空格键，总线出入端口的方向将逆时针旋转 90°；按 X 键，总线出入端口左右翻转；按 Y 键，总线出入端口上下翻转。一个绘制完成的总线如图 4-64 所示。

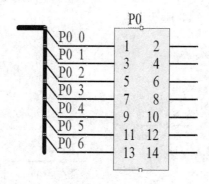

图 4-64　一个绘制完成的总线

4.8.3　绘制总线入口

在原理图上绘制好总线以后，总线要与导线或元件的引脚相连，这时必须选择总线入口。

1. 启动绘制总线入口命令

启动绘制总线入口命令的方法一般有以下几种：

（1）菜单方式：依次选择"Place\Bus Entry"菜单命令，启动绘制总线入口命令。

（2）右键菜单方式：单击鼠标右键，在弹出的快捷菜单中依次选择"Place\Bus Entry"菜单命令，启动绘制总线入口命令。

（3）工具栏方式：单击工具栏上的 ▷ 按钮，启动绘制总线入口命令。

（4）快捷键方式：利用快捷键 P+U，启动绘制总线入口命令。

2. 绘制总线入口

（1）启动绘制总线入口命令后，把光标移到原理图绘制区，光标变成预设的形状，并且在光标上黏附一段总线入口线，表示系统已经进入绘制总线入口状态。

（2）将光标移动到所要绘制总线入口的位置，光标上出现一个红色的星形标志，表示该点可以绘制总线入口，点击鼠标左键即可完成一个总线入口的绘制。

（3）绘制完一个总线入口后，光标仍处于画总线引入线状态，表示可以继续绘制下个总线入口的分支。

（4）完成绘制总线入口的分支后，单击鼠标右键或按【Esc】键退出绘制状态。

3. 总线入口方向调整

在绘制总线入口过程中，可以通过按【Space】键使总线入口 90°方向逆时针旋转，按 X 或 Y 键来完成总线入口水平或垂直翻转方向的调整。

4. 总线入口属性

在绘制总线入口状态下，按【Tab】键，或者在绘制完总线入口后，通过依次选择"Edit\Change"菜单命令，把光标移动到绘制的总线入口上单击鼠标左键，也可以直接把光标移动到绘制的总线入口上双击鼠标左键，都可以弹出 Bus Entry 对话框，如图 4 - 65 所示。

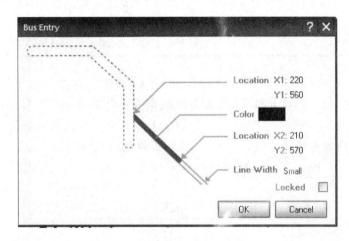

图 4 - 65　Bus Entry 对话框

4.8.4　电源和接地

在 Protel DXP 2004 原理图编辑中，为了使图纸清晰，一般将具有电源属性的网络使用统一的符号表示，图 4 - 66 所示为 Power Objects(电源工具栏)。该工具栏可以通过 View\Toolbars\Power Objects 命令来打开或关闭。

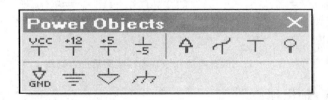

图 4 - 66　电源工具栏

电源和接地还可以通过单击原理图绘制工具栏上的 Place Power Port 按钮 来实现。在从 Power Objects 中或通过工具按钮 Place Power Port 选择了目标后，这时编辑窗口中会有一个随鼠标指针移动的电源符号，按【Tab】键，将会出现如图 4 - 67 所示的 Power Port 对话框，或者在放置了电源元件的图形上，双击电源元件或使用快捷菜单的 Properties 命令，也可以弹出 Power Port 对话框。

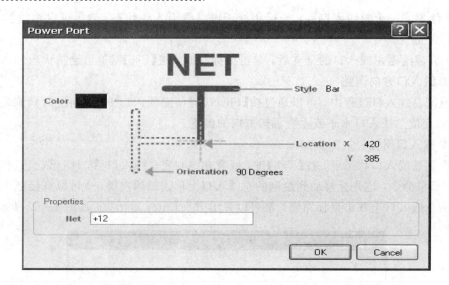

图 4 - 67　Power Port 对话框

在该对话框中可以编辑电源属性,在 Net 编辑框中可修改电源符号的网络名称;当前符号的放置角度为 90 Degrees(90°),还可以在 Orientation 编辑框中修改;在 Location 编辑框中可以设置电源的精确位置;在 Style 栏中可以选择电源类型。放置完电源和地并连接各元件后的电路如图 4 - 68 所示。

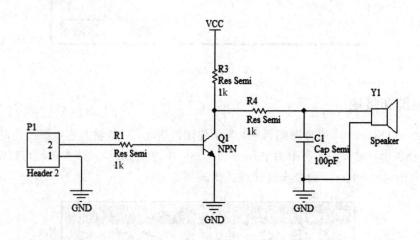

图 4 - 68　放置电源和地并连接线路后的电路图

4.8.5　绘制输入/输出端口

在设计原理图时,一个电路与另外一个电路的连接,可以通过实际导线连接,也可以通过设置网络名称使两个电路具有相互连接的电气意义。绘制输入/输出端口,同样可以实现两个网络的连接,相同名称的输入/输出端口,被认为在电气意义上是连接的。

绘制输入/输出端口:

(1) 执行绘制输入/输出端口命令 Place\Port 或单击电路工具栏里的 图标后,光标变成十字状,并且在它上面出现一个输入/输出端口的图标,移动到欲放置输入/输出端口的地方，单击鼠标即可完成输入/输出端口的绘制。

（2）在绘制输入/输出端口的状态下，按【Tab】键，即可打开输入/输出端口属性设置框。在其中可以设置端口的名称、外形、电气特性以及位置、宽度、颜色等一系列属性。绘制的两个输入/输出端口的电路如图 4-69 所示。

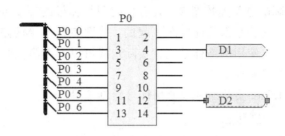

图 4-69　绘制的两个端口的电路

4.8.6　绘制线路节点

在默认情况下，系统将在导线的 T 形交叉点自动绘制一个电气节点，但是在十字形交叉点，由于系统无法判断导线是否连接，因此不会自动绘制电气节点。如果在电路中这些交点是电气连接的，那就需要用户自己手动绘制一个电气节点。

若要自行绘制节点，可单击电路绘制工具栏上的 ![按钮] 按钮或执行"Place\Junction"菜单命令，将编辑状态切换到放置节点模式，此时鼠标指针会由空心箭头变为大十字，并且中间还有一个小黑点。这时，只需将鼠标指针指向欲绘制节点的位置上，然后单击鼠标左键即可。要将编辑状态切换回待命模式，可单击鼠标右键或按下【Esc】键。

在节点尚未放置到图纸中之前按下【Tab】键或是直接在节点上双击鼠标左键，可打开如图 4-70 所示的 Junction(节点属性)对话框。在此对话框中可以设置节点的位置(Location X, Location Y)、大小(Size)、节点的颜色(Color)以及是否锁定节点的显示位置(Locked)。

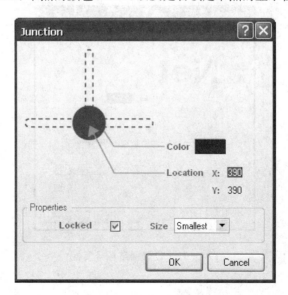

图 4-70　Junction 对话框

4.8.7 绘制网络标号

在原理图绘制过程中，元器件之间的电气连接除了使用导线外，还可以通过设置网络标号的方法实现。

网络标号具有实际的电气连接意义，具有相同网络标号的导线或元件引脚不管在图上是否连接在一起，其电气关系都是连接在一起的，特别是在连接的路线比较远或者线路过于复杂而使走线困难时，使用网络标号代替实际走线可以大大简化原理图。

放置网络标号的步骤如下：

(1) 使用 Place \Label 菜单命令或使用标号绘制工具按钮 Net] 进入网络标号绘制状态。

(2) 使用鼠标将网络标号绘制在要指示的导线上，这时绘制点将出现红色叉号标记，如图 4-71 所示。

(3) 单击鼠标左键完成标号绘制。对于通过上述方法绘制的网络标号，虽然 Protel DXP 2004 按设定的方式自动提供了统一格式的标号，但是要建立图纸上标号之间的电气连接，必须将相互连接对象的标号设置成相同的名称，标号的设置可以通过设置网络属性的方式完成。

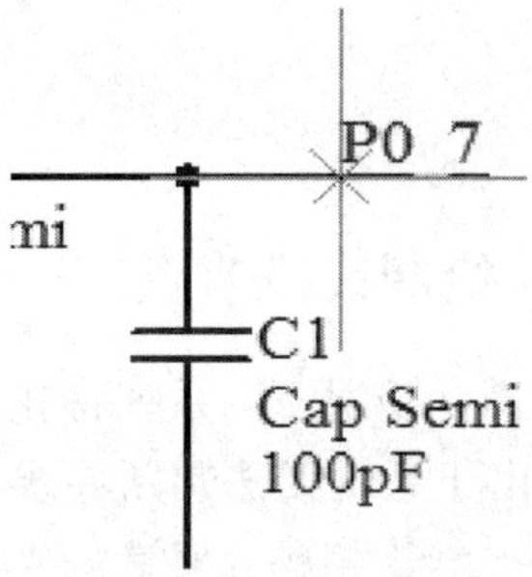

设置网络属性有两种方法：一种是在设置网络标号时

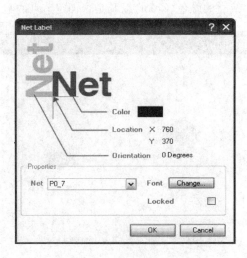

图 4-71　绘制网络标号

按下【Tab】键进入；另一种方法是在绘制完成后双击欲设置属性的网络标号，打开网络属性设置对话框 Net Label，如图4-72所示。

在打开的 Net Label 对话框中 Properties 属性区有一个 Net 输入框，用户可以将设置的网络标号名称输入，也可以按下右端的按钮选择已有的网络标号。这里设置刚才绘制的网络标号名为 OUT1。

图 4-72　设置网络标号属性

本 章 小 结

　　本章主要介绍了 Protel 软件的发展过程，Protel DXP 2004 的一些特点，以及 Protel DXP 2004 软件的安装和如何创建一个项目文件，并且更深入地学习电路原理图的设计方法，例如，原理图图纸及工作环境的设置，电路原理图常用的绘制知识等。在掌握本章介绍的原理图绘制方法和基本绘图设置及工具使用后，读者就可以进行简单原理图的绘制工作了。

习　　题

　　4-1　安装 Protel DXP 2004 软件，熟悉其安装过程。

　　4-2　打开 Protel DXP 2004 的界面，尝试操作响应的菜单和工具栏。

　　4-3　创建一个项目文件。

　　4-4　简述原理图绘制的几个步骤。

　　4-5　原理图绘制中如何修改元件属性？

　　4-6　Protel DXP 2004 中何为总线？如何绘制总线？

　　4-7　什么叫网络标号？如何绘制网络标号？

第 5 章　Protel DXP 2004 高级设计

5.1　图形工具菜单的使用

在原理图编辑环境中，与配线工具栏相对应，还有一个实用工具栏，用于在原理图中绘制各种标注信息，使电路原理图更清晰，数据更完整，可读性更强。该实用工具栏中的各种图元均不具有电气连接特性，所以系统在做电气规则检查及转换成网络表时，它们不会产生任何影响，也不会附加在网络表数据中。

5.1.1　图形工具栏

要进行绘图操作，可执行"Place\Drawing Tools"菜单命令，在弹出的子菜单中选择需要的操作即可。还可以执行"View\Toolbars\Drawing Tools"菜单命令，弹出如图 5-1 所示的绘图工具栏，点击相应按钮即可。绘图工具栏上各按钮的功能见表 5-1。

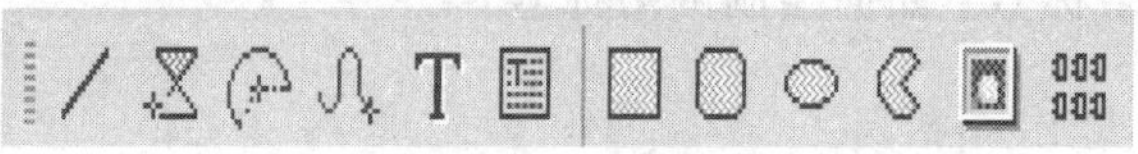

图 5-1　绘图工具栏

表 5-1　绘图工具栏各按钮功能

按　钮	功　能
	绘制直线
	绘制多边形
	绘制椭圆弧线
	绘制贝塞尔曲线
	插入文字
	插入文字框
	绘制实心直角矩形
	绘制实心圆角矩形
	绘制椭圆形及圆形
	绘制饼图
	插入图片
	将剪贴板上的内容矩阵排列

5.1.2　绘制直线

在原理图中，直线可以用来绘制一些注释性的图形，如表格、箭头、虚线等，或者绘制元器件的外形。直线在功能上完全不同于前面所说的导线，它不具有电气连接特性，不会影响到电路的电气结构。

直线在功能上完全不同于导线。导线具有电气意义，通常用来表示元件间的物理连接，而直线并不具备任何电气意义。绘制直线可以执行"Place\Drawing Tools\Line"菜单命令，还可以单击绘制直线按钮 启动绘制直线操作。在直线绘制过程中按下【Shift＋Space】键可以改变直线的方向，按下【Tab】键可以打开 PolyLine（直线属性）对话框，如图 5－2 所示。在直线属性对话框中可以设置直线的线宽（Line Width）、线形（Line Style）、颜色（Color）等参数。

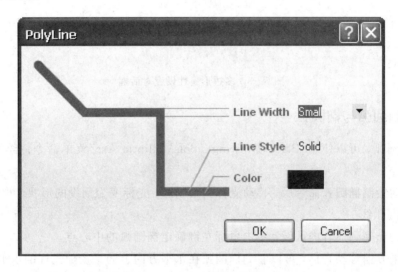

图 5－2　直线属性对话框

5.1.3　绘制多边形

使用绘制多边形工具可以在原理图上绘制出任意形状的多边形区块。

首先启动绘制多边形命令，在原理图编辑状态，用户可以通过菜单、工具栏、快捷键 P＋D＋Y 来启动绘制多边形命令。

执行绘制多边形命令后，鼠标指针旁边会多出一个大十字符号，首先在待绘制图形的一个角单击鼠标左键，然后移动鼠标到第二个角单击鼠标左键形成一条直线，再移动鼠标，这时会出现一个随鼠标指针移动的预拉封闭区域，依次移动鼠标到待绘制图形的其他角单击左键。绘制完成后，单击鼠标右键就会结束当前多边形的绘制，开始进入下一个绘制过程。再次单击右键结束绘制操作。

在绘制多边形的过程中按下【Tab】键，或者绘制多边形后通过依次选择"Edit \ Change"菜单命令，把光标移动到绘制的多边形上单击鼠标左键，也可以直接把光标移动到绘制的多边形上双击鼠标左键，都可以弹出多边形（Polygon）属性设置对话框，如图 5－3

所示。在其中可以设置多边形的边框宽度(Border Width)、边框颜色(Border Color)、填充颜色(Fill Color)和空心/实心选择(Draw Solid)。

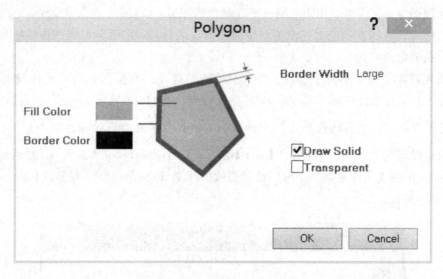

图 5-3 多边形属性设置对话框

5.1.4 绘制圆弧与椭圆弧

绘制椭圆弧,可以使用"Place\Drawing Tools\Elliptic Arc"菜单命令。绘制椭圆弧的具体操作如下:

(1)启动绘制椭圆弧命令后,移动光标到绘制区,光标变为预设的形状,并且在光标上黏附一段椭圆弧线。

(2)移动光标到适合的区域,单击鼠标左键确定椭圆弧的中心点。

(3)水平方向移动光标,可以看到椭圆弧在水平方向上的半径随光标的水平移动变化,在适当位置单击鼠标左键,确定椭圆弧在 X 轴方向上的半径。

(4)上下移动光标,可以看到椭圆弧在垂直方向上的半径随光标的垂直移动而变化,在适当位置单击鼠标左键,确定椭圆弧在 Y 轴方向上的半径。

(5)这时,光标会自动跳到椭圆弧的起始角处,移动光标改变椭圆弧的终止角位置,单击鼠标左键,确定椭圆弧的起始角。

(6)此时光标又自动跑到了椭圆弧的终止角上,移动光标确定椭圆弧的终止角,在适当位置单击鼠标左键确定椭圆弧的终止角,完成椭圆弧的绘制。

圆弧的绘制过程与椭圆弧类似,只是执行"Place\Drawing Tools\Arc"菜单命令。

在绘制圆弧线的过程中按下【Tab】键,或者单击已经绘制好的圆弧,将打开圆弧(Ellipical Arc)属性设置对话框,如图 5-4 所示。其中可以设置圆弧的半径(Radius)、中心点 X 轴坐标(X-Radius)、Y 轴坐标(Y-Radius)、线宽(Line Width)、缺口起始角度(Start Angle)、缺口结束角度(End Angle)、线条颜色(Color)等参数。

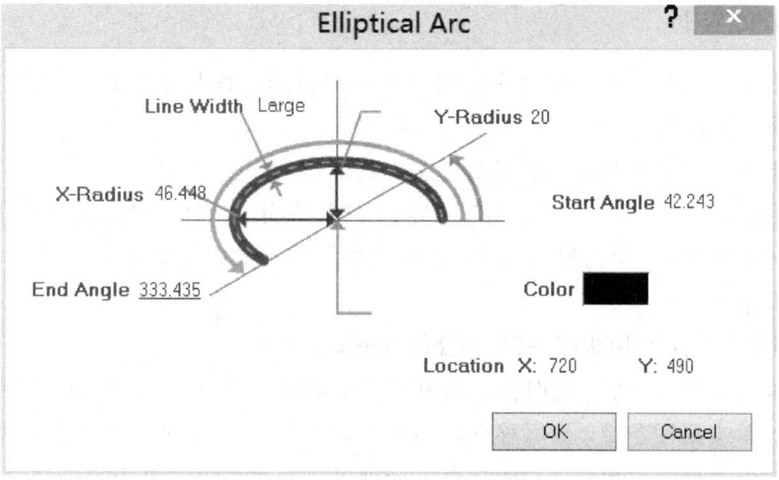

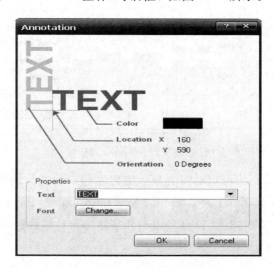

图 5-4   圆弧属性设置对话框

5.1.5   添加文字注释

在使用 Protel DXP 2004 绘制的图纸中，除了使用图形反映图纸上的信息外，还可以使用文字对图纸上的内容作更进一步的注释。

执行"Place\Text String"菜单命令，或单击绘图工具栏中的 **A** 按钮，进入文字注释状态。执行此命令后，鼠标指针旁边会出现一个十字和一个虚线框，在想添加文字注释的位置上单击鼠标左键，绘图页面中就会出现一个名为"TEXT"的字符串，并进入下一次操作过程。如果在完成添加文字注释动作之前按下【Tab】键，或者直接在"TEXT"字符串上双击鼠标左键，即可打开 Annotation(注释)对话框，如图 5-5 所示。

图 5-5   Annotation 对话框

在该对话框中，可以修改注释的内容(Text)、注释文字位置(X-Location、Y-Location)、字符串角度(Orientation)、字符串颜色(Color)和字体(Font)等参数。

5.1.6 添加文本框

前面讲的文字注释(Text)的文字仅限于一行的范围，如果需要多行的注释文字，就必需使用文本框(Text Frame)。

用户一般可以通过下列方式启动放置文本框命令：

(1) 菜单方式：依次选择"Place\Text String"菜单命令，启动添加文本框命令。

(2) 右键菜单方式：单击鼠标右键，在弹出的菜单中依次选择"Place\Text String"菜单命令，启动添加文本框命令。

(3) 快捷键方式：利用快捷键【P+F】启动添加文本框命令。

执行添加文本框命令后，此时鼠标指针旁边会多出一个十字符号，在需要添加文本框的一个边角处单击鼠标左键，然后移动鼠标就可以在屏幕上看到一个虚线的预拉框，用鼠标左键单击该预拉框的对角位置，就结束了当前文本框的添加，并自动进入下一个添加过程。在完成添加动作之前按下【Tab】键，或者直接用鼠标双击文本框，即可打开 Text Frame(文本框属性)对话框，如图 5-6 所示。

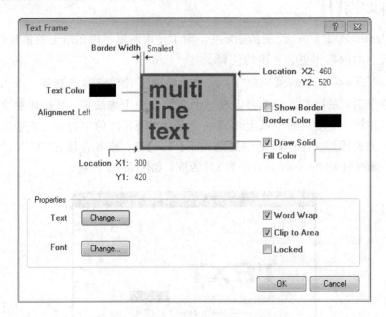

图 5-6 Text Frame 对话框

在 Text Frame 对话框中可以对需要显示的内容(Text)进行编辑，还可以设置文本框的位置(Location X1、LocationY1、Location X2、LocationY2)、边框颜色(Border Color)、填充颜色(Fill Color)、文本颜色(Text Color)和字体(Font)等参数。

5.1.7 绘制矩形

在原理图设计系统中，执行"Place\Drawing Tools\Rectangle"菜单命令，单击绘图工具栏中的 ▢ 按钮，或者按下【Alt+P+D+R】快捷键，这时系统将会进入到绘制矩形的命令状态，可见鼠标光标将会变成十字光标。

在原理图设计系统中，矩形(Rectangle)属性设置对话框如图 5-7 所示。不难看出，这个属性对话框中主要包括以下设置选项：

（1）Draw Solid：设置矩形是否使用填充颜色。

（2）Fill Color：设置矩形的填充颜色，默认颜色是淡黄色。

（3）Border Color：设置矩形的边框颜色，默认颜色是暗红色。

（4）Border Width：设置矩形的边框线宽，Protel DXP 为用户提供了四种线宽，它们分别是 Smallest、Small、Medium 和 Large。

（5）Location X1，Y1：设置矩形的左下角顶点坐标。

（6）Location X2，Y2：设置矩形的右下角顶点坐标。

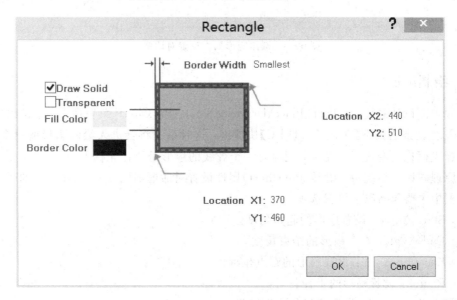

图 5-7　矩形属性设置对话框

5.1.8　绘制圆角矩形

在原理图设计系统中，执行"Place\Drawing Tools\Round Rectangle"菜单命令，单击绘图工具栏中的 按钮或者按下【Alt＋P＋O】快捷键，这时系统将会进入到绘制圆角矩形的命令状态，可见鼠标光标将会变成十字光标。

在原理图设计系统中，圆角矩形(Round Rectangle)属性设置对话框如图 5-8 所示。不难看出，这个对话框中主要包括以下设置选项：

（1）Draw Solid：设置圆角矩形是否使用填充颜色。

（2）Fill Color：设置圆角矩形的填充颜色，默认颜色是灰色。

（3）Border Color：设置圆角矩形的边框颜色，默认颜色是蓝色。

（4）Border Width：设置圆角矩形的边框宽度。

（5）Location X1，Y1：设置圆角矩形的左下角坐标。

（6）Location X2，Y2：设置圆角矩形的右上角坐标。

（7）X-Radius，Y-Radius：设置圆角矩形中椭圆边角的横轴半径和纵轴半径。

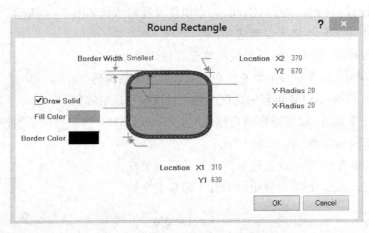

图 5-8 圆角矩形属性设置对话框

5.1.9 绘制扇形

在原理图设计系统中，执行"Place\Drawing Tools\Pie Chart"菜单命令，单击绘图工具栏中的 ⊙ 按钮或者按下【Alt+P+D+C】快捷键，这时系统将会进入绘制扇形的命令状态，可见鼠标光标将会变成十字光标，同时有一个虚线的扇形悬浮在光标上。

在原理图设计系统中，扇形(Pie Chart)属性设置对话框如图 5-9 所示。不难看出，这个对话框中主要包括以下设置选项：

（1）Start Angle：设置扇形的起始角度。

（2）End Angle：设置扇形的结束角度。

（3）Location X，Y：设置扇形的圆点坐标。

（4）Radius：设置扇形的半径。

（5）Border Width：设置扇形的边框宽度。

（6）Border Color：设置扇形的边框颜色，默认颜色是蓝色。

（7）Draw Solid：设置扇形是否使用填充颜色。

（8）Color：设置扇形的填充颜色，默认颜色是灰色。

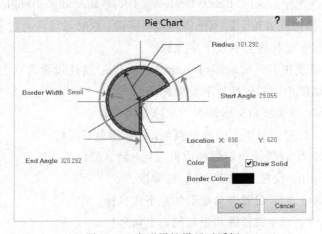

图 5-9 扇形属性设置对话框

5.1.10 插入图片

在原理图设计系统中，执行"Place\Drawing Tools\Graphic"菜单命令，单击绘图工具栏中的 按钮或者按下【Alt＋P＋D＋G】快捷键，这时系统将会进入插入图片的命令状态，可见鼠标光标将会变成十字光标。

在原理图设计系统中，图片(Graphic)属性设置对话框如图 5－10 所示。不难看出，这个对话框中主要包括以下设置选项：

(1) Border Color：设置图片的边框颜色，默认颜色是黑色。

(2) Border Width：设置图片的边框宽度。

(3) Location X1，Y1：设置图片边框的左下角顶点坐标。

(4) Location X2，Y2：设置图片边框的右上角顶点坐标。

(5) FileName：用于设置插入图片的存储路径。用户可以直接输入图片的存储路径，也可以通过单击 Browse... 按钮来打开需要插入的图片文件。

(6) Border On：设置是否显示图片的边框。

(7) X：Y Ratio 1：1：设置图片是否按照 1：1 的比例插入。

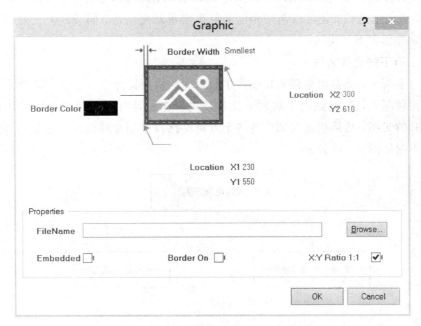

图 5－10 图片属性设置对话框

5.2 层次原理图的设计

层次原理图的设计是在电路设计的实践中提出来的，是随着计算机技术的发展而逐步实现的一种先进的原理图设计方法，在设计一个非常庞大的原理图时，不可能一次性地完成，也不可能将它绘制在一张图纸上，更不可能由一个设计人员单独完成。Protel DXP

2004 提供了一个很好的项目工作设计环境，可以将整个原理图划分为多个功能模块，由各个工作组的设计人员来分层次并行设计，这就使得设计进程大大加速，同时也便于检错修改和设计交流。

5.2.1 层次原理图的设计方法

层次原理图设计方法加速原理图设计的进程，对整个电路的设计工作也有相当大的促进作用，特别是在电路日益繁杂化的今天，层次原理图设计工作更是必不可少的。

层次原理图设计方法是一个化整为零、聚零为整的模块化设计方法，原理图的层次化是指由子原理图、方框图、上层原理图形成的层次化体系。Protel DXP 2004 提供了强大的层次原理图功能，用户可以将系统划分为若干个功能模块，功能模块可再细分为若干个基本模块，即整张大图可以分成若干子图，子图还可以向下细分。设计好基本模块，再定义好模块之间的连接关系，即可完成整个设计过程。

在层次原理图的设计中，存在的关键问题是如何做到层次间信号的正确传递。在 Protel DXP 2004 系统中，主要依靠绘制方块电路图符号、子图入口和方块电路图端口来实现信号的正确传递。设计时，用户可以从系统开始，逐级向下进行，也可以从最基本的模块开始，逐级向上进行，还可以调用相同的原理图重复使用，不同设计方法对应的层次原理图的建立过程也不尽相同。

1. 自上而下的设计方法

所谓自上而下，就是由电路方块图产生原理图。使用此方法在绘制原理图之前应对系统的了解比较深入，对电路的模块划分比较清楚。在设计时首先产生包含方块电路符号（子原理图）的父图，然后再由父图中的各个方块电路符号创建并设计与之相对应的子原理图。其流程图如图 5-11 所示。

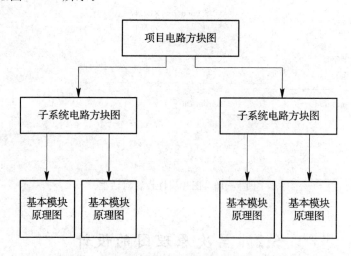

图 5-11　自上而下的层次原理图设计流程

2. 自下而上的设计方法

所谓的自下而上，就是由原理图产生方块图。在模块设计之前，在并不清楚每个模块有哪些端口时，仍然使用自上而下的设计方法，否则会力不从心，此时需要采用自下而上的设计方法。在采用自下而上的设计方法时，首先生成基本模块子原理图，然后再由这些原理图产生方块电路，进而产生上层原理图。其流程图如图 5-12 所示。

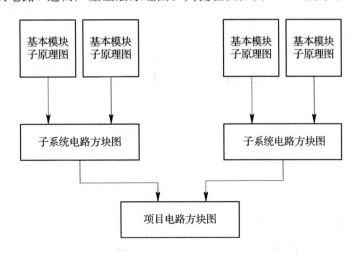

图 5-12　自下而上的层次原理图设计流程

5.2.2　自上而下层次原理图设计

下面就以一个控制电路的例子来说明自上而下层次原理图的绘制过程。该项目的项目电路方块图如图 5-13 所示。

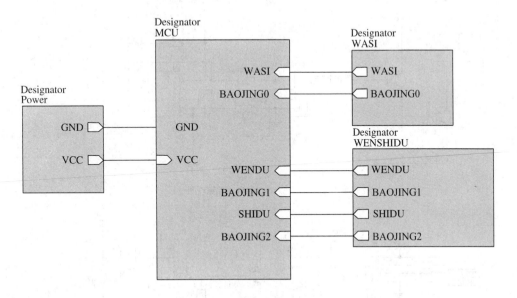

图 5-13　项目电路方块图

由图 5-13 可以看出，该系统是由四个子项目方块图组成的，分别是 Power、MCU、WASI 和 EWENSHIDU。这四部分电路原理图分别如图 5-14(a)、5-14(b)、5-14(c) 和 5-14(d)所示。

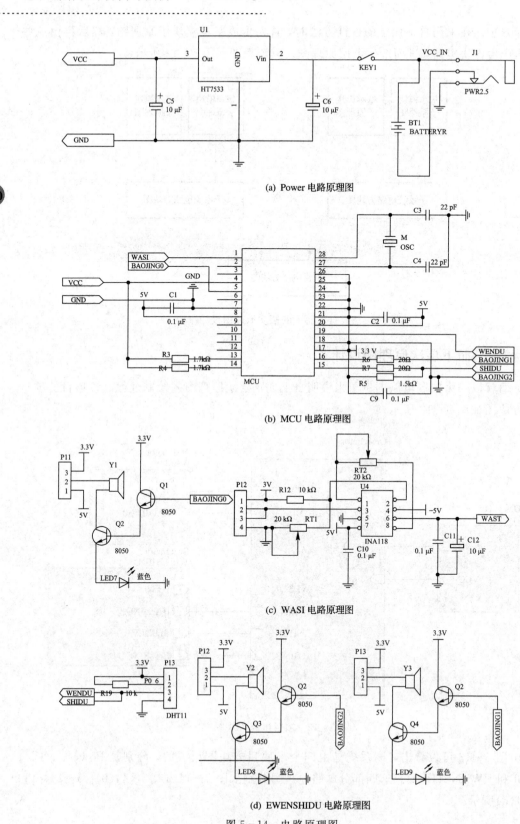

(a) Power 电路原理图

(b) MCU 电路原理图

(c) WASI 电路原理图

(d) EWENSHIDU 电路原理图

图 5-14 电路原理图

在划分好系统的模块结构以后，绘制层次原理图的具体过程如下：

1. 绘制方块电路图

（1）建立项目和空的原理图文件（参照前面的内容）。

（2）执行"Place\Sheet Symbol"命令，或单击工具栏中的 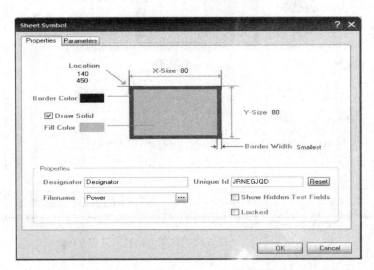 按钮，启动方块图电路绘制操作，在打开的图纸上绘制三个电路方块图。

（3）鼠标双击其中一个方块电路图符号，弹出 Sheet Symbol 对话框，如图 5-15 所示，在其中修改方块图属性。这里修改其中的 Designator 和 Filename 项分别为 Plotter Controller 和 Plotter Controller.SchDoc，并调整其大小。

图 5-15　Sheet Symbol 对话框

　　按照同样的方法绘制其他两个方块图，并调整其大小，修改其属性。绘制完四个电路方块图后的图纸如图 5-16 所示。

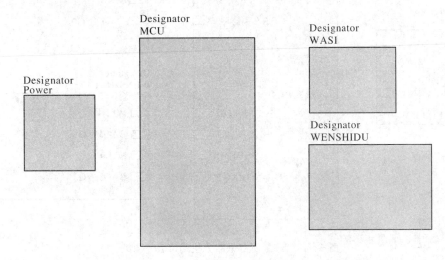

图 5-16　绘制完三个电路方块图后的图纸

（4）绘制方块电路端口。执行"Place\Add Entry"命令，或单击工具栏上的 按钮，启动绘制电路方块图端口操作。

（5）在绘制电路方块图端口状态下，按【Tab】键，弹出如图 5-17 所示的电路方块端口属性设置对话框，在其中设置端口属性，如端口名称（Name）、输入/输出类型（I/O Type）等。重复以上操作，绘制所有方块电路端口，此时的图纸如图 5-18 所示。

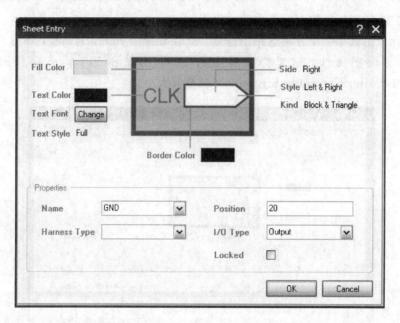

图 5-17　电路方块端口属性设置对话框

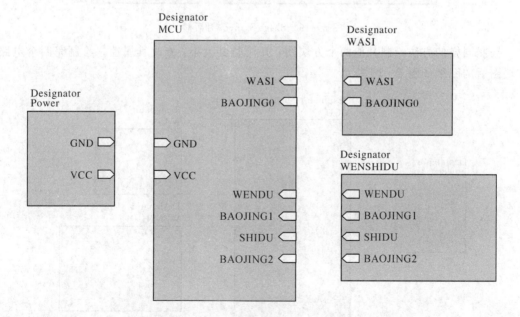

图 5-18　绘制所有电路方块端口后的图纸

（6）将电气相连的端口用导线或总线连接在一起。连接完成后的电路图如图 5-14 所示。到此为止，已经完成一张层次原理图的"母图"绘制，随后的工作是要绘制"母图"中的每一个方块电路符号对应的层次原理图子图。子图中还可以再包含电路方块图，从而成为二级母图。

2. 绘制层次原理图子图

（1）执行"Design\Create Sheet From Symbol"菜单命令，光标变为十字，将其移至电路方块图上，例如在 Plotter Controller.SchDoc 上单击，显示如图 5-19 所示的 Confirm 对话框。

（2）单击"Yes"或"No"按钮，系统自动产生新的原理图 Plotter Controller.SchDoc，其中端口如图 5-20 所示。如果选择了"Yes"，则新产生的原理图中 I/O 端口的输入/输出方向将与该方块电路的相应端口相反，即输出变为输入，输入变为输出；如果选择了"No"，则新产生的原理图中 I/O 端口的输入/输出方向将与该电路方块图的相应端口相同。

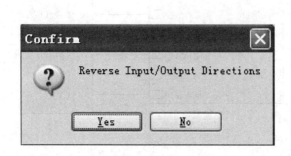

图 5-19　Confirm 对话框

图 5-20　新生成的原理图中的端口

（3）在自动生成的子原理图中添加元件和连线，完成原理图的绘制，具体方法和一般原理图绘制相同，读者可以参考前面章节中的内容，绘制完成的子原理图如图 5-14(a)所示。用同样方法生成所有电路方块符号所代表的子原理图后，就完成了整个层次原理图的绘制。

5.2.3　层次原理图之间的切换

层次原理图的切换是指从上层原理图切换到某图纸符号对应的子电路原理图上，或者从某一下层原理图切换到它的上层原理图上。

1. 从上层原理图切换到下层原理图

从上层原理图切换到下层原理图的过程如下：

（1）执行"Tool\Up/Down Hierarchy"菜单命令，或单击工具栏上的 ⬇️ 按钮，启动改变设计层次命令。

（2）移动光标到绘制区中上层电路图中的任意一个 I/O 端口上，并点击鼠标左键，即可自动切换到对应的下层原理图中。

2. 从下层原理图切换到上层原理图

从下层原理图切换到上层原理图的过程如下：

（1）执行"Tool\Up/Down Hierarchy"菜单命令，或单击工具栏上的 ⬇️ 按钮，启动改变设计层次命令。

（2）移动光标到绘制区中下层电路图中的任意一个 I/O 端口上，并单击鼠标左键，即可自动切换到对应的上层原理图中。

5.2.4 层次电路原理图设计实例

前面讲到了层次原理图的两种设计方法，现在就利用自上而下的层次原理图设计方法绘制层次原理图。如图 5-21 所示是一个层次原理图，表示了一张完整的电路。该实例由三部分电路组成，如图 5-22 所示为三个子原理图电路。

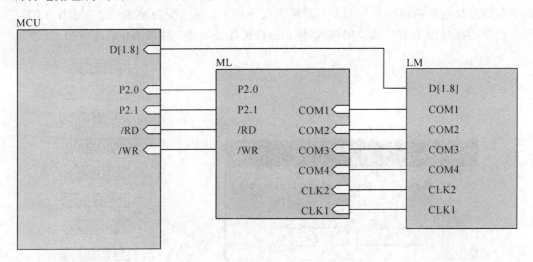

图 5-21　层次原理图方块电路

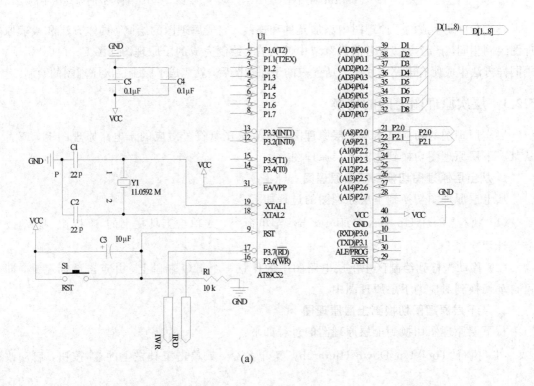

(a)

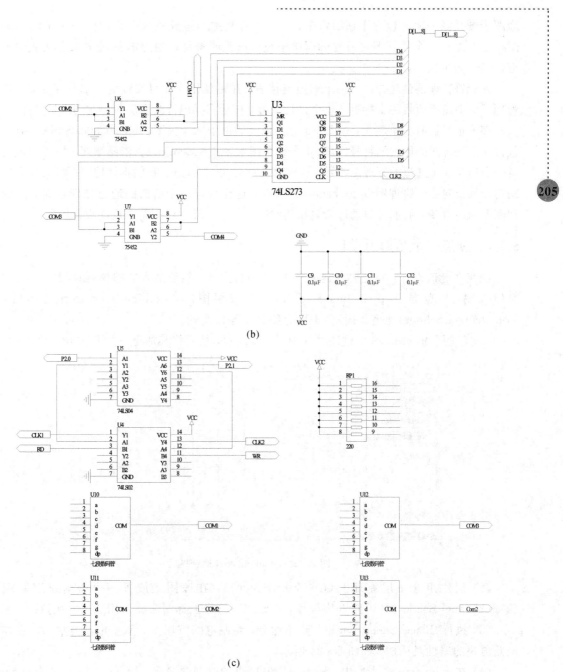

图 5 - 22　层次电路的三个子原理图电路

5.3　建立多通道原理图

Protel 提供了多通道原理图设计的功能,用户只需要绘制一个能被多个原理图公用的原理图子模块,这种多通道原理图设计可以通过放置多个方块图,允许单个子原理图被调用多次,多通道原理设计对同一个通道(子图)多次引用,这个通道可以作为一个独立的原理图子图只画一次并包含于该项目中，可以很容易地通过放置多个指向同一个子图的原理图符号或者在一个原理图符号的标识符中包含有说明重复该通道的关键字来定义使用该通道(子图)多少次。

标识符管理器创建并维持一个通道连接表，并将其作为项目文件的一部分保存，标识符管理器对多通道项目的支持贯穿这个设计过程，包括将标识符改变反向标注到项目文件。

多通道设计有三个层次：根图、组合图以及通道子图。根图(Top-channel.SchDoc)有一个包含 4 个组合图的原理图符号(引用 4 次组合图 Combine.SchDoc)。依照顺序，每一个组合图有一个包含 8 个通道的原理图符号，这样总共就有 32 个通道。我们将使用"重复"命令和原理图符号来指向一个原理图 Top-channel.SchDoc，这比为每一个所需的通道分别建立单独的原理图要简便得多。我们可以通过命名布局空间的名字和元件标识符来反映设计的层次。

5.3.1　创建一个多通道设计

创建多通道设计，首先要创建一个 PCB 项目文件，然后加入能够体现该设计层次的三个原理图，也就是 Top-channel.SchDoc(顶层或根图)、Combine.Schdoc(组合图层)和Top-channel.Schdoc(通道子图)。下面介绍具体操作步骤。

(1) 绘制 Top-channel 原理图。如图 5 - 23 所示，然后将其加至一个 PCB 项目文件中。

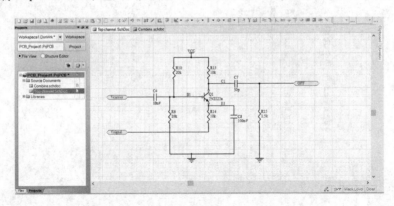

图 5 - 23　Top-channel 原理图

(2) 创建组合图层原理图(Combine.Schdoc)，在该图上放置一个指向通道原理图(Top-channel.Schdoc)的电路方块符号，在原理图符号上标明需要引用通道的次数。

(3) 执行"Place\Sheet Symbol"菜单命令，绘制电路方块图。双击电路方块后，会弹出电路方块的属性对话框，如图 5 - 24 所示。

(4) 在 Filename 文本框中，输入使用的通道的原理图名字，如 Top-channel.Schdoc。

(5) 通过命名标识符时输入重复通道命令来定义希望引用通道原理图的次数。标识符格式是 Repeat(sheet_symbol_name.first_channel，last_channel)。因此，在本例中，标识符中的命令 Repeat(PD，1，8)表示通过名字为 PD 的电路方块图，名为 Top-channel 的原理图被引用了 8 次。

(6) 单击"OK"按钮关闭原理图元件(Sheet Symbol)对话框，该电路方块图将会发生相应变化，反映出当前的多通道结构情况，如图 5 - 25 所示。

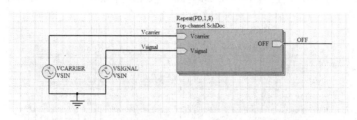

图 5-24　Sheet Symbol 对话框

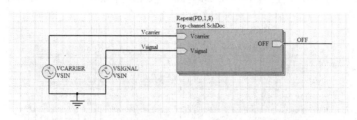

图 5-25　设置好方块图属性的效果图

5.3.2　设置布局空间和标识符格式

一旦创建好原理图，就可以定义标识符和布局空间的命令格式，以便从原理图上的单个逻辑元件绘制到 PCB 图中的多个物理元件。逻辑标识符被分配到原理图的各个器件。一旦元件放置到 PCB 设计中，它便分配到一个物理标识符。当创建多通道设计时，重复通道中的元件的逻辑标识符可以是一样的，但是 PCB 中的每一个元件必须有唯一可以确定的物理标识符。

执行"Project\Project Options"菜单命令，弹出 Options for PCB Project 对话框，在 Multi-Channel(多通道)选项卡中可以定义布局空间和元件标识符的命名格式，如图 5-26 所示。

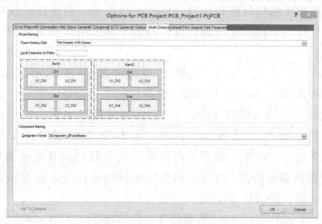

图 5-26　多通道设置

5.3.3 布局空间命名

布局空间命名的操作步骤如下：

（1）单击"Room Naming Style"（布局空间命名类型）下拉列表框的下三角按钮，在下拉列表中选择设计中需要用到的布局空间命名格式。当将项目中的原理图更新到 PCB 时，布局空间将以默认的方式被创建。这里提供了 5 种命名类型：两种平行的命名方式和三种层次化的命名方式。层次化的布局空间的名字由相应通道路径层次上所有通道的原理图元件标识符连接而成（ChennelPrefix＋ChannelIndex）。

（2）选择一种布局空间命名类型后，多通道选项卡下的内容会被更新，以反映出名字的转化，这个转化同时会出现在设计中。Bank 1 表示两个较高层次的通道，Bank 2 表示较低层次的通道（每一个通道里有两个示例元件），如图 5 - 27 所示。设计编译后，DXP 会为设计中的每一个原理图分别创建一个布局空间，包括组合图和每一个低层次通道。

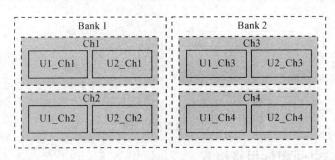

图 5 - 27 多通道层次结构

（3）当使用层次化命名类型时，通过层路径提取对话框来定义路径信息的特征参数/符号，也就是说，这种类型名字包含路径信息。

5.3.4 编译项目

完成了多通道原理图设计之后，必须编译项目以使对布局空间与（或）器件标识符命名格式所做的改变生效。下面介绍编译的具体步骤。

（1）执行"Project\Compile Document Sheet1.Schdoc"菜单命令编译项目。多通道设计项目被编译后，在原理图编辑器窗口仍然只显示一张图纸，但在设计窗口中图纸的下方出现了几个标签，每个标签对应一个通道。标签的名字是由原理图符号的名字加上通道号组成的，例如 BankA。

（2）设计被编译后，设计信息将传递到 PCB 编译器中（Design.Update PCB）。传递程序会自动地为设计中的每一张原理图（通道）的器件归类，为每一类原件创建布局空间并将同类的器件放到它们自己的布局空间内，为下一步布局做好准备。

（3）为一个通道做好布局及布线工作后，在 PCB 编码器界面下执行"Tools\Copy Room Formats"菜单命令，将这个通道的布局布线结果复制到其他通道中，查看通道标识符的分配。为检查多通道标识符，可以依据逻辑和物理标识符来查看项目中所有原理图中用到的所有元件，该操作的具体步骤如下：

① 执行"Poject\View Channels"菜单命令，将弹出 Project Components 对话框，在该对话框中会显示项目原理图中每一个元件分配到的逻辑和物理标识符。

②　单击一个器件的逻辑标识符，程序将会自动跳转到它在原理图中对应的器件。选中的器件会被放大居中显示在主设计窗口中。Poject Components 对话框保持打开状态以便还能通过这个方法跳转到另外的器件。

③　单击"Component Report"按钮，报告预览对话框以打印预览的方式显示项目中的器件报告，单击"Print"按钮打印这个报告，弹出打印对话框，单击"OK"按钮，将报告传送到打印机。

（4）在报告预览对话框中选择 Export，可以将项目器件报告另存为文件，格式可以是电子表格或 PDF 格式。文件存储后，还可以用相关的应用程序打开(Ms Excel 或 Adobe Reader)。

（5）单击"Close"按钮退出打印预览模式，然后单击"OK"按钮关闭项目器件对话框。

5.4　电路原理图的编译修改及报表生成

前面学习了如何绘制原理图，但是在绘制原理图后，还需要对原理图的电气连接进行检查，即编译，对发现的错误进行修改，确认原理图设计正确无误后生成网络表等报表，最后才能进行 PCB 的设计。

进行电气连接的测试，可以找出原理图中的一些电气连接方面的错误。例如，某个输出引脚连接到另一个输出引脚就会造成信号冲突，未连接完整的网络标签会造成信号断线，重复的流水号会使系统无法区分出不同的元件等，以上这些都是不合理的电气冲突现象，Protel DXP 2004 会按照用户的设置以及问题的严重性分别以错误（Error）或警告（Warning）等信息来提醒用户注意。

5.4.1　设置编译规则

在对原理图进行编译之前，需要对编译规则进行设置。在原理图编辑完成后，执行"Project\Project Options"菜单命令，系统弹出 Options for FPGA Project 选项卡，如图 5-28所示。在其中可以完成对编译规则的设置，其中经常用到的是其中的 Error Reporting 和 Connection Matrix 选项卡。

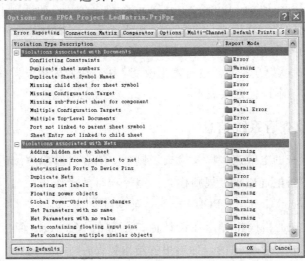

图 5-28　错误报告设置选项卡

1. 错误报告设置

错误报告(Error Reporting)设置包括两部分内容：规则违反类型描述(Violation Type Description)和报告模式(Report Mode)。

(1) 规则违反类型描述表示设置的规则违反类型。

(2) 报告模式表明违反规则的严格程度。如果要修改报告模式，则点击需要修改的违反规则对应的报告模式，并从下拉列表中选择严格程度，如图 5-27 所示。

2. 电气连接矩阵设置

电气连接矩阵(Connection Matrix)设置的是错误类型的严格性，如引脚间的连接、元件和图纸输入等是否存在错误。这个矩阵给出了一个在原理图中不同类型的连接点以及是否被允许的图表描述，如图 5-29 所示。

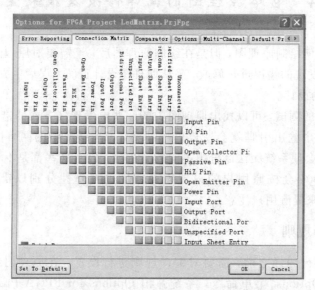

图 5-29　Connection Matrix 选项卡

例如，在矩阵第三行第三列交点处的方框表示从输出管脚连接到另一个输出管脚将产生一个错误报告(Output Pin to Output Pin Generates Error)，如选项卡下面信息栏显示内容所示。可以用不同的错误程度来设置每一个错误类型，例如对某些非致命的错误不予报告。修改连接错误的操作方式如下：点击两种类型连接相交处的方块，例如 Output Pin 和 Output Pin，每点击一次，方块的颜色将发生改变，在方块变为欲设置的错误类型表示的颜色时停止点击，例如一个橙色方块表示一个 Error 类型的错误。

5.4.2　编译工程及查看系统信息

在设置了需要检查的电气连接以及检查规则后，就可以对原理图进行编译了，编译的过程中会对原理图进行电气连接和规则检查。编译项目的操作步骤如下：打开需要编译的项目，然后执行"Project\Compile PCB Project"菜单命令。

编译结束后，发现的错误将显示在设计窗口下部的 Messages 面板中。如果电路绘制正确，Messages 面板应该是空白的。如果报告给出错误，则需要检查电路并确认所有的导线和连接是否正确。如图 5-30 所示即为一个项目的编译信息报告。

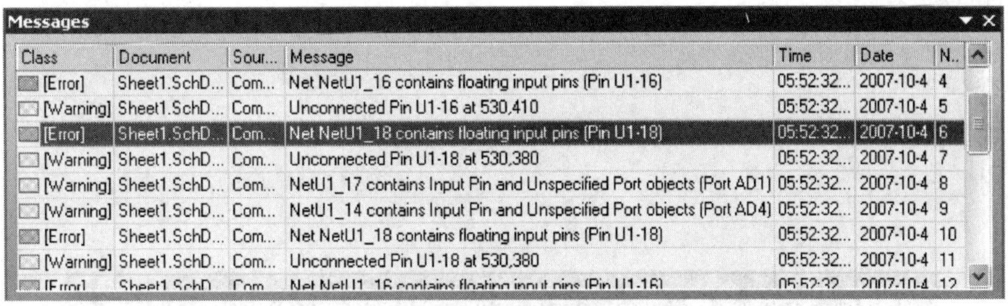
Messages

Class	Document	Sour...	Message	Time	Date	N..
[Error]	Sheet1.SchD...	Com...	Net NetU1_16 contains floating input pins (Pin U1-16)	05:52:32...	2007-10-4	4
[Warning]	Sheet1.SchD...	Com...	Unconnected Pin U1-16 at 530,410	05:52:32...	2007-10-4	5
[Error]	Sheet1.SchD...	Com...	Net NetU1_18 contains floating input pins (Pin U1-18)	05:52:32...	2007-10-4	6
[Warning]	Sheet1.SchD...	Com...	Unconnected Pin U1-18 at 530,380	05:52:32...	2007-10-4	7
[Warning]	Sheet1.SchD...	Com...	NetU1_17 contains Input Pin and Unspecified Port objects (Port AD1)	05:52:32...	2007-10-4	8
[Warning]	Sheet1.SchD...	Com...	NetU1_14 contains Input Pin and Unspecified Port objects (Port AD4)	05:52:32...	2007-10-4	9
[Error]	Sheet1.SchD...	Com...	Net NetU1_18 contains floating input pins (Pin U1-18)	05:52:32...	2007-10-4	10
[Warning]	Sheet1.SchD...	Com...	Unconnected Pin U1-18 at 530,380	05:52:32...	2007-10-4	11
[Error]	Sheet1.SchD...	Com...	Net NetU1_16 contains floating input pins (Pin U1-16)	05:52:32	2007-10-4	12

图 5－30　编译信息报告

根据 Messages 面板中的错误信息，修改原理图电路，然后重新编译，对存在的问题继续修改，反复进行以上步骤，直到编译正确为止。

5.4.3　报表生成

在电路原理图设计工作中，完成电路原理图的设计后，为了便于电路的后续设计或其他工作的需要，例如电路板图的绘制以及电路设计图纸文档资料的保存、电路元器件材料的采购等，需要将电路原理图的图形文件生成系列文本格式的报表文件。在 Protel DXP 2004 电路图设计软件中，由电路原理图生成的报表文件可以看做电路原理图的文本格式档案文件。在这些文件中以文本的格式保存了电路原理图中所有的设计信息，例如电路原理图中使用的元器件名称、元器件的引脚以及各元器件之间的相互连接，等等。

1. 生成网络表

网络表是由电路原理图直接转化而来的用于表示电路连接关系的文件。电路原理图的网络列表以文本格式集成了电路原理图的所有信息。它不仅包括原理图中所有的元器件、端口、网络符号、导线、总线等描述电路以及连接的信息，而且还包括电路板图设计所需的元器件封装信息，这是下一步 PCB 设计的基础。

生成网络表操作可以在原理图设计环境下进行。以前面设计好的 amplifier.SchDoc 文件为例，打开设计好的原理图文件，选择“Design\Netlist For Project\Protel”菜单命令，系统将自动在当前目录下添加一个与项目文件同名，以“.NET”为后缀的网络表文件。生成的网络表文件如图 5－31 所示。

标准的 Protel 网络表是一个 ASCII 文本文件，结构上包括两部分：元件描述和网络连接描述。

元件描述是以“[”开始，以“]”结束，其中包含元件序号、元件封装和元件注释等信息，例如对电容 C1 的描述：

```
[
C1
RB7.6－15
]
```

网络连接是以“(”开始，以“)”结束，其中描述的是各个元件之间的连接关系。例如连接到地(GND)的节点：

```
(
```

GND
J1 - 2
JP1 - 2
R3 - 2
R6 - 1
)

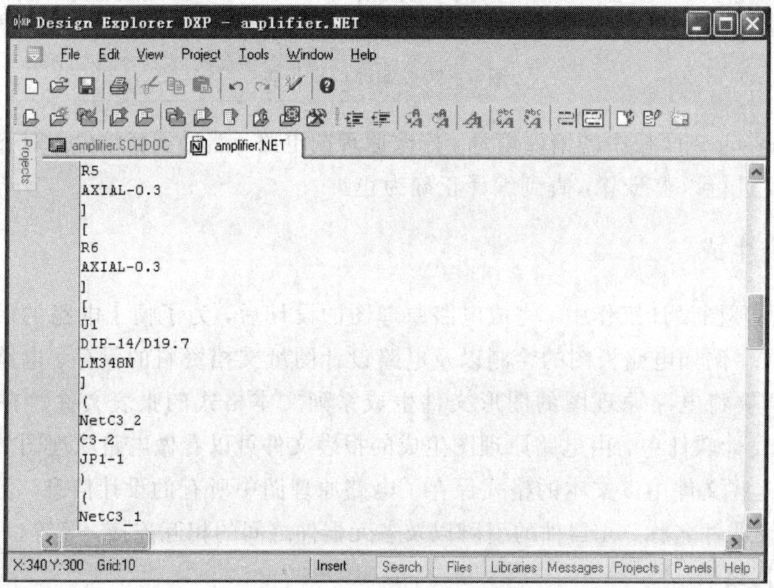

图 5 - 31　生成的网络表文件

2. 生成元器件报表

生成元器件报表的操作如下：打开欲操作的原理图，执行"Reports\Bill of Material"菜单命令，系统将自动列出项目中的所有元器件。原理图 amplifier.SchDoc 生成的元件报表如图 5 - 32 所示。

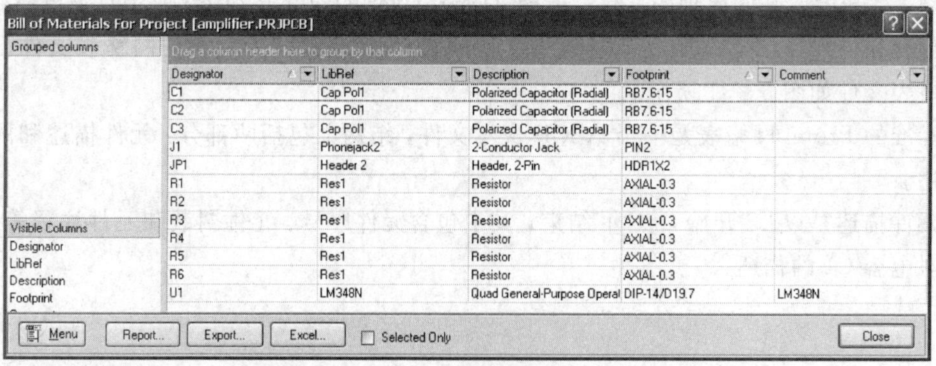

Designator	LibRef	Description	Footprint	Comment
C1	Cap Pol1	Polarized Capacitor (Radial)	RB7.6-15	
C2	Cap Pol1	Polarized Capacitor (Radial)	RB7.6-15	
C3	Cap Pol1	Polarized Capacitor (Radial)	RB7.6-15	
J1	Phonejack2	2-Conductor Jack	PIN2	
JP1	Header 2	Header, 2-Pin	HDR1X2	
R1	Res1	Resistor	AXIAL-0.3	
R2	Res1	Resistor	AXIAL-0.3	
R3	Res1	Resistor	AXIAL-0.3	
R4	Res1	Resistor	AXIAL-0.3	
R5	Res1	Resistor	AXIAL-0.3	
R6	Res1	Resistor	AXIAL-0.3	
U1	LM348N	Quad General-Purpose Operal	DIP-14/D19.7	LM348N

图 5 - 32　元器件报表文件

3. 生成设计工程组织结构文件

生成设计工程组织结构文件有助于理解设计文件中多个原理图的层次及连接关系，这在多层原理图设计中十分有用。为生成设计项目的结构组织文件，执行"Reports\Report

Project Hierarchy"菜单命令，系统将在 Projects 工作面板中生成一个和项目文件同名的报告文件，如图 5‑33 所示。

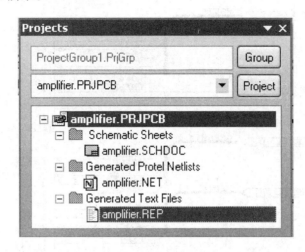

图 5‑33　组织结构文件

本 章 小 结

本章是在上一章学习的基础上更深入地学习了电路原理图对象的剪切复制、流水号更新、元件的自动排列与分布操作、绘图工具的使用，然后详细介绍了层次原理图的设计方法。采用层次原理图的设计方法，将一个复杂的电路原理图分解成一个个子图的形式分别设计，然后用一个系统总框图把子图联系起来，并给出了实例进行讲解。同时也介绍了层次原理图中上层和下层原理图之间的切换，接着介绍了项目的编译修改和最后报表的生成。

习　　题

5‑1　绘制电路图过程中如何进行元器件的翻转和旋转操作？

5‑2　简述层次原理图在电路设计中的意义和作用。

5‑3　常用的层次电路图的设计方法有哪些？

5‑4　设计原理图时，如果不清楚每个模块有哪些端口，一般采用哪种方法进行设计？

5‑5　根据层次原理图设计原理绘制如习题图 5‑5 所示的电路图。

214

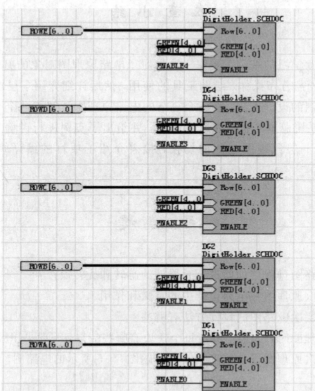

(a) 子模块电路图

(b) 总电路图

习题图 5 - 5

第 6 章 元器件库的建立和元件制作

电路原理图的绘制过程，主要是各种元器件的绘制过程。如果用户所需要放置的元件并不在系统已经加载的集成库文件中，那么就需要对该元件及其所在的库文件进行查找，由于 Protel DXP 2004 内置的集成库文件相当完整，所存放的库元器件数量非常庞大，几乎涵盖了世界上所有芯片制造厂商的产品，并且还可以从网上随时更新。所以大多数情况下，用户能够在系统提供的库文件中找到所需要的元器件，可以随时使用。

但是，对于某些比较特殊的、非标准化的元器件或者新开发出来的元件，可能会在系统库文件中一时无法找到。而且，系统本身所提供的库文件原理图符号外形及其他模型形式，有时候也并不符合用户的具体电路设计要求。因此在这些情况下，就要求用户能够自己创建元件，为其绘制合适的原理图符号或者其他模型形式，以满足自己的设计需要。

6.1 元器件库概述

Protel DXP 2004 提供了一个功能强大而完整的建立元件库的工具，即元件库编辑器（Library Eiditor）。执行"File\New\Schematic Library"菜单命令，系统在项目管理器面板中自动创建一个名为 Schlib.SchLib 的元件库，并显示元件库编辑窗口和 SCH Library 工作面板，如图 6-1 所示。

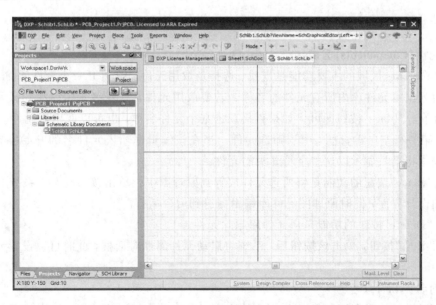

图 6-1 元件库编辑窗口

　　元器件库编辑窗口与原理图编辑窗口类似，不同的是，在元器件库编辑窗口的中心有一个十字坐标轴将元件编辑区域划分为 4 个象限，通常在第 4 象限内绘制原理图元件图形。

　　单击 Library Editor 标签，就可以看到元件库编辑管理器工作面板，如图 6-2 所示。元件库编辑管理器工作面板由 4 部分组成：

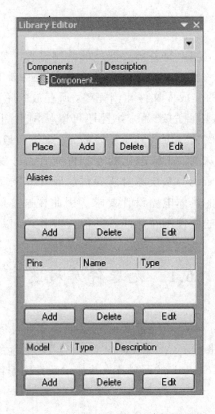

图 6-2　元件库编辑管理器工作面板

1. 元件(Components)区域

　　Components 区域的主要功能是查找、选择及取用元件。当打开一个元件库时，元件列表就会罗列出本元件库内所有元件的名称。若要取用元件，只要将光标移动到该元件名称上，然后单击"Place"按钮即可。如果直接双击某个元件名称，也可以取出该元件。

　　(1) 第一行空白编辑框，用于筛选元件。当在该编辑框输入元件名的开始字符时，在元件列表中将会只显示以这些字符开头的元件。

　　(2) "Place"按钮的功能是将所选元件放置到原理图中。单击该按钮后，系统自动切换到原理图设计界面，同时原理图元件库编辑器退到后台运行。

　　(3) "Delete"按钮的功能是从元件库删除元件。

　　(4) "Edit"按钮，单击该按钮后，系统将启动元件属性对话框，此时可以设置元件的相关属性。

2. 别名(Aliases)区域

　　该区域中的显示框用于显示选中元器件的别名。单击"Add"按钮，可为元器件列表框中选中的元器件添加一个用户自定义的别名；单击"Delete"按钮，可删除选中的别名；单击

"Edit"按钮,可编辑当前选中的别名。

3. 管脚(Pins)区域

该区域显示在元器件列表框中选中的元器件的管脚信息,包括管脚序号、管脚名称和管脚类型等信息。同样也可以单击"Add"、"Delete"或"Edit"按钮操作。

4. 模块(Model)区域

在该区域中可以设置多个与某个原理图元器件相对应的"PCB Footprint Models",或添加与仿真和信号完整性分析相对应的模块文件,后面将予以介绍。

关于元件库编辑管理器的具体使用,将在后面详细介绍。

6.2　建立自己的原理图元件库

下面以前面用到的 INA118 芯片绘制为例,详细介绍新建原理图库元件的过程。

首先执行"File\New\Schematic Library"菜单命令,建立新原理图库元件项目,如图 6-1 所示。然后执行 File\Save as 菜单命令,选择合适的路径保存项目。

单击 Library Editor 标签,打开原理图元件编辑器,可以看到在 Components 栏中,系统已经建立了一个名为"Component-1"的元件。

选中 Component-1 元件,执行"Tools\Rename Component"菜单命令,在打开的 New Component Name 对话框中修改元件名为"INA118",如图 6-3 所示。

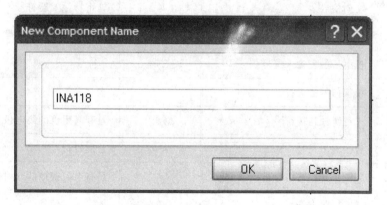

图 6-3　元件重命名对话框

6.2.1　原理图元件编辑菜单和工具栏

原理图元件编辑环境下的菜单与原理图编辑环境下的主菜单类似,包括文件管理菜单(File)、编辑菜单(Edit)、显示菜单(View)等。

执行"View\Toolbars\Sch Lib Drawing"菜单命令可激活如图 6-4 所示的原理图元件绘图工具栏。利用给出的绘图工具可以绘制直线、贝塞尔曲线、椭圆、多边形,标注文字,新建元器件,添加子件,绘制矩形,绘制圆角矩形,粘贴图片,粘贴图片阵列,以及绘制元器件引脚等。

在原理图库编辑环境下,Protel DXP 2004 还提供了大量的电气连接工具和逻辑符号工具。执行"View\Toolbars\Sch Lib IEEE"菜单命令，可激活如图 6-5 所示的 Sch Lib IEEE 工具栏。

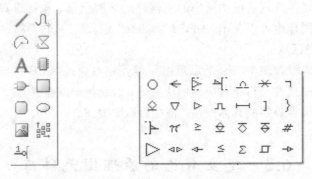

图 6-4　原理图元件绘图工具栏　　　图 6-5　Sch Lib IEEE 工具栏

利用 Sch Lib IEEE 工具栏提供的工具，可以放置触发器符号 ○、集电极开路符号 ◻、延时符号 ⊢ 等一系列标志，为元器件的绘制提供了方便。工具栏上各按钮功能如表 6-1 所示。

表 6-1　Sch Lib IEEE 绘图工具栏

符　号	含　　义	符　号	含　　义
○	低电平触发信号	≤	小于等于符号
←	左向信号	⊐	施密特触发器符号
▷	时钟脉冲信号	}	二进制信号组合符号
⊣	低电平触发输入符号	π	π 符号
⊥	模拟信号输入符号	≥	大于等于号
✳	无逻辑性连接符号	◻	具有高阻抗的集电极开路符号
⌐	暂缓输出符号	▽	开射极符号
◻	集电极开路输出符号	▽	具有电阻接地的开射极输出符号
▽	高阻抗状态符号	#	数字输入信号
▷	高输出电流符号	▷	反相器符号
⊓	脉冲符号	◁▷	双向信号
⊢	延时符号	↞	数据左移符号
]	多条 I/O 线组合符号	Σ	Σ 符号
⊥	低态输出符号	↠	数据右移符号

6.2.2　绘制原理图元件体

上面的工作完成之后，即可以开始绘制元件了。

（1）执行"Tools\Document Options"菜单命令，在弹出的 Library Editor Workspace 对话框中修改元件编辑环境参数。如图 6-6 所示，这里修改 Snap 参数为"2mil"。

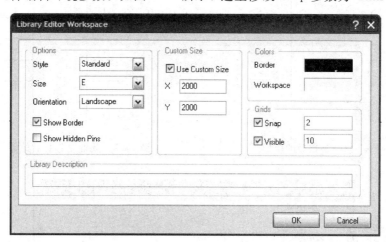

图 6-6　Library Editor Workspace 对话框

（2）定位坐标原点。执行"Edit\Jump\Origin"菜单命令，将光标重新定位到原点。

（3）绘制矩形符号。执行"Place\Rectangle"菜单命令，或选择 Sch Lib Drawing 工具栏中的 ▢ 按钮，绘制一个矩形。

（4）双击绘制好的矩形，在弹出的 Rectangle 对话框中修改矩形的参数，如图 6-7 所示。这里修改 Fill Color 为无色，Border Width 为"Smallest"，其他参数默认。调整参数后的矩形如图 6-8 所示。

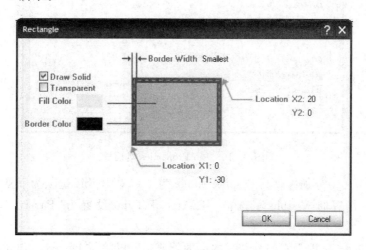

图 6-7　Rectangle 对话框

（5）放置元件管脚。执行"Place\Pins"菜单命令，或者单击工具栏中的 ▣ 按钮，光标将变成管脚形状。按【Space】键调整管脚方向，在合适的位置放置 5 个管脚，全部放置完成后的图形如图 6-9 所示。

（6）调整管脚属性。双击需要编辑的元件管脚，或在 Sch Library 工作面板中选中需要编辑的管脚后，单击"Edit"按钮，将显示 Pin Properties 对话框，如图 6-10 所示。

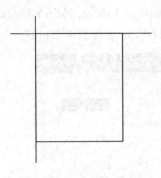

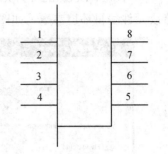

图 6-8　修改参数后的矩形　　　　　图 6-9　放置完管脚后的器件符号

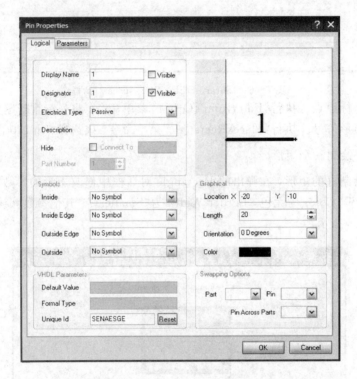

图 6-10　Pin Properties 对话框

对于管脚 1~8，分别修改其 Display Name 为 1~8，Visible 选项为不显示；Designator 为 1~8，选中其后的 Visible 复选框。Electrical Type 设置为"Passive"，Length 值为 "20mil"。

对于管脚 4 和 7，因为它们是芯片的电源管脚，所以除了 Display Name、Visible 设置 项与上面的设置类似外，在 Electrical Type 下拉列表中选择"Power"选项，Length 值为 "20mil"。有时候不需要显示电源管脚，这时可选中 Hidden 复选框。设置芯片的 Part Number 值为 1。

执行"Place\Text String"菜单命令，或单击工具栏中的 **T** 按钮，在图中可以加标注。

（7）绘制复合封装。以 LM348N 为例，因为 LM348N 属于复合封装元件，即一个元件 体内具有多个功能完全相同的功能模块，这些独立的功能模块共享同一个封装，但在原理图电路中是独立使用的,即每一个功能模块都必须有一个独立的符号。对于这类含有多个功能模块的元件,需要为每个功能模块绘制独立的与分立元件类似的符号,各模块之间通过一定的方法建立相应的关联,形成一个整体。在 LM348N 中包含 4 个相互独立的运算放大器单元,下面分别介绍 LM248N 包含的电路。

首先按照前面讲述的步骤绘制第一部分模块图形,如图 6 - 11 所示。然后选择绘制好的第一部分图形符号(具体方法可以参考前面章节中对象选择操作),接着选择"Edit\Copy"菜单命令,将选定的内容复制到剪贴板中。

然后执行"Tools\New Part"菜单命令,系统将显示一个空白的元件设计区。选择"Edit\Paste"菜单命令,将刚才的元件符号复制到图纸上。重复第(6)步,调整管脚属性操作,将 1、2、3 管脚分别改为 7、6、5 管脚。调整完成后的第二部分模块图形如图 6 - 12 所示。

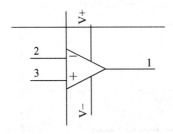

图 6 - 11　第一部分模块图形

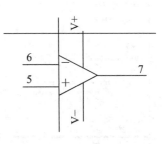

图 6 - 12　第二部分模块图形

重复以上操作,绘制其他两个单元模块。绘制完成后,在库元件编辑工作面板中将显示所有的单元模块,如图 6 - 13 所示。

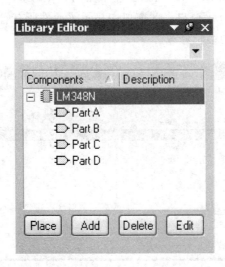

图 6 - 13　所有的单元模块

6.2.3　设置原理图元件属性

绘制好原理图元件后,还要设置与之相关的一些属性,这些属性决定该元件使用时的性质,如默认标识、PCB Footprint 以及仿真模型等参数。设置元件属性的步骤如下:

（1）在 Library Editor 工作面板中选中要编辑的元件，单击"Edit"按钮，弹出 Component Properties 对话框，如图 6-14 所示。

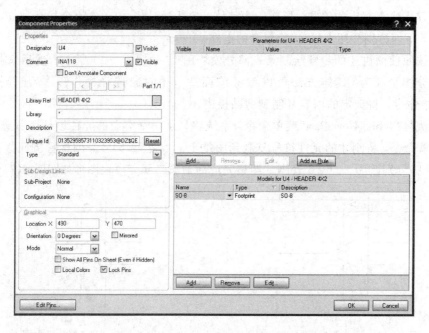

图 6-14 Component Properties 对话框

（2）在 Designator 栏中输入"U4"。

（3）单击 Component Properties 对话框左下角的"Edit Pins…"按钮，可打开如图 6-15 所示的 Component Pin Editor 窗口。此窗口中显示了元件所有管脚的信息，可以在此窗口中对元件管脚进行再一次的编辑修改。

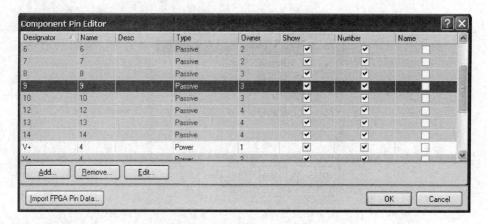

图 6-15 Component Pin Editor 窗口

（4）在 Models for U4 HEADER 4 * 2 编辑框下，单击"Edit"按钮，弹出如图 6-16 所示的窗口，在 Name 后面的编辑框中填写 INA118 元件对应的封装 SO-8。

这样 INA118 原理图符号就绘制完成了。

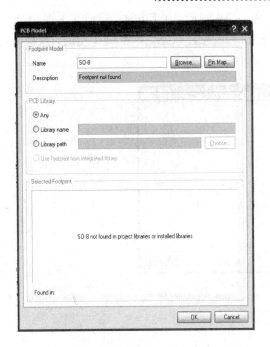

图 6-16　元件封装的编辑窗口

6.2.4　向电路原理图中添加新建的元件

元件图形符号绘制完后，接下来就要绘制原理图了，具体步骤如下：

（1）首先将刚绘制完的元件图形库加载到原理图编辑器中，单击"Libraries"按钮弹出如图6-17所示的窗口，然后单击"Add Library…"按钮，弹出如图6-18所示的窗口，选择刚才新建的元件库，这样新的元件库就加载到原理图编辑器中了。

图 6-17　添加元件库对话框

图 6-18　选择元件库对话框

（2）在原理图编辑器工具栏中，单击 按钮或者利用快捷键【P＋P】，弹出 Place Part

（放置元件）对话框，如图 6-19 所示，在 Lib Ref 后面文本框中填写将要放置元件的名称，单击 OK 按钮，元件跟随鼠标成悬浮状态，单击鼠标左键，这样元件就被放置到了原理图中了，如图 6-20 所示。

图 6-19　Place Part 对话框

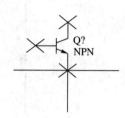

图 6-20　元件放置前状态

6.3　创建元器件库实例

1. 绘制 USB 微控制器芯片 C8051F320

SILCON 公司的 C8051F 系列器件是完全集成的混合信号片上系统型 MCU，它具有与 MCS-51 内核及指令集完全兼容的微控制器，带有 USB 收发器，完全遵循 USB 协议 2.0，而且具有较快的处理速度和较大的存储容量，以及系统可编程的功能。由于利用该芯片进行系统设计时所需要的外部元件很少，简化了硬件部分的设计，因而是小型 USB 应用的理想选择。

由于 Protel DXP 2004 系统的集成库中没有提供该元件的原理图符号，因此需要自行绘制。

2. 绘制库元件的原理图符号

（1）执行"File\New\Schematic Library"菜单命令，启动原理图文件编辑器，并创建一个新的原理图库文件，命名为"USB.SCHLIB"。

（2）执行"Tools\Document Options"菜单命令，在库编辑器工作区对话框中进行工作区参数设置。

（3）为新建的库文件原理图符号命名。

在创建一个新的原理图库文件的同时，系统已为该库添加了一个默认原理图符号名为"Component-1"的库文件，在 SCH Library 面板中可以看到。通过下面两种方法，可以为该库元件重命名。

·单击原理图符号绘制工具栏中的放置矩形按钮 ▢ ，则弹出如图 6-21 所示的 New Component Name（原理图符号名称）对话框，用户可以在此对话框内输入自己要绘制的库元件的名称。

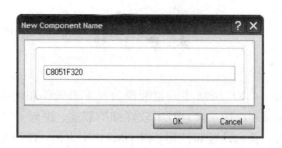

图 6-21　原理图符号名称对话框

· 在 SCH Library 面板上，直接单击原理图符号名称栏下的 [Add] 按钮，会弹出同样的原理图符号名称对话框。

在这里输入"C8051F320"，单击 OK 按钮，关闭对话框。

(4) 单击原理图符号绘制工具栏中的放置矩形按钮 ▢，则光标变为十字形，并附有一个矩形符号，单击两次鼠标，在编辑窗口的第 4 象限内绘制一个矩形。

矩形用来作为库元件的原理图符号外形，其大小应根据要绘制的库元件引脚数的多少来决定。由于使用的 C8051F320 采用了 32 引脚 LQFP 封装形式，所以应画成正方形，并画的大一些，以便于引脚的放置，引脚放置完毕后，可以再调整至合适的尺寸。

3. 放置引脚

(1) 单击原理图符号绘制工具栏中的放置引脚按钮 🔧，则光标变为十字形，并粘附一个引脚符号，移动该引脚到矩形边框处，单击左键完成放置，如图 6-22 所示。

(2) 在放置引脚时按下【Tab】键，或者双击已放置的引脚，则弹出如图 6-23 所示的元件 Pin Properties(引脚属性)对话框，在该对话框中可以完成引脚的各种属性设置。

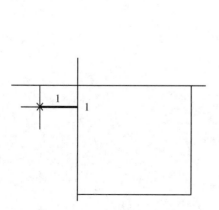

图 6-22　放置元件的引脚

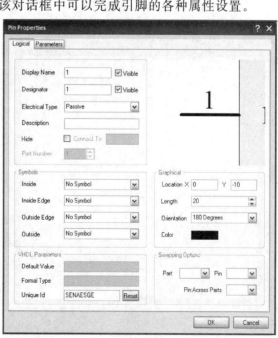

图 6-23　引脚属性对话框

本 章 小 结

本章介绍了在 Protel DXP 2004 中新建和添加原理图元件和创建元件封装的方法，对相关的编辑环境、编辑器和绘图工具进行了较详细的叙述；讲解了原理图库元件编辑器的启动、编辑窗口和编辑工具的设置和使用；以 LM348N 为例，详细介绍了绘制元件、设置元件属性、添加元件模型、创建元器件封装的过程和详细步骤。

习 题

6-1 启动库元件编辑器，设置窗口参数，熟悉常用编辑工具的使用。

6-2 在 Protel DXP 中如何创建一个新的元器件？简述其基本步骤。

6-3 在创建新的元器件时引脚的属性有哪些？使用绘制的直线代替引脚会产生什么问题？

6-4 绘制一个三极管元件，建立自己的名为"mySchlib.SchLib"原理图元件库，并保存在"D:\altiu\Library\MYSchlib\"目录下。

6-5 仿照本章实例，试创建 NE555 原理图元件并添加其 PCB 模型。

6-6 查找 74LS373 芯片资料，创建其原理图元件和封装模型。

6-7 查找 AT89C51 芯片资料，创建其原理图元件和封装模型。

第 7 章 印制电路板 PCB 设计初步

本章讲述有关印制电路板(PCB)的基础知识,主要内容包括印制电路板的结构、印制电路板设计基本规则、印制电路板设计时经常使用的一些基本概念、印制电路板文件的建立以及工具栏的使用,等等。这些知识对于今后的印制电路板设计是十分有帮助的,尤其是在涉及布线规则时,这些基础知识是必不可少的。

7.1 PCB 介 绍

PCB(Printed Circuit Board,印制电路板),就是用来连接实际元件的一块板图,图7－1所示就是一块印制电路板。

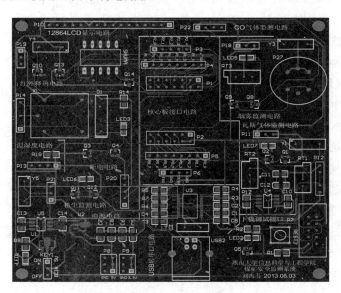

图 7－1 PCB 板

为了更好地学习 PCB 电路板设计,首先需要了解一些基本的概念,对 PCB 电路板有一些了解。印制电路板的制作,通常是在一块绝缘度非常高的基材上覆盖一层导电性能良好的铜模,制成覆铜板,然后根据具体的 PCB 的要求,在导电材料上蚀刻出与 PCB 图纸一样的导线,并在铜板上钻出安装定位孔以及焊盘和过孔。如果是制作多层板,还需要对焊盘和过孔做金属化处理,来保证焊盘与过孔在不同层之间良好的电气连接。根据制作材料的不同,印制电路板可以分为纸质覆铜板、玻璃覆铜板和用挠性塑料制作的挠性覆铜板。

7.1.1　PCB 的结构

根据印制电路板的结构，印制电路板又可以分为单面板（Single Layer PCB）、双面板（Double Layer PCB）和多层板（Multi Layer PCB），现具体介绍这几种结构。

Single Layer PCB：单面板是一种单面覆铜的电路板，因此只能利用它覆了铜的一面设计电路导线和组件的焊接。

Double Layer PCB：双面板是 Top（顶层）和 Bottom（底层）的双面都覆有铜的电路板，双面都可以布线焊接，中间为一层绝缘层，为常用的一种电路板。

Multi Layer PCB：如果在双面板的顶层和底层之间加上别的层，即构成了多层板，比如两个电源板层构成的四层板，就是多层板。

通常的 PCB，包括顶层、底层和中间层，层与层之间是绝缘层，用于隔离布线层。它的材料要求耐热性和绝缘性好。早期的电路板多使用作为材料，而现在多使用玻璃纤维。

在 PCB 布上铜膜导线后，还要在顶层和底层上印刷一层防焊层（Solder Mask），它是一种特殊的化学物质，通常为绿色。它有两个好处：一是该层不粘焊锡，防止在焊接时相邻焊接点的多余焊锡短路；二是防焊层将铜膜导线覆盖住，防铜膜过快在空气中氧化，但是在焊点处留出位置，并不覆盖焊点。对于双面板或者多层板，防焊层分为顶面防焊层和底面防焊层两种。

电路板制作最后阶段，一般要在防焊层之上印上一些文字元号，比如组件名称、组件符号、组件管脚和版权等，方便以后的电路焊接和查错等，这一层为丝印层（Silkscreen Overlay）。

多层板的防焊层分顶面丝印层（Top Overlay）和底面丝印层（Bottom Overlay）。

7.1.2　多层板概念

如果在 PCB 的顶层和底层之间加上别的层，即构成了多层板。一般的电路系统设计用双面板和四层板即可满足设计需要，只是在较高级的电路设计中，或者有特殊需要，比如对抗高频干扰要求很高的情况下才使用六层及六层以上的多层板。多层板制作时是一层一层压合的，所以层数越多，设计过程将越复杂，设计时间与成本都将大大提高。

多层板的中间层（Mid‐Layer）和内层（Internal Plane）是两个不同的概念：中间层是用于布线的板层，该层均布的是导线；而内层主要用做电源层或者地线层，由大块的铜膜所构成，其结构如图 7-2 所示。

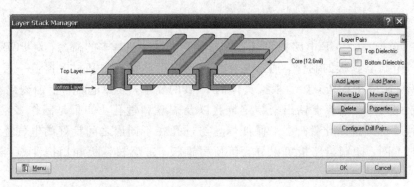

图 7-2　多层板剖面图

7.1.3　过孔

　　过孔(Via)是为了连通各层之间的线路，在各层需要连通的导线的交汇处钻上一个公共孔，这就是过孔。过孔有 3 种，即从顶层贯通到底层的穿透式过孔、从顶层通到内层或从内层通到底层的盲过孔，以及内层间的隐藏过孔。过孔从上面看上去，有两个尺寸，即通孔直径和过孔直径，如图 7 - 3 所示。通孔和过孔之间的孔壁，由与导线相同的材料构成，用于连接不同层的导线。

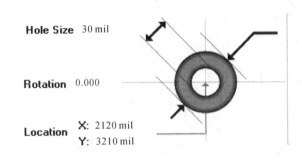

图 7 - 3　过孔的形状和尺寸

7.1.4　膜

　　膜(Mask)不仅是 PCB 制作工艺过程中必不可少的，更是元件焊装的必要条件。按"膜"所处的位置及作用，"膜"可分为元件面(或焊接面)助焊膜(Top 或 Bottom)和元件面(或焊接面)阻焊膜(Top 或 Bottom Paste Mask)两类。顾名思义，助焊膜是涂于焊盘上，提高可焊性能的一层膜，也就是在绿色板上比焊盘略大的各浅色圆斑。阻焊膜的情况正好相反，为了使制成的板适应波峰焊等焊接形式，要求板上非焊盘处的铜箔不能沾锡，因此在焊盘以外的各部分都要涂覆一层涂料，用于阻止这些部位上锡。可见，这两种膜是一种互补关系。

7.1.5　焊盘

　　焊盘(Pad)是用来固定元器件并将元器件引脚与 PCB 上的覆铜导线连接起来的图元。焊盘是 PCB 设计中最常接触也是最重要的概念。选择元件的焊盘类型要综合考虑该元件的形状、大小、布置形式、振动和受热、受力等因素。Protel 在封装库中给出了一系列不同大小和形状的焊盘，如圆形、方形、八角形和定位用焊盘等。各元件焊盘孔的大小要按元件引脚粗细分别编辑确定，原则是孔的尺寸比引脚直径大 0.2～0.4 mm。图 7 - 4 中列出了几种常用的焊盘形式。

圆形　　　　　　方形　　　　　　八角形　　　　　　无孔方形

图 7 - 4　常用焊盘形式

7.1.6 组件的封装

组件的封装是印制电路板设计中很重要的概念。组件的封装就是实际组件焊接到印制电路板时的焊接位置与焊接形状，包括了实际组件的外形尺寸、所占空间位置、各管脚之间的间距等。

组件封装仅仅是一个空间概念，它的存在，只是为了在制作电路板时为以后元件的安装留下一个确定的位置。不同的元件，只要它们有相同的外形，就能够共用一个元件封装，同样，同一种元件，也可能有不同的封装形式，因此，在制作电路板时必须知道组件的名称，同时也要知道该组件的封装形式。

1. 组件封装的分类

普通的组件封装有针脚式封装和表面黏着式封装两大类。

（1）针脚式封装的组件必须把相应的针脚插入焊盘过孔中，再进行焊接。因此所选用的焊盘必须为穿透式过孔，设计时，焊盘板层的属性要设置成 Multi-Layer，如图 7-5 和图 7-6 所示。

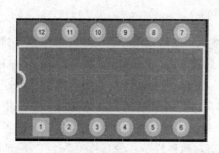

图 7-5 针脚式封装   图 7-6 针脚式封装组件焊盘属性设置

（2）表面黏着式封装（SMT）。这种组件的管脚焊点不只用于表面板层，也可用于表层或者底层，焊点没有穿孔。设计的焊盘属性必须为单一层面，如图 7-7 和图 7-8 所示。

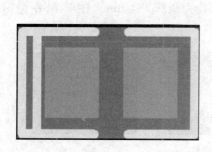

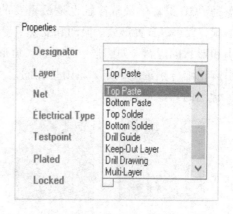

图 7-7 表面黏着式组件的封装   图 7-8 表面黏着式封装焊盘属性设置

2. 常见的几种组件的封装

常见的分立组件的封装有二极管类、晶体管类、可变电阻类等。常用的集成电路封装有 DIP-XX 等。

Protel DXP 将常用的封装集成在 Miscellaneous Devices PCB.PcbLib 集成库中。

1）二极管类

常用的二极管类组件的封装如图 7－9 所示。

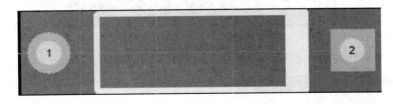

图 7－9　二极管类组件的封装

2）电阻类

电阻类组件常用封装为 AXIAL－XX，其为轴对称式组件封装。如图 7－10 所示就是一类电阻类组件封装。

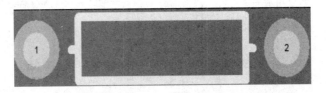

图 7－10　电阻类组件封装

3）晶体管类

常见的晶体管的封装如图 7－11 所示，Miscellaneous Devices.lntLib 集成库中提供的有 BCY-W3 等。

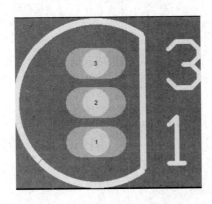

图 7－11　晶体管的封装

4）集成电路类

集成电路常见的封装形式是双列直插式封装，如图 7－12 所示为 DIP-16 的封装类型。

5）电容类

电容封装分为极性电容和无极性电容两种不同的封装，如图 7－13 和如图 7－14 所示。

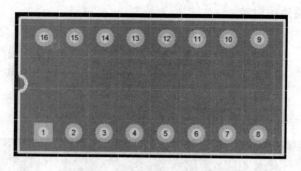

图 7 - 12   DIP - 16 封装

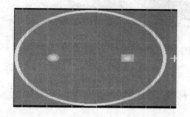

图 7 - 13   极性电容封装

图 7 - 14   无极性电容封装

7.2   生成 PCB 文件的两种方法

一般在设计 PCB 时都要考虑板的外形、尺寸，因而首先需要确定电路板的物理尺寸和电气边界。板的物理尺寸和电气边界一般由 Keep-Out Layer 中放置的轨迹线或圆弧所确定，这也就确定了板的电气轮廓，是元件布置和路径安排的外层限制，也是电路板的物理边界。

7.2.1   利用菜单命令创建

利用菜单命令创建 PCB 文件以及规划电路板的一般步骤如下：

（1）执行"File\New\PCB"菜单命令，启动 PCB 设计管理器，系统将自动创建一个名为 PCB1.PcbDoc 的文件。

（2）单击编辑区下方的标签 Keep-Out Layer，选择当前的工作层为 Keep-Out Layer。该层为禁止布线层，用于设置电路板的边界，以将元件限制在这个范围之内，如图 7 - 15 所示。

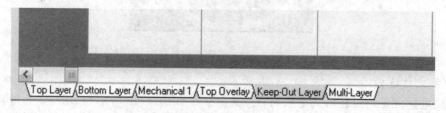

图 7 - 15   设置当前的工作层为 Keep-Out Layer

（3）执行"Place\Keepout\Track"菜单命令，或单击 Placement Tools 工具栏中的 ![按钮]
按钮。执行该命令后，光标会变成十字形，将光标移动到适当的位置，单击鼠标左键，即可
确定第一条板边的起点。然后拖动鼠标，根据实际电路的大小，将光标移动到合适位置，
单击鼠标左键，即可确定第一条板边的终点。用同样的方法绘制其他三条板边，使之首尾
相连，这样就完成了一个 PCB 文件大小和边界的定义。有关印制电路板其他参数的设置将
在后续章节介绍。绘制完的电路板边框如图 7 - 16 所示。

在该命令状态下，按【Tab】键，可打开 Line Constraints 对话框，如图 7 - 17 所示，此时
可以设置板边的线宽和层面。

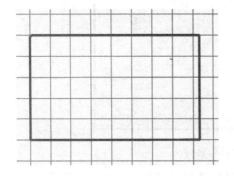

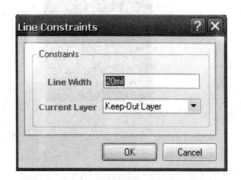

图 7 - 16　绘制完成的电路板边框　　　　　　图 7 - 17　Line Constraints 对话框

如果用户已经绘制了封闭的 PCB 限制区域，则使用鼠标双击区域的板边，系统将会弹
出如图 7 - 18 所示的 Track 对话框。在该对话框中可以进行精确的定位，并且可以设置工
作层和线宽。

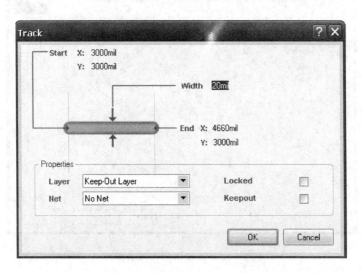

图 7 - 18　Track 对话框

7.2.2　利用向导创建

使用 PCB 向导来创建 PCB 的操作步骤如下：

（1）在打开的 Protel 工程中，打开 Files 面板，在 Files 面板中选择 New from template 栏中的"PCB Board Wizard"选项，系统将打开如图 7 - 19 所示的 PCB 创建向导界面。

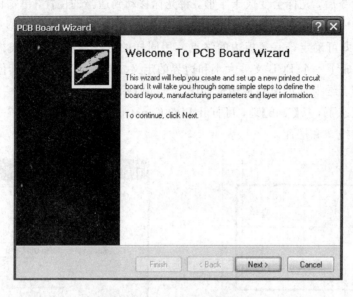

图 7 - 19　PCB 创建向导界面

（2）单击"Next"按钮，系统将打开 PCB 度量单位选择对话框，如图 7 - 20 所示，在这里可以选择度量单位为英制（Imperial）或米制（Metric）。

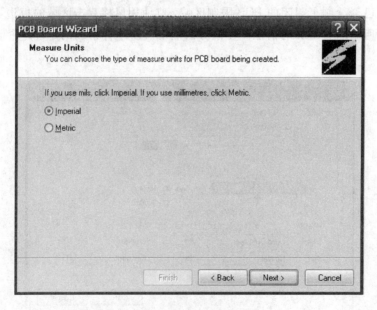

图 7 - 20　度量单位选择对话框

（3）选择好度量单位后，单击"Next"按钮，向导将弹出 PCB 尺寸、形状设置窗口，如图 7 - 21 所示。该对话框左侧的列表框中列出了系统已经定义好的 PCB 样式列表，右边为 PCB 的形状、尺寸图。此外，用户还可以选择 PCB 样式列表中的 Custom 选项，由用户来自由定义板卡的形状、尺寸和图形标志等参数。这里选择 Custom 选项。

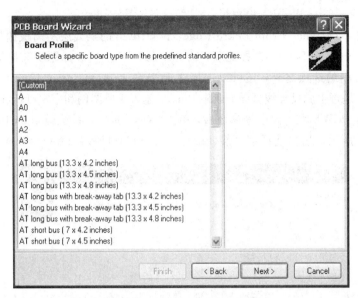

图 7 - 21　PCB 尺寸设置对话框

（4）选择 Custom 选项后，单击"Next"按钮，进入用户自定义 PCB 参数设置窗口，如图 7 - 22 所示。在该窗口中可以设定 PCB 的各种参数。

图 7 - 22　用户自定义 PCB 参数设置

① Rectangular：设定 PCB 为矩形。

② Circular：设定 PCB 为圆形（选择该项，则还需要设定板的半径（Radius）参数）。

③ Custom：用户自定义 PCB 形状。

④ Width：设置 PCB 宽度。

⑤ Height：设置 PCB 高度。

⑥ Dimension Layer：设置 PCB 尺寸所在层，一般是选择机械层（Mechanical Layer）。

⑦ Boundary Track Width：设置导线宽度。

⑧ Dimension Line Width：设置尺寸线宽。

⑨ Keep Out Distance From Board Edge：设置 PCB 的电气层距离板边界的距离。

⑩ Title Block and Scale：选择此项，则可以在 PCB 上生成标题块和比例。

除了这些常用的选项之外，还可以选择在 PCB 角上开口（Corner Cutoff）或是内部开口（Inner Cutoff），是否生成尺寸线（Dimension Line），是否生成图例和字符（Legend String）。

（5）设置好 PCB 形状、大小等参数后，单击"Next"按钮，系统弹出 PCB 层数设置对话框，如图 7-23 所示。这里选择信号层（Signal Layer）和电源层（Power Planes）皆为两层。

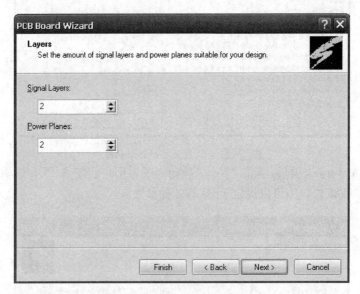

图 7-23　PCB 层数设置对话框

（6）单击"Next"按钮，系统弹出如图 7-24 所示的过孔选择对话框，用户可以根据电路的实际需要选择通孔（Thruhole Vias only）、盲孔或埋孔（Blind and Buried Vias only），这里选择通孔。

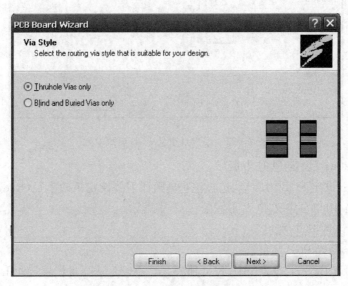

图 7-24　过孔选择对话框

（7）单击"Next"按钮，进入布线参数选择对话框，如图 7 - 25 所示。用户可以选择电路板中采用表贴元件（Surface-mount components）或通孔式元件（Through-hole components）。如果选择了以通孔式元件为主，则还要选择相邻焊盘间的导线数，可以选择一条（One Track）、两条（Two Track）或三条（Three Track）。如果选择了以标贴元件为主，则还要选择在 PCB 单面放置元件还是双面放置元件。这里选择的是以通孔式元件为主。

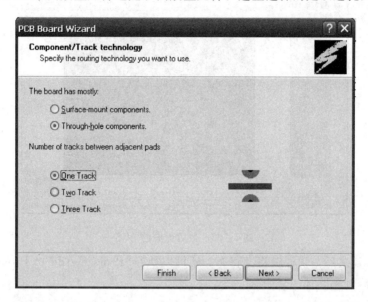

图 7 - 25　布线参数选择对话框

（8）设置好布线参数后单击"Next"按钮，进入导线和过孔尺寸设置对话框，如图 7 - 26 所示。在这里可以设置最小导线尺寸、最小过孔尺寸和最小导线间距。

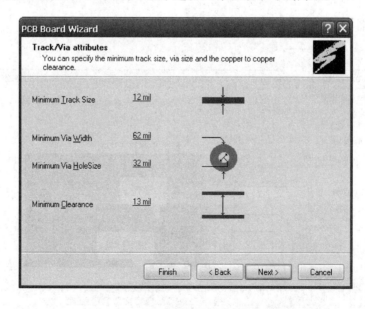

图 7 - 26　导线和过孔尺寸设置对话框

设置好导线和过孔尺寸参数后单击"Next"按钮，然后单击"Finish"按钮，完成 PCB 的创建，最后生成的 PCB 如图 7 - 27 所示。

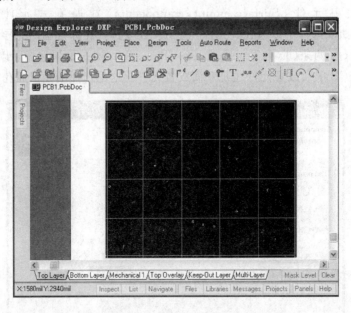

图 7 - 27　最后生成的 PCB

创建好 PCB 之后，就可以将其保存，还可以执行"Project\Add to Project"菜单命令，将该文件直接添加到其他项目中。

7.3　印制电路板编辑器的简要介绍

PCB 编辑器的工作界面如图 7 - 28 所示。

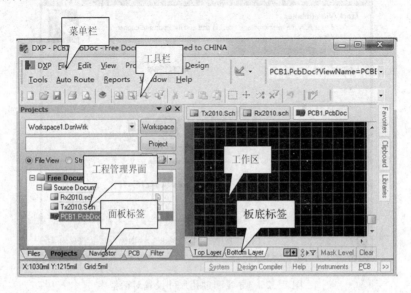

图 7 - 28　工作界面

在 PCB 设计环境中，菜单栏如图 7 - 29 所示。

图 7 - 29 菜单栏

（1）DXP 菜单。DXP 菜单中包含很多命令，其中最常用的是进行系统环境设置的 System preferences 命令，选择 Customize 命令可以进入 Customizing PCB Editor 对话框，设置 PCB 编辑器菜单、工具栏命令集成方式。

（2）File 菜单。File 菜单中包含了文件创建、打开、关闭、保存和项目文件管理、打印输出、导入等各种文件操作命令。

（3）Edit 菜单。Edit 菜单中的命令用于完成对 PCB 图形元素的编辑，如选择、复制、粘贴、查找、排列对齐等。

（4）View 菜单。该菜单中的命令主要用于进行视图和界面管理。

（5）Project 菜单。该菜单中的命令用于执行编译、项目文件管理等操作。

（6）Place 菜单。该菜单中的命令用于在 PCB 层上放置不同类型的图形元素，如导线、焊盘、直线、过孔、坐标等。

（7）Design 菜单。该菜单中的命令用于 PCB 设计前期准备过程中的板层设置、图层颜色管理、设计中的更新导入、设计后期的 PCB 库和集成库生成等操作。

（8）Tool 菜单。该菜单中的命令集成了设计、仿真和信号完整性分析过程中所需的常用设计工具。

（9）Auto Route 菜单。该菜单中的命令用于启动和停止不同区域、方式的自动布线。

（10）Reports 菜单。该菜单中的命令用于生成不同类型的报表文件和距离、尺寸测量。

（11）Window 菜单。该菜单中的命令用于按照不用方式进行设计窗口的排列，也可以将设计窗口隐藏或关闭。菜单下方列出的文件名为当前打开的文件。

（12）Help 菜单。该菜单中的命令用于启动 Protel DXP 2004 提供的文件。

7.4 设置印制电路板工作环境

7.4.1 设置环境参数

设置 PCB 电路环境参数是电路板设计中的重要一步，这些参数包括光标显示、板层颜色等。

执行"Tools\Preferences"菜单命令，系统弹出如图 7 - 30 所示的参数设置对话框。Preferences 对话框包括四个选项卡，即 Options 选项卡、Display 选项卡、Show/Hide 选项卡和 Defaults 选项卡。

1. Options 选项卡

（1）Editing Options：该组选项意义如下：

① Online DRC：设置在线规则检查。选中该选项后，在布线过程中系统将自动根据设置的设计规则进行检查。

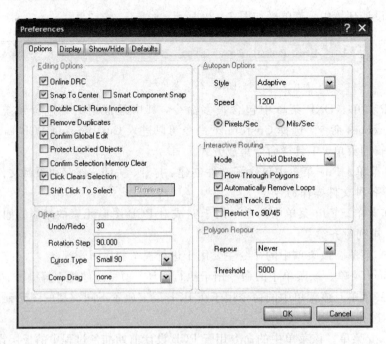

图 7 - 30　PCB 参数设置窗口

② Snap To Center：设置移动元件封装或字符串时，光标是否自动移动元件封装或字符串参考点，系统默认为选中。

③ Double Click Runs Inspector：选中该选项后，在原件上双击鼠标将弹出检查器（Inspector）对话框，显示元件的名称、封装、位置等信息。

④ Remove Duplicates：设置系统是否自动删除重复的组件，默认为选中。

⑤ Confirm Global Edit：设置在整体修改时是否显示整体修改结果提示对话框，默认为选中。

⑥ Protect Locked Objects：选中后保护锁定的对象。

⑦ Click Clears Selection：设置选择电路板组件时，是否取消原来选择的组件。选中该选项后，系统不取消原来选择的组件，并连同新选择的组件一起处于选择状态，默认为选中。

（2）Autopan Options：设置自动移动功能。其中的 Style 下拉列表框中包括如下选项。

① Disable：取消移动功能。

② Re-Center：光标移到编辑区边缘时，将光标所在位置坐标作为新的编辑区中心。

③ Fixed Size Jump：当光标移动到编辑区边缘时，将以 Step 的设置值为移动量向未显示区域移动。按下【Shift】键后，系统将以 Shift Step 选项的设置值为移动量向未显示区移动。

④ Shift Accelerate：光标移到编辑区边缘时，如果 Shift Step 选项的设置值大于 Step 选项的设置值，将以 Step 选项的设置值为移动量向未显示区域移动，按【Shift】键后将以 Shift Step 选项的设置值为移动量向未显示区域移动；否则忽略是否按【Shift】键，以 Shift Step 选项的设置值为移动量向未显示区域移动。

⑤ Shift Decelerate：当光标移到编辑区边缘时，如果 Shift Step 项的设定值比 Step

Size 项的设定值大的话，系统将以 Shift Step 项的设定值为移动量向未显示的部分移动。当按下【Shift】键后，系统将以 Step Size 项的设定值为移动量向未显示的部分移动。如果 Shift Step 项的设定值比 Step Size 项的设定值小的话，不管按不按【Shift】键，系统都将以 Shift Step 项的设定值为移动量向未显示的部分移动。注意：当选中 Shift Decelerate 模式时，对话框中才会显示 Step Size 和 Shift Step 操作项。

⑥ Ballistic：当光标移到编辑区边缘时，越往编辑区边缘移动，移动速度越快。系统默认移动模式为 Fixed Size Jump 模式。

Speed 编辑框用于设置移动的速度。Pixels/Sec 单选框为移动速度单位，即每秒多少像素；Mils/Sec 为每秒多少毫英寸。

（3）Interactive Routing：设置交互布线模式，有三种模式可供用户选择：Ignore Obstacle(忽略障碍)、Avoid Obstacle(避开障碍)和 Push Obstacle(移开障碍)。

① Plow Through Polygons：如果选中该复选框，则布线时使用多边形来检测布线障碍。

② Automatically Remove Loops：用于设置自动回路删除。选中此项，在绘制一条导线后，如果发现存在另一条回路，则系统将自动删除原来的回路。

③ Smart Track Ends：选中该复选框后，可以快速跟踪导线的端部。

（4）Polygon Repour 区域：设置交互布线中的避免障碍和推挤布线方式。每次当一个多边形被移动时，它可以自动或者根据设置调整以避免障碍。

如果选择 Always，则可以在已覆铜的 PCB 中修改走线，覆铜会自动重覆；如果选择 Never，则不采用任何推挤布线方式；如果选择 Threshold，则设置一个避免障碍的门槛值，此时仅仅当超过了该值后，多边形才被推挤。

（5）Other：其他选项设置。

① Undo/Redo：设置撤销操作/重复操作的步数。

② Rotation Step：设置旋转角度。在放置组件时，按一次空格键，组件会旋转一个角度，这个旋转角度就是在此设置的。系统默认值为90°，即按一次空格键，组件会旋转90°。

③ Cursor Type：设置光标类型。系统提供了三种光标类型，即 Small 90(小的90°光标)、Large 90(大的90°光标)、Small 45(小的45°光标)。

④ Comp Drag：设置元件移动模式。其中有两个选项 Component Tracks 和 None。如选择 Component Tracks 项，则在使用命令"Edit\Move\Drag"移动组件时，与组件连接的铜膜导线会随着组件一起伸缩，不会和组件断开；如选择 None 项，则在使用命令"Edit\Move\Drag"移动组件时，与组件连接的铜膜导线会和组件断开。

2. Display 选项卡

Display 选项卡是用来设置屏幕的显示模式的，如图 7-31 所示。

其中的选项包括：

（1）Display Options 选项组。

① Convert Special Strings：选中该选项时，系统将特殊字符串转换为它所代表的具体文字显示在屏幕上；若不选中该选项，只显示为转换的特殊字符串。

② Highlight in Full：选中该选项时，选中的对象将被完全加亮；若不选中该选项，选中对象只有外形轮廓被加亮。

③ Use Net Color For Highlight：选中该选项时，当使用选择命令选中特定网络时，将

使用为该网络指定的加亮彩色加亮网络内图元；若不选中该选项，则使用默认的加亮色彩为图元加亮。

图 7 - 31 Display 选项卡

④ Redraw Layes：选中该选项时，当更新换层面时，系统能够自动刷新显示当前的层面。若不选择该选项，则需要通过执行刷新操作来实现。

⑤ Single Layer Mode：选中该选项时，画面只显示当前层。

⑥ Transparent Layer：选中该选项时，则图元会采用透明显示。

（2）Show 选项组。

① Pan Nets：设置是否显示焊点的网格名。

② Pad Number：设置是否显示焊点的序号。

③ Via Nets：设置是否显示该过孔所属网格。

④ Test Points：选中该选项后，显示测试点。

⑤ Origin Marker：设置是否显示指示绝对坐标的黑色带叉圆圈。

⑥ Status Info：设置是否显示当前编辑区状态信息。

（3）Draft Thresholds 选项组。

① Tracks：设置的值为导线显示极限，大于该值的导线以实际轮廓显示；否则以简单直线显示。

② Strings(pixels)：设置值为字符显示极限，像素大于该值的字符以文本显示；否则以框显示。

（4）Layer Drawing Order…：用于设置 PCB 各层画面重画时的顺序。单击该按钮，弹出 Layer Drawing Order 对话框，在其中可以调整各层重画时顺序。

3. Show/Hide 选项卡

Show/Hide 选项卡如图 7－32 所示，该选项卡用于设置各种图形的显示模式。

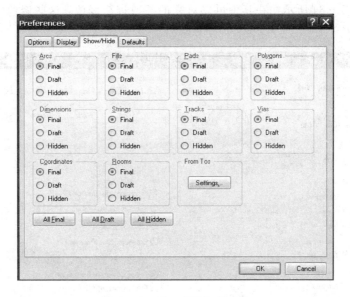

图 7－32　Show/Hide 选项卡

该选项卡中每一项都有三种可供选择的显示模式：Final(最终)、Draft(草稿)和 Hidden(隐藏)模式，用户可以分别设置 PCB 几何图形对象，如 Pads(焊盘)、Tracks(导线)和 Vias(过孔)的显示模式。

4. Defaults 选项卡

Defaults 选项卡如图 7－33 所示，该选项卡用于设置各个组件的默认设置。选择 Primitives 列表框中的某一个组件后单击"Edit Values…"按钮，进入该组件的系统默认值对话框。

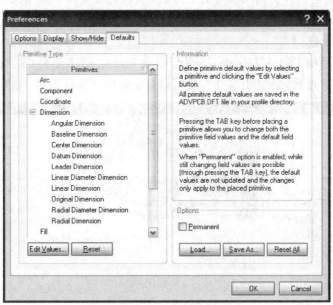

图 7－33　Defaults 选项卡

要想修改某一对象（例如焊盘）的系统默认值，可以在 Defaults 选项卡左侧的 Primitive_Type 栏中选择该项（Pad），然后单击下面的"Edit Values…"按钮，系统进入该焊盘属性编辑对话框，如图 7 - 34 所示。在其中可以对它的参数进行修改，这些修改将在其后的设计中体现出来。

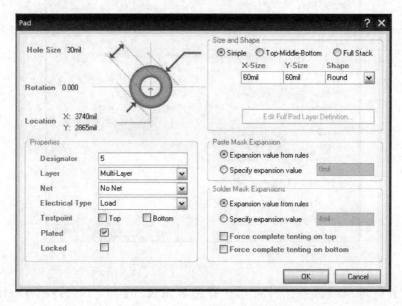

图 7 - 34 焊盘属性编辑对话框

7.4.2 设置工作层

Protel DXP 2004 设计系统为设计人员提供了非常丰富的工作层面。但对于设计人员来说，一个 PCB 设计并不会用到所有的工作层面，因此在设计中就存在一个工作层面的管理问题。

1. PCB 层管理器

在 PCB 编辑环境下执行"Design\Layer Stack Manager"菜单命令，打开如图 7 - 35 所示的 PCB 工作层管理器，在其中设计人员可以对工作层面进行添加、删除等操作。

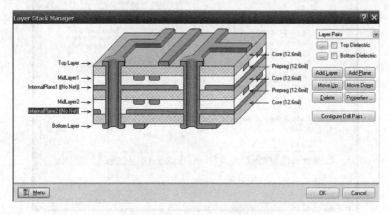

图 7 - 35 PCB 工作层管理器

例如，图 7 - 35 中的电路板中设置了四个信号层（Top Layer、Bottom Layer、MidLayer1、MidLayer2）和两个内层（InternalPlane1、InternalPlane2）。设计人员还可以方便地对电路板的层进行修改和管理，例如单击"Add Layer"按钮可以添加信号层，单击"Add Plane"按钮可以添加内层电源/接地层，还可以设置中心层的厚度以及重新排列中间层的次序。

2. PCB 选项设置

执行"Design\Board Options"菜单命令，系统将弹出如图 7 - 36 所示的 Board Options 对话框，其中包括捕获栅格（Snap Grid）设置、电气栅格（Electrical Grid）设置、可视栅格（Visible Grid）设置、计量单位设置和图纸大小等。

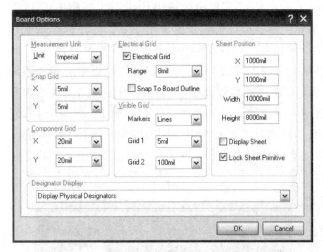

图 7 - 36　Board Options 对话框

Board Options 对话框中的具体参数如下：

（1）Measurement Units（度量单位）：选择设计中使用的测量单位，有 Imperial（英制）和 Metric（公制）两项可选，我们常用的元器件的封装多为英制。

（2）Snap Grid（捕获栅格）：设定鼠标在空闲和命令状态下，移动的基本单位。在布线不过细的情况下，我们可将该选项设为 10mil 或者 5mil。需要时，该项可以随时调整。

（3）Visible Grid（可视栅格）：设置可视栅格的类型和栅距。可视栅格可以用作放置和移动对象的可视参考。可视栅格的显示受当前图纸的缩放限制，如果不能看见一个活动的可视栅格，可能是因为缩放太大或太小的缘故。系统提供了两种栅格类型（Makers 选项），即线状（Lines）和点状（Dots）。

（4）器件栅格（Component Grid）：设置元件移动的间距，分为 X 向栅格间距和 Y 向栅格间距。

（5）电气栅格（Electrical Grid）：电气栅格的含义与原理图中的电气栅格的含义相同。选中 Electrical Grid 复选框，表示具有自动捕捉焊盘的功能，范围选项（Range）用于设置捕捉半径。在布置导线时，系统会以当前光标为中心，以 Range 设置值为半径捕捉焊盘。

（6）图纸位置（Sheet Position）：设定图纸的起始坐标、宽度和高度。选中 Show Sheet 复选框时，在工作区内将显示图纸页面。选中 Lock Sheet Primitive 复选框时，将锁定图纸图元。

7.5 PCB 工 具 栏

在 Protel DXP 2004 中，PCB 编辑器为设计人员提供了功能十分强大的各种放置工具，利用它们可以很方便地建立 PCB 上各个对象之间的连接关系，例如放置导线、焊盘和过孔等。

7.5.1 绘制导线

执行"Place\Keepout\Track"菜单命令或单击绘图工具栏中的 按钮，即可启动绘制导线命令。执行绘制导线命令后，光标变成十字形状，将光标移动到所需位置处，单击鼠标，确定导线的起点，然后将光标移动到导线的终点，再单击鼠标，即可绘制出一条导线。这里以绘制 RT1 和 C10 之间的导线为例，在 RT1 的焊盘中心单击鼠标，此时焊盘上将出现一个八角形的边框，表示光标与焊盘重合。此时与该网络无关的其他组件隐藏，只显示与 TR1 和 C10 具有同一网络的焊盘和布线。将光标向 R6 移动，在移动光标的过程中导线产生一个 45°的转角(不同的导线模式产生不同的转角)。将光标移动到 R6 的焊盘处，光标处出现八角形边框，此时单击鼠标左键，确定导线终点，如图 7-37 所示。双击鼠标右键可以完成导线的绘制。

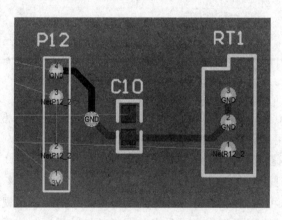

图 7-37 绘制导线

在绘制导线以后，还可以对导线进行编辑处理，并设置导线属性。使用鼠标双击导线，系统将弹出如图 7-38 所示的 Track(导线设置)对话框，在该对话框中可以设置导线的相关参数。

其中各参数的意义如下：

(1) Width：设定导线宽度。

(2) Layer：设定导线所在的层。

(3) Net：设定导线所在的网络。

(4) Start X：设定导线起点的 X 轴坐标。

(5) Start Y：设定导线起点的 Y 轴坐标。

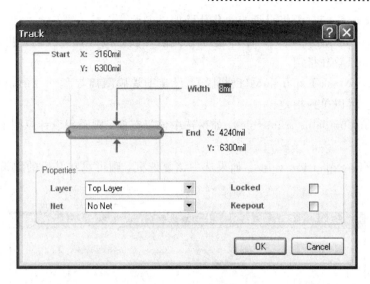

图 7-38　设置导线属性

（6）End X：设定导线终点的 X 轴坐标。

（7）End Y：设定导线终点的 Y 轴坐标。

（8）Locked：设定导线位置是否锁定。

7.5.2　绘制焊盘和过孔

1. 绘制焊盘

用鼠标单击绘图工具栏中的绘制焊盘按钮 ⊙，或执行"Place\Pad"菜单命令，即可启动绘制焊盘操作。执行该命令后，光标变成了十字形状，将光标移到所需的位置，单击鼠标，即可将一个焊盘绘制在该处。双击鼠标右键，光标变成箭头后，退出该命令状态。

修改焊盘属性可以在焊盘绘制前和绘制后进行，在绘制焊盘状态按下【Tab】键或在已绘制的焊盘上双击鼠标，都可以打开焊盘属性对话框，如图 7-39 所示。在对话框中可以对焊盘参数进行设置，常用的焊盘参数如下：

（1）Hole Size：设置焊盘的内孔孔径。

（2）Rotation：设置焊盘的旋转角度。

（3）Location：设置焊盘中心的 X、Y 坐标值。

（4）Size and Shape：设置焊盘的形状和焊盘的外形尺寸。

（5）Designator：设定焊盘序号。

（6）Layer：设定焊盘所在层。通常多层电路板焊盘层为 Multi-Layer。

（7）Net：设定焊盘所在网络。

（8）Electrical Type：指定焊盘在网络中的电气属性，它包括 Load（中间点）、Source（起点）和 Terminator（终点）。

（9）Testpoint：有两个选项，Top 和 Bottom，如果选择了这两个复选框，则可以分别设置该焊盘的顶层或底层为测试点。设置测试点属性后，在焊盘上会显示 Top&Bottom Testpoint 文本，并且 Locked 属性同时也被自动选中，使该焊盘被锁定。

（10）Locked：该属性被选中时，则该焊盘被锁定。

(11) Plated：设定是否将焊盘的通孔孔壁加以电镀。

(12) Paste Mask Expansion(阻焊膜)：设定阻焊膜距离焊盘外径的距离，可依照设计规则设置，也可以单独指定。

(13) Solder Mask Expansions(助焊膜)：设定助焊膜距离焊盘外径的距离，可依照设计规则设置，也可以单独指定。

(14) Expansion value from rules：如果选中该复选框，则采用设计规则中定义的阻/助焊膜尺寸。

(15) Specify expansion value：如果选中该复选框，则可以在其后的编辑框中设定阻/助焊膜尺寸。

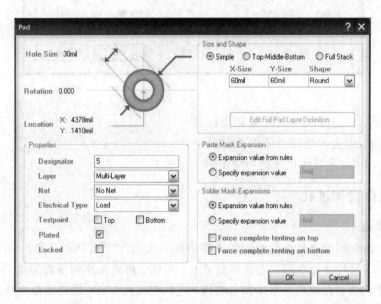

图 7 - 39 焊盘属性对话框

2. 绘制过孔

过孔可以手动绘制，也可以在布线过程中，换层时由系统自动绘制。在 PCB 编辑器和 PCB 库编辑器里面都有绘制过孔命令。

启动过孔绘制命令：

(1) 在 PCB 编辑器内，有 3 种启动过孔绘制命令方法：在主菜单执行"Place\Via"菜单命令；在绘图工具栏内单击 按钮；使用快捷键：P+V。

(2) 在 PCB 库编辑器内，有 3 种启动过孔绘制命令方法：在主菜单执行"Place\Via"菜单命令；在绘图工具栏内单击 按钮；单击鼠标右键，在弹出菜单内执行"Place\Via"菜单命令。

执行命令后，光标变成了十字形状，将光标移到所需的位置，单击鼠标左键，即可将一个过孔绘制在该处。将光标移到新的位置，按照上述步骤，即可绘制其他过孔。双击鼠标右键，光标变成箭头后，退出该命令状态。

在绘制过孔时按【Tab】键或者用鼠标双击已绘制的过孔，系统将会弹出如图 7 - 40 所示的过孔属性设置对话框，在这里可以对过孔的参数进行设定。

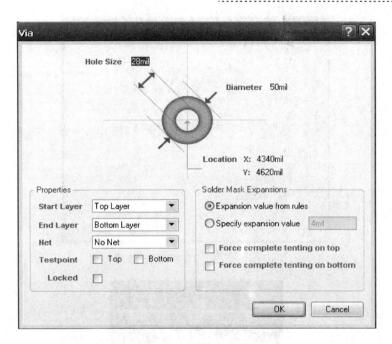

图 7 - 40　过孔属性设置对话框

该对话框中的各项意义如下：

① Diameter：设定过孔的铜盘外径。

② Hole Size：设定过孔孔径。

③ Start Layer：设定过孔穿过的开始层，设计者可以分别选择顶层（Top）和底层（Bottom）。

④ End Layer：设定过孔穿过的结束层，设计者同样可以分别选择顶层（Top）和底层（Bottom）。

⑤ Net：设置过孔所属网络。

⑥ Testpoint：决定是否为该网络加测试点，并设置测试点所在的层面。

7.5.3　添加字符串

在绘制印制电路板时，常常需要在 PCB 上添加字符串，用来对印制电路板进行说明。添加字符串的具体步骤如下：

用鼠标单击绘图工具栏中的 **A** 按钮，或执行"Place\String"菜单命令，都可以启动添加字符串操作。执行命令后，光标变成了十字形，在此命令状态下，按【Tab】键，弹出如图 7 - 41 所示的字符串属性设置对话框，在这里可以设置字符串的内容、所在层和大小等参数。设置完成后，退出对话框，单击鼠标左键，字符串即添加到相应的位置上。

添加完字符串后，如果还想对其进行调整，则可双击该字符串，系统也会弹出如图 7 - 42 所示的字符串属性设置对话框，从中可以对各种参数重新进行修改。添加好的字符串"Power"如图 7 - 42 所示。

用户要更换字符串的方向，只须选中该字符串后按空格键（Space）即可进行调整，或在图 7 - 42 的字符串属性设置对话框中的 Rotation 编辑框中输入字符串旋转角度。

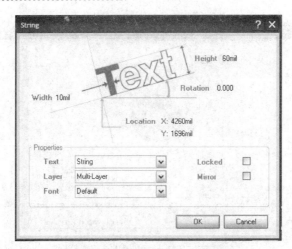

图 7-41 字符串属性设置对话框

图 7-42 字符串放置示例

7.5.4 标注尺寸和位置

在设计印制电路板时，有时需要标注某些尺寸的大小，以方便印制电路板的制造。标注尺寸的具体步骤如下：

（1）用鼠标单击绘图工具栏中的 按钮，或执行"Place\Dimension"菜单命令，都可以启动标注尺寸操作。

（2）移动光标到尺寸的起点，单击鼠标左键，即可确定标注尺寸的起始位置。

（3）移动光标，中间显示的尺寸随着光标的移动而不断地发生变化，到合适的位置单击鼠标左键加以确认，即可完成尺寸标注，如图 7-43 所示。

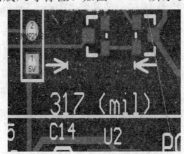

图 7-43 尺寸标注示例

在标注尺寸命令状态下，按【Tab】键，进入如图 7 - 44 所示的尺寸标注属性设置对话框，做进一步修改。双击已经标注的尺寸也会弹出同样的对话框。

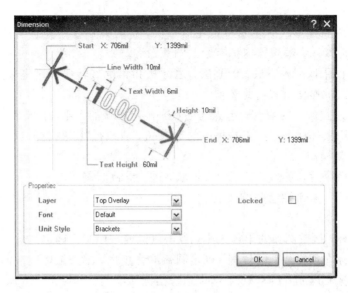

图 7 - 44　尺寸标注属性设置对话框

在设计 PCB 时，除了标注尺寸外，有时还需要在印制电路板上标注位置，所谓坐标值，是指当前点到坐标轴的距离(X，Y)。标注位置的具体步骤如下：

（1）用鼠标单击绘图工具栏中的 按钮，或执行"Place\Coordinate"菜单命令。

（2）执行该命令后，光标变成了十字形状，在此命令状态下，单击鼠标左键，即可把当前坐标放到相应的位置上。

（3）在标注坐标状态下，按【Tab】键，会弹出如图 7 - 45 所示的坐标属性设置对话框，在其中可以对坐标参数进行设置。

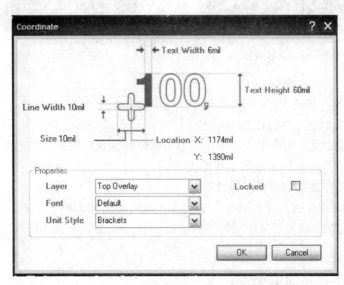

图 7 - 45　坐标属性设置对话框

在标注坐标后，双击已标注的坐标，同样进入坐标属性设置对话框，进行属性设置。

7.5.5 绘制圆弧和圆

1. 绘制圆弧

圆弧可以作为特殊形状的导线布置在信号层，也可以用来定义边界或绘制特殊图形。在 PCB 编辑器和 PCB 库编辑器内都有绘制圆弧命令。

绘制圆弧可以采取三种方法：中心法、边缘法和角度旋转法。这里采用边缘法绘制圆弧，其他两种方法的操作过程与此类似。

边缘法是通过圆弧上的两点即起点与终点来确定圆弧的大小，其绘制过程如下：

（1）首先使用鼠标单击绘图工具栏中的 按钮，或执行"Place\Arc(Edge)"菜单命令都可以启动绘制圆弧操作。

（2）执行该命令后，光标变成了十字形状，进入绘制状态。

（3）移动光标，移到要绘制圆弧位置的起始点单击鼠标或按回车键，确定圆弧边缘起点。

（4）拖动光标，调整圆弧的半径大小，点击鼠标或按回车键确定。

（5）移动光标在预置圆上的位置，确定圆弧的终止点，单击鼠标或按回车键确定。

（6）单击鼠标右键或者【Esc】键，结束边缘法圆弧绘制。如图 7-46 所示为使用边缘法绘制的圆弧。

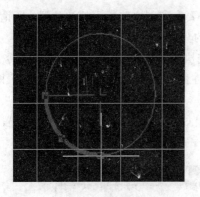

图 7-46　绘制圆弧

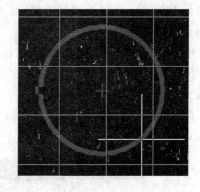

图 7-47　绘制圆

2. 绘制圆

绘制圆的过程与圆弧类似：

（1）单击绘图工具栏中的 按钮，或执行"Place\Full Circle"菜单命令。

（2）执行该命令后，光标变成了十字形状，将光标移到所需的位置，单击鼠标左键，确定圆的圆心，然后单击鼠标左键确定圆的大小。

（3）单击鼠标左键加以确认，即可得到一个圆，如图 7-47 所示。

在绘制好的圆弧或圆上双击鼠标，都可弹出相应的属性编辑对话框，在其中可以对圆弧或圆的半径、宽度、位置、所在层等参数进行编辑，此操作与前面修改属性的操作类似，这里不再赘述。

7.5.6 矩形和多边形的填充

矩形填充是一个可以放置在任何层面的矩形实心区域。矩形填充放置在信号层时，就成为一块矩形的普通区域，可以作为屏蔽层或者用来承担较大的电流，用户可以将多个不同大小的矩形填充组合起来构成不规则形状的填充区域，也可以将矩形填充于其他图元，如直线，圆弧等组合起来构成特殊图形，并与网络连接。当把矩形填充放置在禁止布线层时，它就构成一个禁入区域，自动布局和自动布线都将避开这个区域；而当把矩形填充放置在电源层、助焊层、阻焊层时，该区域就会成为一个空白区域，即不铺电源或者不加助焊剂、阻焊剂等；放置在丝印层，就成为印花的图形标记。

填充是用于增强系统的抗干扰性而设置的大面积电源或地，通常放置在 PCB 的顶层、底层、内部电源或接地层上，填充可以分为矩形填充和多边形填充。

1. 矩形的填充

矩形填充的步骤如下：

（1）单击工具栏中的 ☐ 按钮，光标变为十字形状。

（2）单击确定矩形的左上角位置，然后单击矩形的右下角位置确定，如图 7-48 所示。

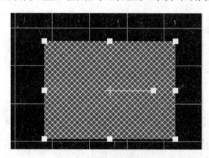

图 7-48　矩形填充

如果需要编辑填充，则双击填充后的矩形，弹出如图 7-49 所示的填充属性设置对话框，在其中可修改填充参数。

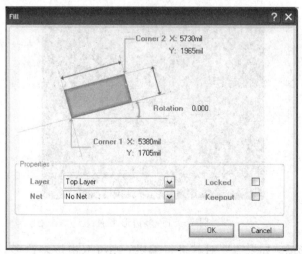

图 7-49　矩形填充属性设置对话框

2. 多边形的填充

多边形填充与矩形类似：

（1）单击工具栏中的 ▨ 按钮，或执行"Place\Polygon Pour"菜单命令，系统将弹出如图

7-50 所示的多边形填充属性设置对话框。

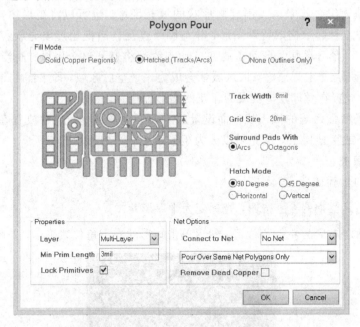

图 7-50 多边形填充属性设置对话框

（2）设置完多边形填充属性，单击"OK"按钮后，光标变为十字形状，将光标移到所需的位置，单击鼠标左键，确定多边形的起点。然后再移动鼠标到适当位置单击鼠标左键，确定多边形的中间点。

（3）在终点处单击鼠标右键，程序会自动将终点和起点连接在一起，形成一个封闭的多边形平面，如图 7-51 所示。

图 7-51 多边形平面

当填充了多边形后，如果需要对其进行编辑，则可双击该多边形，系统也会弹出如图 7-50的对话框。

7.5.7 标注电路板尺寸

前面已经介绍了尺寸的标注，标注电路板尺寸方法是一样的，单击 按钮可进行电路板尺寸标注，如图 7 - 52 所示。

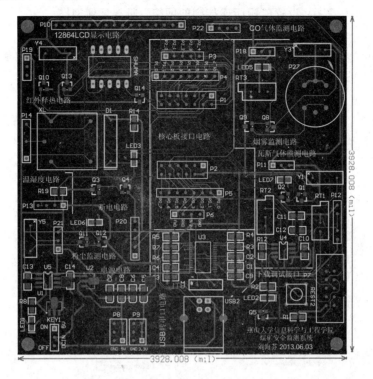

图 7-52　电路板尺寸标注

7.5.8　覆铜

在 PCB 的设计过程中，为了提高 PCB 电路的抗干扰能力和承载大电流的能力等，用户常常需要将电路板上没有布线的空白地方覆上铜膜。通常，PCB 设计中常将所覆的铜膜接地，这样可以大大提高电路板的抗干扰能力。

在 PCB 设计系统中，执行"Place\Polygon Plane 菜单命令，或者单击绘图工具栏中的▓按钮或者按下快捷键【Alt＋P＋G】，系统将会进入到覆铜膜的命令状态，这时将会弹出覆铜属性设置对话框，如图 7 - 53 所示。

可以看出，覆铜属性设置对话框中包含如下设置：

(1) Surround Pads With：设计覆铜环绕焊盘的具体方式。PCB 设计系统为用户提供了两种环绕方式，分别是 Arcs(圆弧环绕方式)和 Octagons(八角形环绕方式)。

(2) Grid Size：设置覆铜所用栅格的间距。

(3) Track Width：设置覆铜所用栅格的线宽。当栅格的间距大于栅格的线宽时，覆铜将会呈现栅格状态；当栅格的间距小于栅格的线宽时，覆铜将会呈现块状。

(4) Hatch Mode：设置覆铜时栅格采用的具体方式。PCB 设计系统为用户提供了 4 种覆铜方式，分别是 90 Degree(90°栅格覆铜)、45 Degree(45°栅格覆铜)、Horizontal(水平栅格覆铜)和 Vertical(垂直栅格覆铜)。

(5) Layer：设置覆铜的工作层面。

(6) Min Prim Length：设置覆铜铜膜线的最短长度。

（7）Lock Primitives：设置是否锁定覆铜所在的具体位置。

（8）Connect to Net：设置覆铜所连接到的网络，通常是地网络。

（9）Pour Over Same Net：设置覆铜是否覆盖它所连接网络中的导线。

（10）Remove Dead Copper：设置是否删除电路板上的死铜。死铜是指独立并且无法连接到指定网络上的覆铜。

图 7-53　覆铜属性设置对话框

在覆铜属性设置对话框中完成相应的设置后，单击"OK"按钮即可返回到覆铜的命令状态下，这时鼠标光标将变为十字光标。移动鼠标光标到 PCB 中覆铜的合适位置，单击鼠标左键依次确定覆铜区域的各个顶点，然后单击鼠标右键或者按下【Esc】键，这时系统会自动将各个顶点连接起来，完成一个区域的覆铜操作。

如果对覆铜感到不满意的话，那么用户可以选中需要进行修改操作的覆铜，然后再单击鼠标右键，在弹出的下拉菜单中选择 Properties 选项，这时将会弹出相应的覆铜属性设置对话框。这样，用户便可以对覆铜区域进行修改操作了。

本 章 小 结

本章介绍了 Protel DXP 2004 软件绘制 PCB 图的基础知识，包括印制电路板绘制的基本规则、印制电路板基本知识，同时对编辑面板和菜单栏做了简要的介绍。本章讲解了印制电路板工作环境参数的设置，分别介绍了工具栏中每个命令的作用，为以后熟练掌握印制电路板的绘制打下了基础。

习　　题

7-1　PCB 设计的一般流程是什么?

7-2　常用的元件封装有哪些? 各个封装的物理意义是什么?

7-3　PCB 设计中电路板层的含义是什么? 将不同层面的印制电路板布线进行电气连接有哪几种方法?

7-4　如何利用 PCB 向导建立 PCB 文件?

7-5　在 PCB 编辑环境中的“Placement”工具栏提供了哪些图形绘制工具? 举例说明它们的用途。

7-6　PCB 设计过程中的栅格有哪几种? 电气栅格和捕捉栅格有哪些区别?

7-7　利用 PCB 向导建立一个 PCB 文件,参数要求如下:

(1) 单面板。

(2) PCB 形状为矩形, 长为 5000 mil, 宽为 4000 mil。

(3) 电源和地的导线宽度为 40 mil, 其他导线宽度为 20 mil。

7-8　利用 PCB 向导建立一个 PCB 文件,参数要求如下:

(1) 双面板。

(2) PCB 形状为 PCI long card 3.3V-64BIT。

(3) 板上大多数元件为表贴元件。

(4) 最小通孔直径为 30 mil。

第 8 章　印制电路板的制作

学习了前面的知识以后，接下来就可以进行 PCB 的设计制作。本章以一个实际的控制电路板制作为例，详细介绍 PCB 的设计过程，包括电路板的规划、网络表文件的生成和装载、元件的布局、布线技术等。

8.1　印制电路板绘制的基本原则

8.1.1　PCB 设计流程

笼统地讲，在进行印制电路板的设计时，我们首先要确定设计方案，并进行局部电路的仿真或实验，完善电路性能；之后根据确定的方案绘制电路原理图，并进行 ERC 检查；最后完成 PCB 的设计，输出设计文件，送交加工制作。常规 PCB 设计的操作步骤如下：

（1）绘制电路原理图：确定选用的元件及其封装形式，完善电路。

（2）规划电路板：全面考虑电路板的功能、部件、元件封装形式、连接器及安装形式等。

（3）设置各项环境参数：建立 PCB 文件，设定合理的环境参数，为编辑操作创造良好的环境。

（4）载入网络表和元件封装：搜集所有的元件封装，确保选用的每个元件封装都能在 PCB 库文件中找到，将封装和网络表载入 PCB 文件中。

（5）元件自动布局：设定自动布局规则，使用自动布局功能，将元件进行初步布置。

（6）手工调整布局：手工调整元件布局使其符合 PCB 的功能需要和元器件电气要求，还要考虑到安装方式、放置安装孔等。

（7）电路板自动布线：合理设定布线规则，使用自动布线功能为 PCB 自动布线。

（8）手工调整布线：自动布线结果往往不能满足设计要求，还需要做大量的手工调整。

（9）DRC 校验：PCB 布线完毕，需要经过 DRC（设计规则检查）校验无误；否则，根据错误提示进行修改。

（10）文件保存，输出打印：保存、打印各种报表文件及 PCB 制作文件。

（11）送加工制作：将 PCB 制作文件送交加工单位。

8.1.2　元件的布局

网络表和元器件载入 PCB 设计环境后，就可以进行元器件的布局了。一般情况下，元器件载入 PCB 环境后是无规律地放置在 PCB 的旁边，此时就无法进行布线操作。因此在布线以前应首先进行元器件的布局操作。元器件布局就是把无规律放置的元器件合理地分布在 PCB 上，以便布线的顺利完成。

　　要想获得性能优越的电路板，除了好的电路原理图设计外，PCB 上元件的布局也是非常重要的。元件布局的基本规则如下：

　　(1) 根据结构图设置板框尺寸，按结构要素布置安装孔、接插件等需要定位的器件，并给这些器件赋予不可移动的属性。按工艺设计规范的要求进行尺寸标注。

　　(2) 根据结构图和生产加工时的需要设置印制板的禁止布线区、禁止布局区域。根据某些元件的特殊要求，设置禁止布线区。

　　(3) 综合考虑 PCB 性能和加工的效率选择加工流程。加工工艺的优选顺序为：元件面单面贴装—元件面贴、插混装(元件面插装焊接面贴装一次波峰成型)—双面贴装—元件面贴插混装、焊接面贴装。

　　(4) 布局操作的基本原则：

　　① 遵照"先大后小，先难后易"的布置原则，即重要的单元电路、核心元器件应当优先布局。

　　② 布局中应参考原理框图，根据单板的主信号流向规律安排主要元器件。

　　③ 布局应尽量满足以下要求：总的连线尽可能短，关键信号线最短；高电压、大电流信号与小电流、低电压的弱信号完全分开；模拟信号与数字信号分开；高频信号与低频信号分开；高频元器件的间隔要充分。

　　④ 相同结构电路部分，尽可能采用"对称式"标准布局。

　　⑤ 按照均匀分布、重心平衡、版面美观的标准优化布局。

　　⑥ 器件布局栅格的设置，一般 IC 器件布局时，栅格应为 50～100 mil，小型表面安装器件，如表面贴装元件布局时，栅格设置应不小于 25 mil。

　　⑦ 如有特殊布局要求，应双方沟通后确定。

　　(5) 同类型插装元件在 X 或 Y 方向上应朝一个方向放置。同一种类型的有极性分立元件也要力争在 X 或 Y 方向上保持一致，便于生产和检验。

　　(6) 发热元件一般应均匀分布，以利于单板和整机的散热，除温度检测元件以外的温度敏感器件应远离发热量大的元器件。

　　(7) 元器件的排列要便于调试和维修，亦即小元件周围不能放置大元件，需调试的元器件周围要有足够的空间。

　　(8) 需用波峰焊工艺生产的单板，其紧固件安装孔和定位孔都应为非金属化孔。当安装孔需要接地时，应采用分布接地小孔的方式与地平面连接。

　　(9) 焊接面的贴装元件采用波峰焊接生产工艺时，阻容器件轴向要与波峰焊传送方向垂直，阻排及 SOP(PIN 间距大于等于 1.27 mm)元器件轴向与传送方向平行；PIN 间距小于 1.27 mm (50 mil) 的 IC、SOJ、PLCC、QFP 等有源元件避免用波峰焊焊接。

　　(10) BGA 与相邻元件的距离大于 5 mm。其他贴片元件相互间的距离大于 0.7 mm；贴装元件焊盘的外侧与相邻插装元件的外侧距离大于 2 mm；有压接件的 PCB，压接的接插件周围 5 mm 内不能有插装元件，在焊接面其周围 5 mm 内也不能有贴装元器件。

　　(11) IC 去偶电容的布局要尽量靠近 IC 的电源管脚，并使之与电源和地之间形成的回路最短。

　　(12) 元件布局时，应适当考虑使用同一种电源的器件尽量放在一起，以便于将来的电源分隔。

（13）用于阻抗匹配目的阻容器件的布局，要根据其属性合理布置。串联匹配电阻的布局要靠近该信号的驱动端，距离一般不超过 500 mil。匹配电阻、电容的布局一定要分清信号的源端与终端，对于多负载的终端匹配一定要在信号的最远端匹配。

（14）布局完成后，打印出装配图供原理图设计者检查器件封装的正确性，并且确认单板、背板和接插件的信号对应关系，经确认无误后方可开始布线。

8.1.3 PCB 的抗干扰措施

PCB 设计中经常在电路的各个关键部位配置适当的去耦电容，以减少电源对信号的干扰以及信号之间的相互干扰。

1. 去耦电容的一般配置原则

（1）电源输入端跨接 $10 \sim 100\ \mu F$ 的电解电容器。

（2）原则上，每个集成电路芯片都应布置一个 $0.01\ pF$ 的瓷片电容，如遇印制电路板空隙不够，可每 $4 \sim 8$ 个芯片布置一个 $1 \sim 10\ pF$ 的钽电容。

（3）对于抗噪能力弱、关断时电源变化大的元件，如 RAM、ROM 存储元件，应在芯片的电源线和地线之间直接接入去耦电容。

（4）电容引线不能太长，尤其是高频旁路电容不能有引线。此外应注意以下两点：在印制电路板中有接触器、继电器、按钮等元件时，操作它们时均会产生较大火花放电，必须采用 RC 电路来吸收放电电流。电阻一般取 $1 \sim 2\ k\Omega$，电容一般取 $2.2 \sim 47\ \mu F$。

2. 电源和地

印制电路板的电源和地对电路性能影响很大，设计中的一些基本规则如下：

（1）电源线设计根据印制电路板电流的大小，尽量加粗电源线宽度，减少环路电阻。同时，使电源线、地线的走向和数据传递的方向一致，这样有助于增强抗噪声能力。

（2）地线设计应遵循以下基本原则：

① 数字地与模拟地分开，若电路板上既有逻辑电路又有线性电路，应使它们尽量分开。

② 低频电路的地应尽量采用单点并联接地，实际布线有困难时，可部分串联后再并联接地。高频电路宜采用多点串联接地，地线应短而粗，高频元件周围尽量用栅格状的大面积铜箔。

③ 接地线应尽量加粗。若接地线用很细的线条，则接地电位随电流的变化而变化，使抗噪声性能降低。因此应将接地线加粗，使它能通过三倍于印制电路板上的允许电流。如有可能，接地线应在 2 mm 以上。

④ 只由数字电路组成的印制电路板，其接地电路构成闭环能提高抗噪声能力。CMOS 的输入阻抗很高，且易受感应，因此在使用时对不使用的端口要接地或接正电源。

8.2 在电路图中添加元件的封装及网络

在 PCB 设计的过程中，只有添加了相应的元件封装库，用户才可以引用元件封装库中的相应元件封装，否则将会产生错误。添加网络实际上是一个将原理图中的设计信息载入

PCB 设计系统的过程，同时也会将相应的元件封装载入 PCB 中。

8.2.1　添加元件封装库

Protel DXP 的元件集成库资源十分丰富，其安装目录下的 Library 文件夹中存放了各个元件制造公司按照不同的器件类型建立的元件集成库，其中也有一些独立的器件库，例如元件封装库等。在 PCB 设计的过程中，用户必须将设计中用到的元件封装所在的元件集成库或者元件封装库添加到当前的设计项目中，只有这样才能引用相应的元件封装。

通常，PCB 设计系统为用户提供了两种添加元件集成库或者元件封装库的方法：一种是直接添加用户熟悉的元件集成库或者元件封装库；另外一种方法是通过搜索方式来寻找元件所在的元件集成库或者元件封装库，然后再添加相应的库文件。

在 PCB 系统设计中，执行"View\Workspace Panels\Libraries"菜单命令，这时系统将会打开相应的库文件工作面板，如图 8-1 所示。可以看出，它与原理图设计系统中的库文件工作面板是完全相同的。选中库文件工作面板上部的 Footprints 选项，这时的库文件工作面板如图 8-2 所示，可以看出，它列出了选定元件集成库或者元件封装库中的所有元件封装和预览图形。

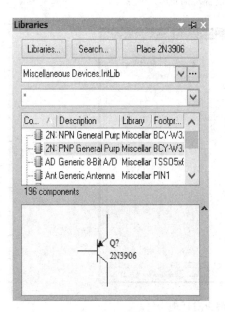

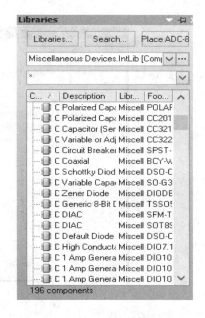

图 8-1　库文件工作面板　　　　图 8-2　显示所有元件封装的库文件工作面板

通过上面的库文件工作面板，用户可以直接添加自己所熟悉的元件集成库或者元件封装库。如果用户不熟悉元件封装所在的元件集成库或者元件封装库，那么用户这时首先要搜索元件封装所在的元件集成库或者元件封装库。具体操作方法与原理图设计系统中的操作方法是完全相同的。

有的时候需要修改某些元器件的封装，前面已经讲过了如何给元器件添加封装，修改元器件的封装和给元器件添加方法相似，双击需要修改封装的元器件，弹出元器件属性设置对话框，如图 8-3 所示。单击"Edit"按钮，弹出如图 8-4 所示的对话框。在 Name 后面的编辑框中添加需要修改的封装的名字，单击"OK"按钮。

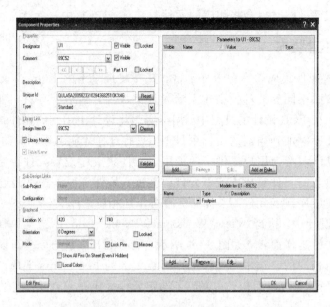

图 8-3 元器件属性设置对话框

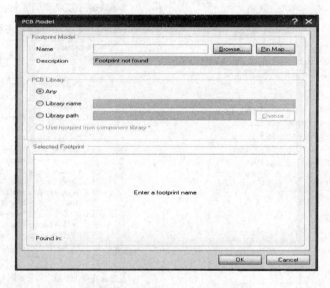

图 8-4 元器件封装编辑对话框

8.2.2 网络表文件(Netlist)的生成

在有原理图生成的各种报表中,应该说,网络表最为重要。所谓网络,指的是彼此连接在一起的一组元件引脚,一个电路实际上就是由若干网络组成的,或者电路原理图的一个完整描述,描述的内容包括两个方面:一是电路原理图中所有元件的信息;二是网络的连接信息,是进行 PCB 布线、设计 PCB 不可缺少的工具。

设计好原理图并仿真验证无误后就可以生成网络表文件了。下面以一个具体控制电路的例子来说明网络表文件的生成过程,绘制好的原理图如图 8-5 所示。

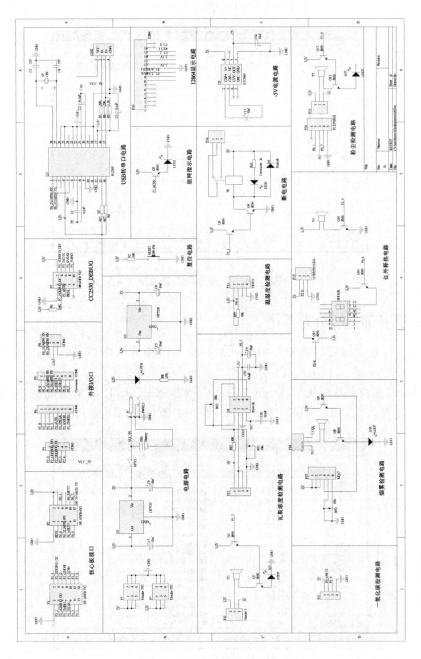

图 8-5　绘制好的原理图

需要注意的是，在原理图设计过程中必须确保所有元件均有有效的封装定义，这是正确生成网络表文件和 PCB 的基础。如果用到的元件封装不在 Protel DXP 2004 提供的封装库中，则应自己绘制元件封装。

在 Protel DXP 2004 中，针对不同的设计项目，可以创建不同的网络表格式，如多线程网络表、用于 FPGA 设计的网络表等，这些网络表文件不但可以在 DXP 系统中使用，而且还可以被其他的 EDA 设计软件所调用。在原理图编辑器中选择"Design\Netlist\Protel"菜单命令，系统将生成一个与原理图对应的网络表文件 Netlist，如图 8－6 所示。

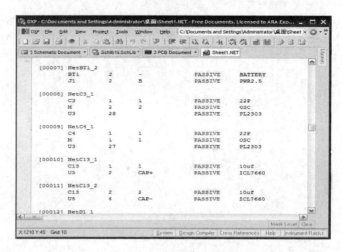

图 8－6　生成的网络表文件

8.2.3　向 PCB 加载网络表文件

利用上一章介绍的方法规划好电路板后，就可以加载网络表文件了。具体操作步骤如下：

（1）在原理图编辑器中执行"Design\Update PCB PCB1.PcbDoc"菜单命令（这里假设方才建立的 PCB 文件名为 PCB1.PcbDoc），显示如图 8－7 所示的 Engineering Change Order 窗口。

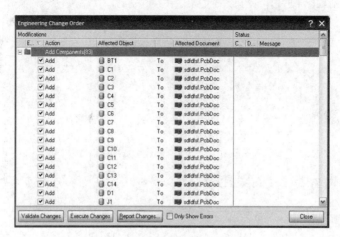

图 8－7　Engineering Change Order 窗口

（2）单击"Validate Changes"按钮，系统逐项执行所提交的修改，并在 Status 栏中显示加载的元件是否正确，如图 8 - 8 所示。

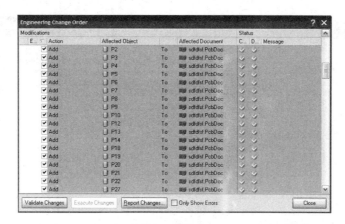

图 8 - 8　执行修改后的 Engineering Change Order 窗口

（3）修改出现的错误，直至全部正确后单击"Execute Changes" 按钮，将元件封装和网络添加到 PCB 编辑器中。关闭 Engineering Change Order 窗口，即可看到 Netllist 和元件已经加载到电路板中，如图 8 - 9 所示。

图 8 - 9　加载 Netlist 后的电路板

另外，除了上面介绍的在原理图编辑环境下执行"Design\Update PCB PCB1.PcbDoc"菜单命令来加载网络表文件外，还可以在 PCB 编辑环境下执行"Design\Import Changes From"菜单命令，同样可以完成 Netlist 的加载。

8.3　元 件 布 局

加载网络表文件后，接下来就要把元件装入工作区，即对电路板进行布局。Protel DXP 2004 提供了强大的自动布局功能，用户可以在自动布局的基础上，进一步手工调整元件布局，也可以根据设计要求，完全采用手工布局。

8.3.1　元件的自动布局

元件的自动布局具体操作如下：

（1）在 PCB 编辑器环境中执行"Tools\Auto Placement\Auto Placer"菜单命令，系统显示如图 8 - 10 所示的 Auto Place（自动布局）对话框，系统提供了两种自动布局方式。

① Cluster Placer：按簇布局方式。这种布局方式按照元件的连通属性分为不同的簇，然后进行几何布局。这种布局方式适合于元件数量较少的 PCB 制作。

② Statistical Placer：统计布局方式。这种方式采用统计算法来决定元件的位置，以便使元件之间的导线最短。当元件数量较多时，通常采用统计布局方式。

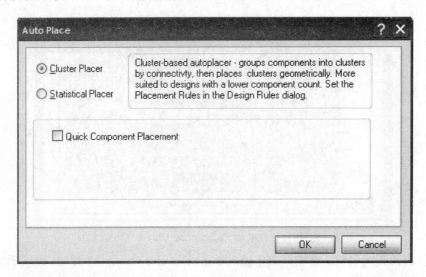

图 8-10　Auto Place 对话框

（2）设置好自动布局方式后，单击"OK"按钮开始自动布局。电路的复杂程度不同，布局的时间长短不一。布局结束后的电路板如图 8-11 所示。可以看到，所有元件都已布置到电路板的电气边界内了。

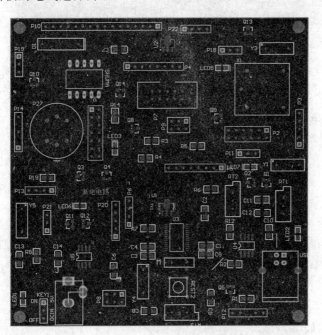

图 8-11　自动布局后的电路板

可以看出，自动布局后的电路板上的元件还是很拥挤和零乱，因此接下来还需要设计人员进行手动调整。

8.3.2 元件布局手动调整

规划好元件在电路板上的大致位置后就可以手动调整布局了，元件布局通常涉及元件的选取、元件的移动、元件的旋转、元件标注的修改和元件的删除等操作。

1. 选取元件

手动调整元件的布局前，首先应选中元件，然后才能进行元件的移动、旋转、翻转等操作。选取元件的最简单的方法是拖动鼠标，直接用鼠标拖动出来的矩形框选元件。系统也提供了专门的选取对象和释放对象的命令，选取对象的菜单命令为"Edit\Select"，相应的释放对象的菜单命令为"Edit\Deselect"。

2. 移动元件

想要移动元件，最简单的方法就是用鼠标拖动。具体方法是：首先用鼠标单击需要移动的元件，此时元件的颜色将发生改变，光标变为小十字形，表明元件已被选中，如图8-12所示。然后按住鼠标左键，此时的光标变为大十字形，拖动鼠标，光标会带着被选中的元件移动，将元件移动到合适的位置，松开鼠标左键即可，如图8-13所示。

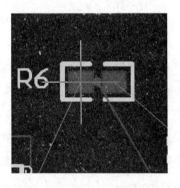

图 8-12 元件选择　　　　　　　　　　　图 8-13 元件移动

还可以使用命令来实现元件的移动，当选择了元件后，执行移动命令就可以实现移动操作。移动元件的菜单命令为"Edit\Move"，这里不再一一介绍。

3. 旋转元件

需要旋转元件时，首先利用上面的方法选中元件，接着执行"Edit\Move\Rotate Selection"菜单命令，系统将弹出如图8-14所示的旋转角度设置对话框。

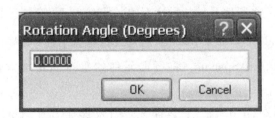

图 8-14 旋转角度设置对话框

设定了角度后，单击"OK"按钮，系统将提示用户在图纸上选取旋转基准点。当用户用鼠标在图纸上选定了一个旋转基点后，选中的元件就实现了旋转。

还可以使用与操作原理图元件类似的方法来旋转电路板中的元件，具体操作如下：首先单击鼠标选择元件，并按住鼠标，然后按【Space】键，每单击一次，元件即可旋转80°。

4. 排列元件

为了使电路板上的元件排列更加整齐，就需要对元件的分布重新排列。选择需要调整的元件，然后执行"Tools\Interactive Placement"菜单命令，在级联菜单中选择相应选项，也可单击如图 8－15 所示的 Component Placement(元件排列)工具栏中的相应按钮来实现元件的排列。

图 8－15　元件排列工具栏

常用的选项意义如下：

(1) Align Left：将所选元件与最左边的元件对齐，相应的工具栏按钮为 。

(2) Center Horizontal：将所选元件按元件的水平中心线对齐，相应的工具栏按钮为 。

(3) Align Right：将所选元件与最右边的元件对齐，相应的工具栏按钮为 。

(4) Make Horizontal Spacing Equal：将所选元件水平平铺，相应的工具栏按钮为 。

(5) Increase Horizontal Spacing：增加所选元件的水平间距，相应的工具栏按钮为 。

(6) Decrease Horizontal Spacing：减小所选元件的水平间距，相应的工具栏按钮为 。

(7) Align Top：将所选元件与最顶部的元件对齐，相应的工具栏按钮为 。

(8) Center Vertical：将所选元件按元件的垂直中心线对齐，相应的工具栏按钮为 。

(9) Align Bottom：将所选元件与最底部的元件对齐，相应的工具栏按钮为 。

(10) Make Vertical Spacing Equal：将所选元件垂直平铺，相应的工具栏按钮为 。

(11) Increase Vertical Spacing：将所选元件的垂直间距增大，相应的工具栏按钮为 。

(12) Decrease Vertical Spacing：将所选元件的垂直间距减小，相应的工具栏按钮为 。

(13) Arrange Components within Room：将所选元件在空间定义内部排列，相应的工具栏按钮为 。

5. 调整元件标注

元件标注不合适虽然不影响电路的正确性，但为电路的安装和调试带来不便，并影响电路板的美观，因此有时需要对元件标注进行调整。调整元件标注，可双击标注字符串，系统弹出如图 8 - 16 所示的 Designator 对话框。调整其中的参数，如 Text、Width、Height、Rotation 等属性，就可以对元件标注进行调整。

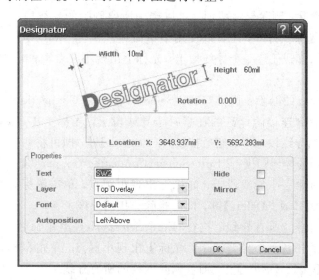

图 8 - 16　Designator 对话框

手动调整好布局后的电路板如图 8 - 17 所示。

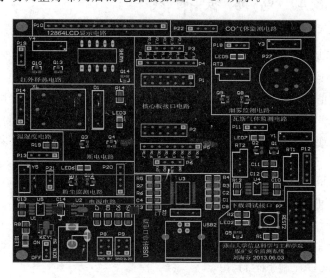

图 8 - 17　手动调整好布局后的电路板

8.3.2　元件和导线的删除

1. 元件的删除

当不需要图形中的某个元件时，可以将其删除。删除元件可以使用 Edit 菜单中的两个删除命令，即 Clear 和 Delete 命令。

Clear 命令的功能是删除已选取的元件。启动 Clear 命令之前需要选取元件，启动 Clear 命令之后，已选取的元件立刻被删除。

Delete 命令的功能也是删除元件，只是启动 Delete 命令之前不需要选取元件，启动 Delete 命令后，光标变成十字状，将光标移到所要删除的元件上单击鼠标，即可删除元件。

2. 导线的删除

（1）导线段的删除：删除导线段时，可以选中所要删除的导线段，然后按【Delete】键，即可实现导线段的删除。另外，还可以使用菜单命令。执行"Edit\Delete"菜单命令，光标变成十字状，将光标移到任意一个导线段上，光标上出现小圆点，单击鼠标，即可删除该导线段。

（2）两焊盘间导线的删除：执行"Edit\Select\Physical Connection"菜单命令，光标变成十字状。将光标移到连接两焊盘的任意一个导线段上，光标上出现小圆点，单击鼠标，可将两焊盘间所有的导线段选中，然后按【Ctrl＋Delete】键，即可将两焊盘间的导线删除。

（3）删除相连接的导线：执行"Edit\Select\Connected Copper"菜单命令，光标变成十字状。将光标移到其中一个导线段上，光标上出现小圆点，单击鼠标，可将具有连接关系的导线选中，然后按【Ctrl＋Delete】键，即可删除连接的导线。

（4）删除同一网络的所有导线：执行"Edit\Select\Net"菜单命令，光标变成十字状。将光标移到网络上的任意一个导线段上，光标上出现小圆点，单击鼠标，可将网络上所有导线选中，然后按【Ctrl＋Delete】键，即可删除网络的所有导线。

8.4 电路板布线

在 PCB 布局结束后，就可以对 PCB 进行布线了。布线的方法以及布线的结果对 PCB 的性能影响也很大，一般布线要遵循以下原则：

（1）布线优先次序。关键信号线优先：电源、模拟小信号、高速信号、时钟信号和同步信号等关键信号优先布线。

密度优先原则：从单板上连接关系最复杂的器件着手布线，从单板上连线最密集的区域开始布线。

（2）自动布线。在布线质量满足设计要求的情况下，可使用自动布线器以提高工作效率，在自动布线前应完成以下准备工作：

为了更好地控制布线质量，一般在运行前要详细定义布线规则，这些规则可以在软件的图形界面内进行定义，但软件提供了更好的控制方法，即针对设计情况，写出自动布线控制文件（do file），软件在该文件控制下运行。

（3）尽量为时钟信号、高频信号、敏感信号等关键信号提供专门的布线层，并保证其最小的回路面积。必要时，应采取手工优先布线、屏蔽和加大安全间距等方法，保证信号质量。

（4）电源层和地层之间的 EMC 环境较差，应避免对干扰敏感的信号进行布线。

（5）有阻抗控制要求的网络应布置在阻抗控制层上。

（6）进行 PCB 设计时应该遵循的规则如下：

① 地线回路规则：环路最小规则，即信号线与其回路构成的环面积要尽可能小，环面积越小，对外的辐射越少，接收外界的干扰也越小。针对这一规则，在地平面分割时，要考虑到地平面与重要信号走线的分布，防止由于地平面开槽等带来的问题；在双层板设计中，在为电源留下足够空间的情况下，应该将留下的部分用参考地填充，且增加一些必要的孔，将双面地信号有效连接起来，对一些关键信号尽量采用地线隔离，对一些频率较高的设计，需特别考虑其地平面信号回路问题，建议采用多层板为宜。

② 串扰控制：串扰是指 PCB 上不同网络之间因较长的平行布线引起的相互干扰，主要是由于平行线间的分布电容和分布电感的作用。克服串扰的主要措施是加大平行布线的间距，遵循 3W 规则；在平行线间插入接地的隔离线；减小布线层与地平面的距离。

③ 屏蔽保护：对应地线回路规则，实际上也是为了尽量减小信号的回路面积，多见于一些比较重要的信号，如时钟信号、同步信号；对一些特别重要、频率特别高的信号，应该考虑采用铜轴电缆屏蔽结构设计，即将所布的线上下左右用地线隔离，而且还要考虑好如何让屏蔽地与实际地平面有效结合。

④ 走线的方向控制规则：即相邻层的走线方向成正交结构。避免将不同的信号线在相邻层走成同一方向，以减少不必要的层间串扰；当由于板结构限制（如某些背板）难以避免出现该情况，特别是信号速率较高时，应考虑用地平面隔离各布线层，用地信号线隔离各信号线。

⑤ 走线的开环检查规则：一般不允许出现一端浮空的布线（Dangling Line），主要是为了避免产生"天线效应"，减少不必要的辐射干扰和接收，否则可能带来不可预知的结果。

⑥ 阻抗匹配检查规则：同一网络的布线宽度应保持一致，线宽的变化会造成线路特性阻抗的不均匀，当传输的速度较高时会产生反射，在设计中应该尽量避免这种情况。在某些条件下，如接插件引出线，BGA 封装引出线等类似的结构时，可能无法避免线宽的变化，应该尽量减少中间不一致部分的有效长度。

⑦ 走线终结网络规则：在高速数字电路中，当 PCB 布线的延迟时间大于信号上升时间（或下降时间）的 1/4 时，该布线即可以看成传输线，为了保证信号的输入和输出阻抗与传输线的阻抗正确匹配，可以采用多种形式的匹配方法，所选择的匹配方法与网络的连接方式和布线的拓朴结构有关。对于点对点（一个输出对应一个输入）连接，可以选择始端串联匹配或终端并联匹配。前者结构简单，成本低，但延迟较大。后者匹配效果好，但结构复杂，成本较高。对于点对多点（一个输出对应多个输出）连接，当网络的拓朴结构为菊花链时，应选择终端并联匹配。当网络为星形结构时，可以参考点对点结构。

星形和菊花链为两种基本的拓朴结构，其他结构可看成基本结构的变形，可采取一些灵活措施进行匹配。在实际操作中要兼顾成本、功耗和性能等因素，一般不追求完全匹配，只要将失配引起的反射等干扰限制在可接受的范围即可。

⑧ 走线闭环检查规则：防止信号线在不同层间形成自环。在多层板设计中容易发生此类问题，自环将引起辐射干扰。

⑨ 走线的分枝长度控制规则：尽量控制分枝的长度，一般的要求是 Tdelay≤Trise 20。

271

8.4.1 修改电路板布线规则

在开始布线之前，必须先设定必要的布线参数，例如不同导线的宽度、焊盘的大小、过孔类型、阻焊膜和助焊膜参数等。

在 PCB 编辑环境下执行"Design\Rules"菜单命令，或在 PCB 设计窗口中单击鼠标左键，在弹出的菜单中选择 Rules 选项，系统弹出如图 8-18 所示的布线参数设置对话框。

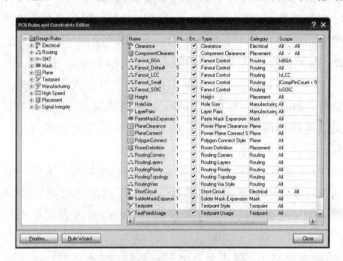

图 8-18　布线参数设置对话框

布线参数设置对话框左侧的设计规则栏中包括 Routing(布线规则)、Electrical(电气规则)、SMT(表贴规则)、Mask(阻焊膜和助焊膜规则)、Testpoint(测试点)等项，单击打开对应的设置项，修改其中的参数即可完成相应的设置。

常用的布线规则包括走线宽度(Width)、布线拓扑结构(Routing Topology)、布线优先级(Routing Priority)、布线工作层(Routing Layers)、布线拐角模式(Routing Corners)、Routing Via Style(过孔的类型)和 Fanout Control(输出控制)、Clearance(间距约束)。

1. 走线宽度(Width)

走线宽度用来设置走线时的宽度参数，例如最大、最小和推荐宽度等。

在图 8-19 所示的对话框中，用鼠标单击选项 Routing，打开其子目录，然后在 Width

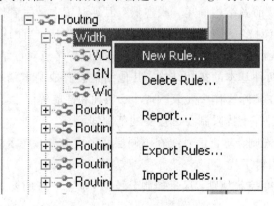

图 8-19　Width 快捷菜单

选项上单击右键并从快捷菜单中选择"New Rule…"命令，如图 8－20 所示，系统将生成一个新的宽度约束 Width_1，然后使用鼠标单击新生成的宽度约束，系统将弹出如图 8－21 所示的宽度约束对话框。

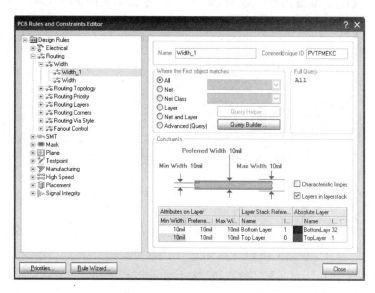

图 8－20　宽度约束对话框

这里想建立一个新的线宽约束，将电源和地线加宽，这在通常的 PCB 设计中是经常遇到的，例如规定电源 5 V 和地（GND）的线宽为 40 mil。在对话框的 Name 编辑框中输入 GND/5V，然后选中 Where the First Object Matches 单元中的 Net 项。单击 All 旁边的下拉按钮，下拉列表中列出本 PCB 电路中所有的有效网络连接，从中选择 5 V，这时在 Full Query 框中会显示 InNet('5V')，如图 8－21 所示。

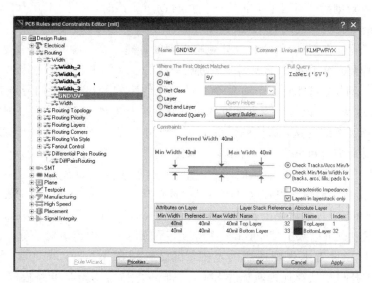

图 8－21　新建 VCC/GND 约束

然后分别设置 Preferred Width（推荐宽度）为 40 mil，Min Width（最小宽度）为 40 mil，Max Width（最大宽度）为 40 mil。

下面使用 Query Builder 将范围扩展为包括 GND 网络。首先选中 Advanced(Query)，然后单击"Query Builder"按钮。此时将弹出如图 8-22 所示的 Query Helper 对话框。

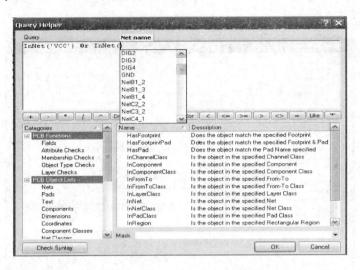

图 8-22　Query Helper 对话框

单击 Query 框中 InNet('5V')的右边，然后单击"or"按钮。此时 Query 单元的内容变为 InNet('5V')or，然后用鼠标单击 PCB Functions 类的 Membership Checks，再双击 Name 单元的 InNet 选项，此时 Query 框中显示为 InNet('5V')or InNet()，在弹出的网络选项中选择 GND 以添加 GND 网络的名称，并使用单引号''包含 GND。此时 Query 框的内容变为 InNet('5V') or InNet('GND')。

单击"Check Syntax"按钮，检查表达式正确与否，如果存在错误，则进行修正。最后单击"OK"按钮关闭 Query Helper 对话框。此时 Full Query 框就更新为新的内容。

设置了宽度规则后，当用手工布线或使用自动布线器时，除了 GND 和 VCC 的导线为 40 mil 外，其余所有的导线均为 12 mil。

需要说明的是：在 Protel DXP 设计规则中可以对同一个对象定义同类型的多个规则，每一个规则的应用对象只适用于规则的范围内，规则系统使用预定义等级来决定将哪个规则应用到对象。例如，可能有一个对整个板的宽度约束规则(即所有的导线都必须是这个宽度)，而对接地网络可以有另一个宽度约束规则，这个规则忽略前一个规则。

其他设置项为系统默认，这样就设置了一个应用于整个 PCB 电路的新宽度约束。

2. 间距约束(Clearance)

该项规则用于设置走线与其他对象之间的最小距离。将光标移动到 Electrical 的 Clearance 处单击鼠标右键，然后从快捷菜单中选择"New Rule"命令，即生成一个新的走线间距约束 Clearance_1。然后单击新的走线间距约束，即可打开安全间距设置对话框，如图 8-23 所示。用户也可以双击 Clearance_1 选项，系统也可以弹出该对话框。

该对话框可以设置本规则适用的范围，可以分别在 Where the First/Second Object Matches 两个选择框中选择规则匹配的对象，一般可以指定为整个电路板(All)，也可以分别指定。Minimum Clearance(最小间距)编辑框用来设置图元之间的最小间距。

3. 布线工作层(Routing Layers)

布线工作层用来设置在自动布线过程中哪些信号层可以使用。选中 Routing Layers 选项，然后单击鼠标右键，从快捷菜单中选择"New Rule"命令，则生成新的布线工作层规则。单击新的布线工作层规则，系统将弹出布线工作层设置对话框，如图 8 - 24 所示。

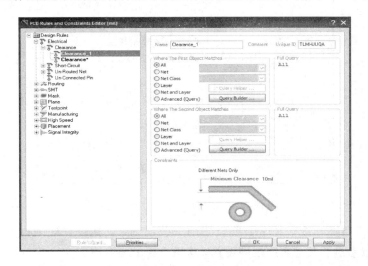

图 8 - 23　安全间距设置对话框

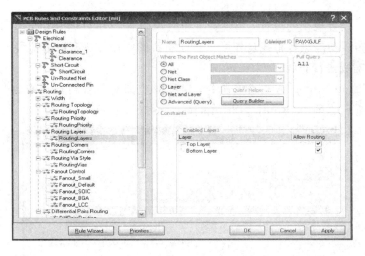

图 8 - 24　布线工作层设置对话框

在该对话框中，设置在自动布线过程中哪些信号层可以使用，可以选择的层包括顶层（Top Layer）和底层（Bottom Layer）。

4. 布线拓扑结构（Routing Topology）

该选项用来设置布线的拓扑结构。选中 Routing Topology 选项，然后单击鼠标右键，从快捷菜单中选择 New Rule 命令，则生成新的布线拓扑结构规则。单击新的布线拓扑结构规则，系统将弹出布线拓扑结构设置对话框，如图 8 - 25 所示，在对话框中可以设置布线拓扑结构。

通常系统在自动布线时，以整个布线的线长最短（Shortest）为目标。用户也可以选择 Horizontal、Vertical、Daisy-Simple、Daisy-MidDriven、Daisy-Balanced 和 Starburst 等拓扑选项，选中各选项时，相应的拓扑结构会显示在对话框中。

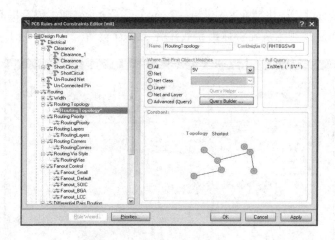

图 8-25　布线拓扑结构设置对话框

上面介绍了 PCB 布线时经常需要设置的一些规则，其他设计规则设置的操作与此类似，读者可以参考进行其他布线规则设置，这里不再一一赘述。

8.4.2　自动布线

前面讲述了设计规则的设置，当设置了布线规则后，就可以利用 Protel DXP 2004 提供的强大的自动布线功能进行布线操作了。自动布线的常用方法有以下几种。

1. 对全部对象进行布线

首先执行"Auto Route\All"菜单命令，启动对全部对象自动布线的命令，此时系统显示如图 8-26 所示的 Situs Routing Strategies 对话框。

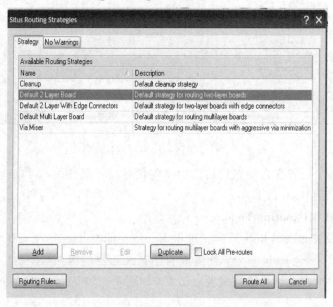

图 8-26　Situs Routing Strategies 对话框

Protel DXP 2004 提供了多种布线策略，对于双面板主要有 Default 2 Layer Board 和 Default 2 Layer With Edge Connectors。单击"Add"或"Duplicate"按钮，可添加或删除自动

布线策略；单击"Routing Rules"按钮，可重新进入 PCB Rules and Constraints Editor 对话框，设置自动布线参数。

单击"Route All"按钮，开始自动布线，自动布线结束后的 PCB 如图 8 - 27 所示。

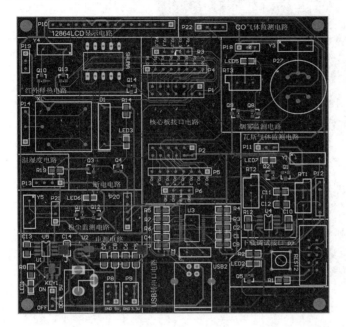

图 8 - 27　自动布线结束后的 PCB

Protel DXP 在自动布线过程中同时显示如图 8 - 28 所示的 Messages 提示框，显示自动布线的状态信息。

图 8 - 28　布线状态信息框

除了上面讲到的全局自动布线外，有时还会用到局部布线，如对某一特定网络进行布线、对某一个元件进行布线操作等。

2. 对选定网络布线

根据需要，用户还可以对某一个网络进行自动布线。此时，用户需要首先定义一个自动布线网络，然后执行"Auto Route\Net"菜单命令，接着移动光标到 PCB 编辑器区，可以看见光标变为十字状，移动光标到某个元器件的焊盘上，可以看到在光标的十字形中心，增加了一个小八边形，此时单击鼠标左键，会弹出网络布线方式选项菜单，选择布线网络，则布设与该网络连接的所有网络线，如图 8 - 29 所示，这里选择对 GND 网络进行布线。

3. 在两个连接点之间布线

执行"Auto Route\Connection"菜单命令，光标变为十字形状。此时可选择两个连接点之间的飞线单击,即可生成需要的一条连线。

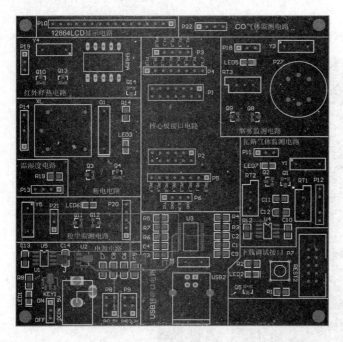

图 8-29 5 V 网络布线

4. 指定元件布线

执行"Auto Route\Component"菜单命令,光标变为十字形状,此时用户可以用鼠标选取需要进行布线的元件,本例选取元件 U1 进行布线,可以看到系统完成了与 U1 相连所有元件的布线,如图 8-30 所示。

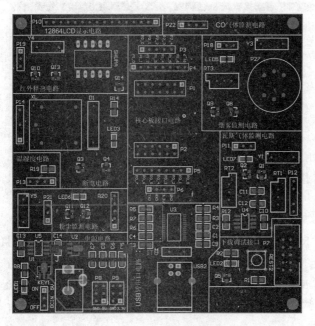

图 8-30 指定元件布线

5. 指定区域布线

执行"Auto Route\Area"菜单命令，光标变为十字形状，此时用户可以用鼠标拖出需要进行布线的区域，本例选取区域包含元件 D1、Q3、Q4、XL、P14、R14 和 LED3，可以看到，系统完成了对这 7 个元件的布线，如图 8-31 所示。

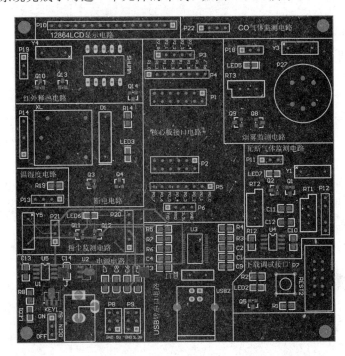

图 8-31　指定区域布线

6. 其他布线选项

(1) Room：对指定范围进行布线。

(2) Stop：终止自动布线过程。

(3) Reset：重新布线。

(4) Pause：暂停自动布线过程。

(5) Restart：重新开始自动布线过程。

尽管自动布线方式功能强大、方便快捷，然而有时仍然需要手动去控制导线的放置。这两种布线方式不是孤立使用的，通常可以结合在一起使用，以提高布线效率，并使 PCB 具有更好的电气特性。Protel DXP 提供了许多有用的手动布线工具，使得布线工作非常容易。执行"Place\Interactive Routing"菜单命令或单击工具按钮，即可开始以手动方式布线了。

8.5　电路板后期调整

自动布线结束后往往还需要人工手动调整才能得到美观理想的电路板。

8.5.1 调整布局、布线

PCB 编辑环境下的 Tools\Un-Route 级联菜单中提供了多个常用的手动调整布线选项，其中包括：

All：删除所有布线。

Net：删除所选布线网络。

Connection：删除所选的一条布线。

Component：删除与所选元件相连的布线。

Room：删除指定范围布线。

调整布线的操作步骤如下：将工作层切换到需要调整的工作层，选择"Tools\Un-Route\Connection"选项，光标变为十字形状，单击要删除的网络，即可删除原先的导线。

为了提高抗干扰能力，增加系统的可靠性，往往需要加宽电源/接地线和一些过电流大的导线。除了可以利用前面讲到的布线规则加宽外，有时会用到手动加宽。具体操作步骤如下：

（1）双击需要加宽的电源/接地线或其他线，显示如图 8-32 所示的 Track 对话框。

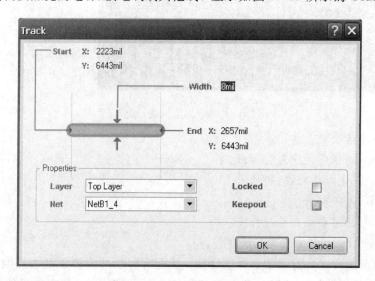

图 8-32 Track 对话框

（2）在 Width 文本框中输入实际需要的宽度值，单击"OK"按钮即可。

8.5.2 修改覆铜规则

覆铜就是在 PCB 上绘制一层铜膜。一般情况下，覆铜是与地线相连接的，这样设计的好处是可以增强电路的抗干扰能力，并且也可以提高 PCB 的强度。覆铜的方法如下：

在 PCB 编辑环境下执行"Place\Polygon Pour"菜单命令或单击绘图工具栏中的 ▓ 按钮，系统会弹出如图 8-33 所示的多边形平面属性设置对话框。

（1）执行"Place\Polygon Pour"菜单命令，打开 Polygon Pour 对话框，然后进行覆铜设置。

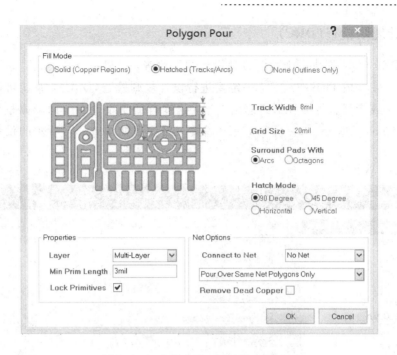

图 8 - 33　多边形平面属性设置对话框

（2）在设置好了覆铜属性后，单击"OK"按钮，开始覆铜，此时，光标变为十字形状。

（3）选择层面，拖动光标到适当的位置，单击鼠标左键确认覆铜的第一个顶点位置，然后绘制一个封闭的矩形，在空白处单击鼠标右键退出绘制。

（4）此时 PCB 上会出现刚刚绘制的覆铜，如图 8 - 34 所示。

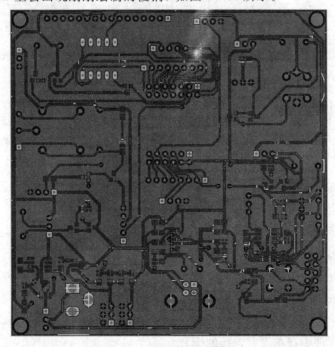

图 8 - 34　完成覆铜后的电路板

8.5.3 设计规则检查(DRC)

Protel DXP 2004 提供了强大的自动设计规则检查，可以检查整个设计是否符合用户的设计要求。在完成 PCB 布线后，一定要进行设计规则检查(DRC)，系统可以将检查结果以在线显示或者报告等多种形式总结出来，这样有助于设计者全面掌握整个电路板的设计。执行"Tool\Design Rule Check"菜单命令，将弹出如图 8-35 所示的设计规则检查对话框。

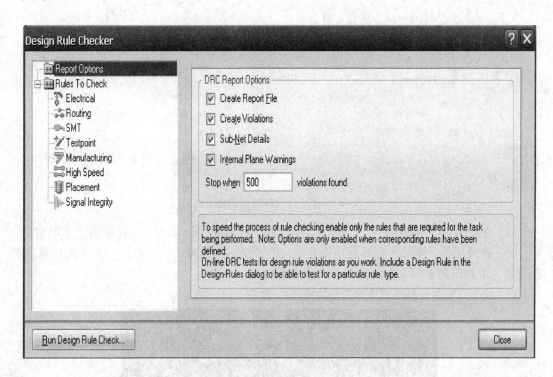

图 8-35　设计规则检查对话框

在报告选项(Report Options)中可以设定需要检查的规则选项，具体包括：

(1) 创建报告文件(Create Report File)：选择该复选框，则可以在检查设计规则时创建报告文件。

(2) 创建规则的违反报告(Create Violations)：选择该复选框，则可以在检查设计规则时，如果有违反设计规则的情况，将会产生详细报告。

(3) 子网络详细情况(Sub-Net Details)：如果定义了未连接网络(Un-Routed Net)规则，则选择该复选框，可以在设计规则检查报告中包括子网络详细情况。

(4) 内层平面警告(Internal Plane Warnings)：选择该复选框，设计规则检查报告中包括内层平面的警告。

(5) 验证缩短铜(Verify Shorting Copper)：选择该复选框，将会检查 Net Tie 元件，并且会检查是否在元件中存在没有连接的铜。

在需要检查的规则(Rules to Check)选项中包括了将要检查的规则，设计人员可根据需要设定检查的规则。如果需要在线检查某项规则，则可以选中对应设计规则后的 Online 复选框；如果需要批量检查该设计规则，则可以选中其后的 Batch 选项。

单击"Run Design Rule Check"按钮，就可以启动 DRC，完成检查后将在设计窗口显示任何可能违反规则的情况。

本 章 小 结

本章从实际应用角度出发介绍了 PCB 设计的一般步骤和过程，以及设计当中应遵守的一些基本规范；详细讲述了如何利用 Protel DXP 2004 制作 PCB 图，以一个控制电路实例讲述了 PCB 设计的全过程。由于 Protel DXP 2004 功能强大，内容很多，这里不可能将所有功能一一介绍。通过本章的学习，相信用户对 PCB 的设计流程已经有了基本的掌握，要进一步熟悉 Protel DXP 2004 的 PCB 设计技巧，充分发挥其系统设计的优势，还需要在工程实践中多加练习。

习　　题

8-1　PCB 设计的一般流程是什么？

8-2　如何加载网络表文件？如何自动布局元件？

8-3　设计如习题图 8-3 所示电路的 PCB，要求如下：

(1) 使用双面板；

(2) 信号线宽为 10 mil；

(3) 电源和地的线宽为 40 mil；

(4) 顶层水平走线，底层垂直走线。

8-4　设计如习题图 8-4 所示电路的 PCB，要求如下：

(1) 使用双面板；

(2) 信号线宽为 8 mil；

(3) 电源和地的线宽为 30 mil；

(4) 顶层水平走线，底层垂直走线；

(5) 在 PCB 中修改元件封装；

(6) 增加电路板覆铜。

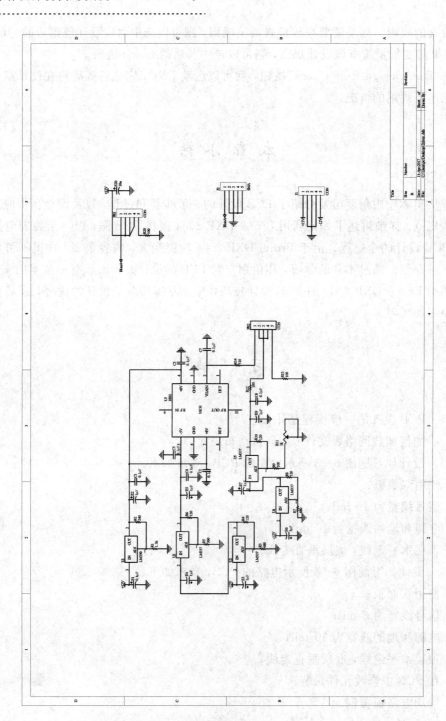

习题图 8 - 3

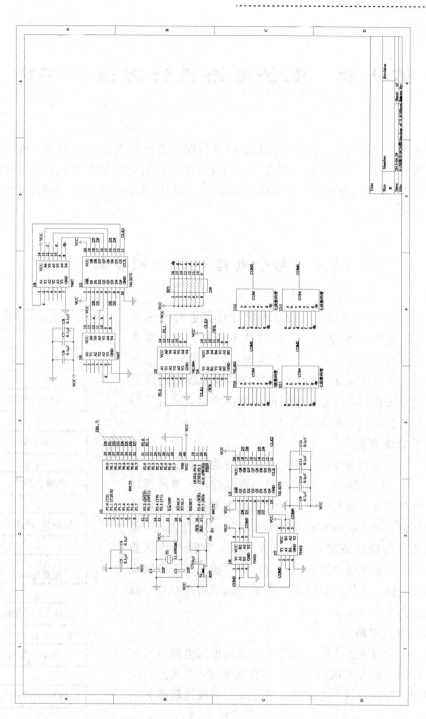

习题图 8-4

第9章 电子电路设计方法和实例

电子电路的种类很多，它们的用途、功能和性能指标要求也各不相同，所以在具体设计上存在很大差异。本章首先介绍电子电路设计的共性问题和基本方法，包括总体方案设计、参数计算、单元电路设计、整体仿真调试等，最后以几个电路设计实例讲述电子电路设计的具体过程。

9.1 电子电路设计一般步骤

进行电子电路的设计，首先要对设计任务进行分析研究，明确要完成的任务和所需达到的技术指标、使用要求等。具体实施设计时，要先确定总体方案，再设计单元电路，并进行电路参数计算、电路元器件选择和总体电路图绘制。验证电路无误后，再进行电路的组装与调试，最后撰写设计报告。一般的设计步骤如图 9-1 所示。

1. 选择总体方案

对于所接收的设计任务，首先要进行性能指标、工作条件等分析，然后根据所能获得的知识和资料提出可能的设计方案。一般是在分析比较各种设计方案的基础上，对所设计方案的合理性、先进性和经济性等各方面进行综合比较，最后选择最优者为设计方案；有特殊要求者，应针对特殊要求，突出其特点来确定设计方案。将总体功能按要求分解成若干个单元电路、按功能和总体工作原理构成方案框图，最后综合成总体设计方案。

2. 设计单元电路

根据总体设计方案，对完成各种功能的单元电路进行方案设计。按照总体方案规定的功能和指标要求，首先进行原理和结构的选择与设计，之后进行单元电路详细性能指标的拟定。

在单元电路设计过程中应注意如下问题：

(1) 尽可能选用成熟的先进电路或对成熟电路加以修改后利用。

(2) 尽可能在各单元电路中采用统一的供电电源。

(3) 各单元电路间不用或少用电平转换类的接口电路。

(4) 电路设计中要兼顾先进性、可靠性和经济性。

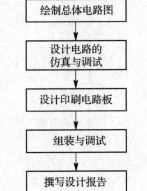

图 9-1　电子电路设计一般步骤

3. 计算参数

电路参数计算是保证电路性能指标的基础和选择元器件的依据，由于元器件的标称规格分级有限和存在一定的误差，加之电路组装后还须做一定的调整，故这种元器件参数计算常常又被称为估算。电路参数计算是在深刻理解电路工作原理、正确运用计算公式和计算图表的情况下才能完成的工作。

计算电路参数时应注意如下问题：

（1）在设计计算时，如出现理论计算结果的不统一，应根据性能、价格、货源、体积等各方面条件综合考虑来选择。

（2）元器件的工作电流、电压和功耗等都应符合要求，并留有适当裕量。

（3）对元器件的极限参数必须留有足够裕量，一般应大于额定值 1.5 倍以上。

4. 选择元器件

选择元器件是在电路参数计算基础上进行的一项工作。根据电路工作条件（如环境温度、电源、电磁干扰等）选择接近计算值的标称值的元器件。

选择元器件时应注意如下问题：

（1）在保证电路性能指标的前提下，应尽量减少元器件的品种、规格、体积和厂家个数。

（2）集成电路可以实现多个电路功能，选用集成电路可以减少电路元件、体积和成本，提高可靠性，简化设计，安装调试方便，因而在元器件选择中，它是优先选用者。

（3）电阻器的选择。电阻器的主要参数是阻值和功耗，是选择的主要依据。对电阻器的高频特性、精度、过载能力、温度系数有特殊要求时，按特殊要求选择；无特殊要求时，选用通用型电阻器。

（4）电容器的选择。电容器的主要参数是电容量和耐压，是选择的主要依据。对频率性有特殊要求的，应进行相应的选择。

（5）电位器的选择。电位器的参数有标称阻值、精度、额定功率，电阻温度系数、变化规律、噪声、分辨率、绝缘电阻、寿命、零位电阻、起动力矩、平滑性等。电位器的制作材料、结构形式和调节方式不同，形成众多的品种，选用时应根据设计电路的要求确定。

5. 绘制总体电路图

确定了设计方案，设计好电路图后就可以绘制电路图了。电路图一方面是系统电路设计的重要资料，另一方面也是下一步制作电路板的重要环节。目前绘制电路图的工具很多，最常用的如本书中介绍的 Protel。绘制电路图时应注意以下基本问题：

（1）元器件排列一般从输入端画起，由左至右（或由上至下）按信号流向依次绘出各单元电路，使电路图易于阅读和理解。

（2）注意总体电路图的紧凑和协调，做到布局合理，排列均匀，图面清晰。

（3）尽量将总体电路图绘在一张图纸内。如果电路较复杂，一张图纸内无法容纳，则应将主电路画在同一张图纸上，将其余部分按所设计单元电路画在另一张或数张图纸上，并在各图所有端口两端做上标记，以此说明各图纸间电路连线的来龙去脉。

（4）图中元器件的符号应标准化。中、大规模集成电路和组件可用方框表示，在方框中标出型号，在方框的边线两侧标出每根线的功能和管脚号。

（5）连接线一般画成水平线或垂直线，并尽可能减少交叉和拐弯。相互连通的交叉线，应在交叉处用实心圆点标出。合理利用网络名称可以使电路图简洁清楚，但过多的网络名称会给读图增加困难。

6. 设计电路的仿真与调试

确定好方案，选定器件，设计好电路后，还需要对电路进行进一步的仿真验证。电路的仿真是电路设计过程中很重要的一步，当仿真的结果与预期结果不符时，要逐级检查电路，分析原因，仔细计算和调整器件参数，直至仿真结果符合设计要求为止。电路仿真可以利用前面学过的 PSpice、Protel 软件，还有类似的仿真工具例如 Multisim 等，这里不再一一介绍了，读者可以参看相关内容。

7. 设计印制电路板

印制电路板简称电路板，它是按所用元器件的实际尺寸和安装位置、连线在绝缘基板上设计的电路，有关印制电路板的具体设计方法在前面已经作过详细介绍，这里不再赘述。

8. 组装与调试

电路的组装与调试是在单元电路设计、参数计算和元器件选择的基础上，对理论设计进行验证，并进行修改、完善，直至达到设计要求为止的过程。电路的组装与调试分为单元电路和整机两步进行，通常在试验板或面包板上实施。

（1）电路的组装

电路的组装是按照所设计的电路图把元器件可靠地安装连接好，使电路实现正常工作。在组装前应尽可能把元器件全部检测一遍，保证所用元器件合格。在电路组装时应注意以下原则：

① 所有集成电路的组装方向最好保持一致，以有利于布线和查线。

② 组装分立元件时，应使其标志朝上或朝向易于观察的方向，以便查找或更换。

③ 对于二极管、电解电容等极性元件，安装时要保证极性正确。

④ 导线的选用颜色应符合一般使用习惯；正电源线为红色、负电源线为蓝色、地线为黑色、信号线为黄色等。

⑤ 元器件安排应使信号流向从左向右或从右向左，不应形成环路使信号的输入级与输出级靠近。

⑥ 连线尽量做到横平竖直，连线不能跨接在元器件上，信号线与电源线不能长距离并行。合理地布置地线，尽可能地减少干扰。

（2）电路的调试

电路的调试工作是在电路组装后进行的。首先对电路工作状态和相应的参数进行测量，然后根据性能要求对电路的某些参数进行修正或变更，使之达到设计要求。

① 调试方法。常采用的调试方法有两种。其一：先局部后整体、边组装边调试。先把一个单元电路组装调试好，再连接组装调试下一个单元电路，依次直至整机完成。其二：一次性调试，即把整个电路全部组装完毕、实施整体性能测试，需要调整时，进行局部参数修正。一般在新设计电路时，采用第一种方法进行组装调试；对于成熟的电路或定型产品电路的组装调试，则采用第二种方法。

② 调试步骤。一般进行电路的调试按下列步骤进行：

第一步：拟定测试项目、测试方法及步骤，使用的仪器设备，调整参数的内容及方法。设计测试用数据表格，记录测试环境条件（如温度、湿度、压力、电源的幅值与频率等）。

第二步：通电前检查。检查的主要内容有：接线是否正确、元器件型号与安装是否正确（包括引脚的使用端）、电源的极性和电压值是否正确及有无短路现象。

第三步：通电观察。在检查电路组装无误之后，方可以给电路接通电源。在参数测量之前观察电路的状况。观察的内容主要有：是否出现异声、异味、元器件过热、电源短路或开路等。如出现异常，立即关掉电源，待排除故障后再启动。

第四步：单元电路调试。单元电路调试包括静态调试和动态调试。静态调试是指在没有外加信号条件下，测试电路各点电位和有源器件的静态工作点；通过测得参数判断元器件和电路工作是否正常，并进行相应的调整。动态调试是指电路有外加输入信号时，测试电路的各项指标（如电压值、波形、放大倍数、相位、频率等）并判断其是否达到设计要求，然后对电路参数进行相应的修正。

第五步：整机调试。各单元电路调试完成之后进行整机联调。整机联调主要是观察和测试动态性能，根据测试结果，制定修正电路及其参数的内容和方法，直到满足设计要求为止。

③ 故障诊断方法：

诊断电路故障一般采用先易后难、先局部后整体、先输入后输出（或先输出后输入）依次进行等方法。

电路出现故障后，首先查找元器件有无损坏，有无脱焊、断路、短路以及电源接入是否正确等，然后再用静态法和动态法查找电路的故障原因所在。

静态查找法就是用万用表测量元器件引脚电压，测量电阻值、电容漏电以及电路是否有断路或短路情况等。大多数故障通过静态查找均可诊断出结果。当静态查找仍然不能发现故障原因时可采用动态查找法。

动态查找法即通过相应的仪器、仪表在电路加上适当信号的情况下测量电路的性能指标和元器件的工作状态。由获得的读数或波形等可准确、迅速地查找到故障发生的部位。

9.2　设 计 实 例

9.2.1　方波 - 三角波 - 正弦波产生电路设计

设计一个方波-三角波-正弦波函数发生器。性能指标要求：

(1) 频率可调：输出频率分两挡，1～10 Hz 和 10～100 Hz，分别连续可调。

(2) 输出电压：方波 $V_{p-p} \leqslant 24$ V；三角波 $V_{p-p} \leqslant 8$ V；正弦波 $V_{p-p} \geqslant 1$ V。

(3) 波形特性：方波 $t_r \leqslant 10$ μs；三角波 $\gamma_\triangle < 2\%$；正弦波 $\gamma_\sim < 5\%$。

1. 整体电路方案设计

方案的确定：采用最常用的积分电路和滞回比较器构成方波-三角波产生电路，使用晶体管差分放大电路构成三角波-正弦波转换电路。其中构成积分电路和滞回比较器的运算放大器选用低失调集成运算放大器 OP07，因为方波的幅度接近电源电压，所以取电源电压VCC＝＋12V，－VCC＝－12V。采用以上方案绘制出的电路原理图如图 9 - 2 所示。

289

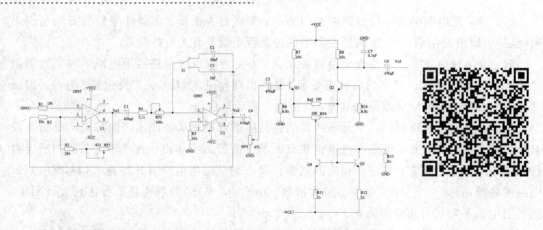

图 9-2 信号产生电路原理图

2. 元件参数计算

滞回比较器 A1(U1) 与积分器 A2(U2) 的元件参数计算如下：

$$\frac{R2}{R3+RP1}=\frac{Vo1}{VCC}=\frac{4}{12}$$

这里取 R2＝10 kΩ，R3＝20 kΩ，RP1 取 47 kΩ 电位器。平衡电阻 R1＝R2 // (R3＋RP1)≈10 kΩ。

输出频率的计算公式为

$$R4+RP2=\frac{R3+RP1}{4R2 \cdot C2 \cdot f}$$

当 1 Hz≤f≤10 Hz 时，取 C2＝10 μF，R4＝5.1 kΩ，RP2 取 100 kΩ 电位器。当 10Hz ≤f≤100 Hz 时，取 C3＝1 μF 以实现频率波段的转换，R4 和 RP2 的值不变。平衡电阻R5＝10 kΩ。

三角波-正弦波转换电路的参数选择原则：因为输出频率很低，所以隔直电容 C1、C4、C5、C6 要取得较大，这里取这几个电容值都为 470 μF，滤波电容 C7 的取值视输出的波形而定，若含高次谐波成分较多，则 C7 一般为几十皮法至 0.1 μF。Re2＝100 Ω 与 RP4＝100 Ω 并联，以减小差分放大器的线性区。

3. 电路仿真

在确定了电路结构和器件参数后下一步就是要对电路进行仿真，验证设计正确与否。根据仿真时出现的问题，对前期设计的电路结构和元件参数进行调整，直至符合设计要求。利用 PSpice 绘制本例中的方波-三角波-正弦波产生电路，如图 9-3 所示。

保存绘制好的电路，设计好仿真参数就可以开始仿真了，这里选择的是时域仿真，仿真结果如图 9-4 所示。

由图 9-4 的仿真结果看出，电路接通后经过大约 240 ms 输出达到稳定振荡状态，其中方波为 VO1，三角波为 VO2，正弦波为 VO3。

由于电路中前两级运算放大器的输出电压都比较高，而后级三角波-正弦波转换电路中晶体管的动态范围比较窄，如果直接将第二级输出的三角波加到晶体管 Q1 和 Q2 上将会出现非线性失真，如图 9-5 所示。由图中可以看到，输出的正弦波顶部和底部都被削掉。因此需要小心地调整电位器 RP32 的大小，本例中 RP32 的值最终确定为 2 kΩ。

290

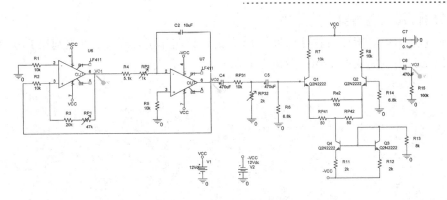

图 9-3　信号产生电路原理图

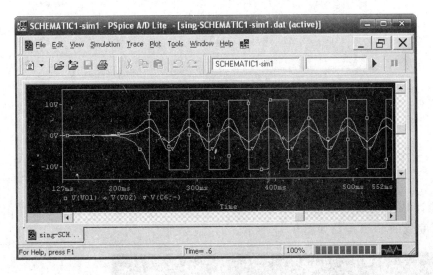

图 9-4　仿真结果

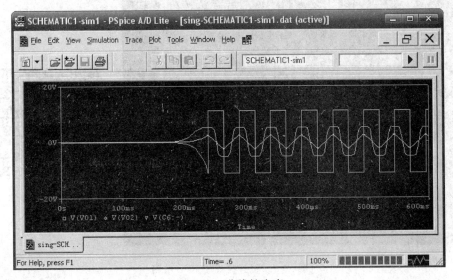

图 9-5　非线性失真

4. 绘制 Protel 原理图

完成电路的仿真验证后就可以进行 PCB 的设计制作了，第一步首先利用 Protel 完成原理图的绘制。绘制完成的 Protel 原理图如图 9-6 所示。

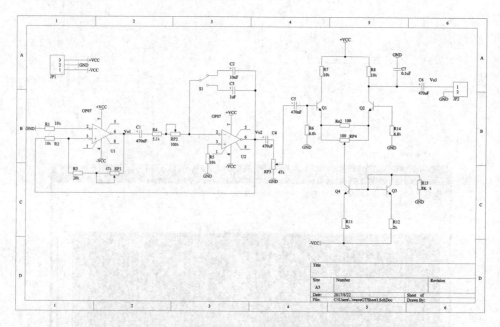

图 9-6　方波-三角波-正弦波产生电路原理图

5. 设计 PCB 电路

设计完成的 PCB 电路如图 9-7 所示。

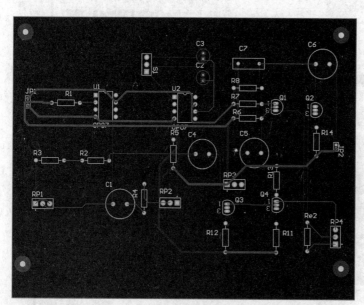

图 9-7　设计完成的 PCB 电路

6. 电路安装与调试

在装调多级电路时，通常按照单元电路的先后顺序进行分级装调与级联。

1) 方波-三角波发生器的调试

由于比较器 A1(U1)与积分器 A2(U2)组成正反馈闭环电路,同时输出方波与三角波,故这两个单元电路可以同时安装。需要注意的是,在安装电位器 RP1 与 RP2 之前要先将其调整到设计值,否则电路可能会不起振。如果电路接线正确,则在接通电源后,A1 的输出 V_{O1} 为方波,A2 的输出 V_{O2} 为三角波,微调 RP1,使三角波的输出幅度满足设计指标要求,调节 RP2,则输出频率连续可变。

2) 三角波-正弦波变换电路的安装调试

三角波-正弦波变换电路可利用差分放大器电路来实现。电路的调试步骤如下:

(1) 差分放大器传输特性曲线调试:将 C5 与 RP3 的连线断开,经电容 C5 输入差模信号电压 $V_{id}=50$ mV,$f=100$ Hz 的正弦波。调节电阻 RP4,使传输特性曲线对称。再逐渐增大 V_{id},直到 V_{O3} 的形状为正弦波,记下此时对应的峰值 V_{idm}。移去信号源,再将 C5 左端接地,测量差分放大器的静态工作点 I_o、V_{CQ1}、V_{CQ2}、V_{CQ3}、V_{CQ4}。

(2) 三角波-正弦波变换电路调试:将 RP3 与 C5 连接,调节 RP3 使三角波的输出幅度(经 RP3 后输出)等于 V_{idm},这时 V_{O3} 的波形应接近正弦波,调整 C6 改善波形,使得到的正弦波规则完美。

9.2.2　光纤脉冲宽度调制传输系统设计

设计一个脉冲宽度调制(Pulse Width Modulation,PWM)音频信号光纤传输系统。性能指标要求:

输入音频信号由麦克产生,幅度为 10 mV,上限截止频率为 10 kHz。激光波长采用 1310 nm,激光器输出功率不小于 0.4 mW。

1. 整体电路方案设计

PWM 是模拟光纤通信系统中的一种,它比直接强度调制方式具有更高的信噪比、更好的抗干扰性,广泛应用于声音和图像信号光纤通信系统中。

PWM 调制原理如图 9-8 所示。图中设调制信号为正弦波 $u_1=U_s\sin\omega t$,载波为对称三角波 u_2;三角波的幅度 U_2 远大于调制信号的振幅 U_s。将 u_1 和 u_2 分别加到电压比较器的两个输入端,如图 9-8(a)所示,在比较器的输出端就可以得到如图 9-8(b)所示的脉冲宽度随输入正弦信号幅度变化的 PWM 信号。

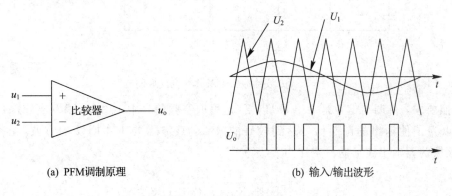

(a) PFM调制原理　　　　　　　　(b) 输入/输出波形

图 9-8　PWM 原理图

PWM 光纤通信系统组成框图如图 9-9 所示。系统由 PWM 调制单元、光源以及驱动电路单元、光检测接收单元、前置放大单元和 PWM 解调输出单元组成。

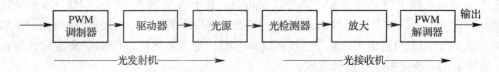

图 9-9　PWM 光纤通信系统组成框图

输入的模拟信号通过调制器转换成 PWM 脉冲信号，该信号通过光源驱动器对光源进行强度调制，产生脉冲宽度随调制信号变化的光脉冲信号，然后耦合入光纤，在接收端，由光纤传来的光脉冲信号被光检测器接收，转换成一系列的电脉冲，经放大器放大，送到解调器，解调复原为模拟信号输出。

2. 电路设计

1) 载波信号产生电路

稳定的载波信号是调制电路的关键，本系统中采用 100 kHz 的方波作为载波信号，方波脉冲由一个 555 定时器构成的多谐振荡器产生。将 555 定时器的阈值端与触发端接在一起构成一个施密特触发器，然后再将输出经 RC 积分电路接回输入端就构成了一个多谐振荡器。如图 9-10 所示，图中 U1 和 R1、R2、R3、C1、D1、D2 构成 100 kHz 的方波脉冲发生器。R2a 和 R2b 是滑动变阻器 R2 两部分的阻值。

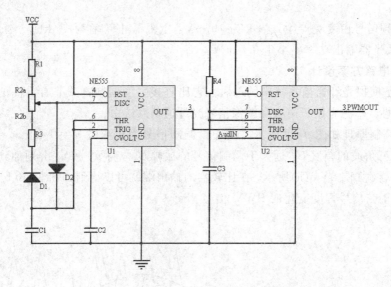

图 9-10　方波脉冲发生及脉冲宽度调制电路

按照要求，待调制信号是 10 kHz 以下（这里取音频信号中 10 kHz 以下成分）的音频信号，所以为了使输出的调制信号达到较好的效果，载波需要 100 kHz 的方波，占空比为 1:2。该振荡器输出波形的占空比为

$$q = \frac{R1 + R2a}{R1 + R2a + R2b + R3} \tag{9-1}$$

由上式(9-1)可知，如果想得到 1:2 的占空比，应该满足 R1+R2a＝R3+R2b，为方便

起见，这里取 R1＝R3。R2a 和 R2b 分别是滑动变阻器 R2 两部分的阻值。再由振荡器的振荡频率

$$f = \frac{1}{(R1 + R2a + R2b + R3)C1\ln 2} \tag{9-2}$$

取 C＝1 nF，可以估算出 R1＝R3＝500 Ω，R2 为 500 Ω 的滑动变阻器。C2 取 0.01 μF 即可。

2）脉冲宽度调制电路

脉冲宽度调制电路也是由一个 555 定时器及图 9-11 中的 U2 和 R4、C3 组成。将上一级的输出的方波信号接入 U2 的触发端，调制信号接入 U2 的控制电压输入端，即图中的 AudIN 端子，这样就可以组成一个以 555 定时器为核心的脉冲宽度调制器，输出宽度是受 AudIN 信号幅度调制的矩形脉冲信号。当调制信号为 10 kHz 的正弦信号，载波信号为 100 kHz 的方波信号时调制信号、输出信号仿真波形如图 9-19 所示。这里 C3＝1 nF，R4＝1.5 kΩ。

由图 9-11 可以看出，输出的矩形脉冲信号的宽度受到输入的正弦信号的幅度调制：在输入正弦信号的正半周，幅度较大，调制输出的矩形脉冲宽度较大；在输入正弦信号的负半周，幅度较小，调制输出的矩形脉冲宽度明显变窄。这样就将一个连续的模拟信号变换成一个离散的矩形脉冲信号，可以大大提高传输系统的抗干扰能力。

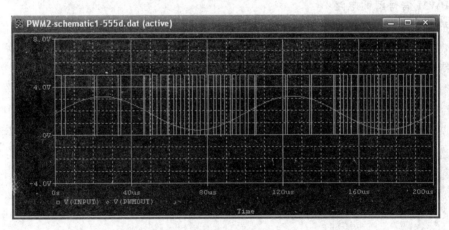

图 9-11　PWM 调制器输出波形

需要注意的是，由于 555 定时器不能调制负电平，为了能够满足调制的作用，就要对输入调制信号进行适当的调整，即设计一电平移动电路使其电压为 1.5 V，频率为 10 kHz，偏移量为 3 V。

3. 音频放大电路

该原理图中所用到的音频信号是由以下电路得到的，由麦克采集到的语音信号经过两级电压放大，然后再经过电平移动，最后得到满足要求的调制信号送入图 9-12 PWM 调制电路的 AudIN 端。音频放大及电平移动电路如图 9-12 所示。

音频放大电路由两级电压放大（U3、U4）、一级电压跟随（U5）和电平移动电路（Q1）组成，两级电压放大皆由集成运放 OP07 组成同相比例运算放大电路。前级 U3 的放大倍数为 $A_{V1}＝1＋R7/R6$，这里取 R7＝100 kΩ，R6＝10 kΩ，所以第一级可以得到 11 倍的放大。第二级 U4 的放大倍数 $A_{V2}＝1＋R10/R9$，电路中取 R10＝100 kΩ 可调，R9＝10 kΩ，调整

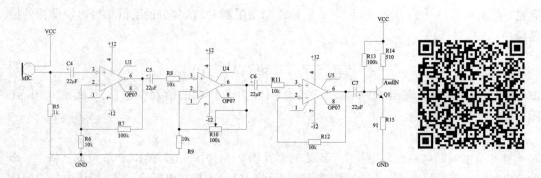

图 9-12　音频放大电路及电平移动电路

R10 使由 Q1 集电极输出的信号满足要求。U5 级为电压跟随器，用来提高放大电路的带负载能力，减少前后级之间的影响。

　　作为调制信号的音频信号不但要有一定的交流幅值，还需有一定的直流偏移量，所以两级电压放大后要对调制信号进行适当的调整，即电平移动电路，使其交流电压幅值为 1.5 V，直流偏移量为 3 V，电平移动电路由 Q1、R13、R14 和 R15 组成。

　　音频放大电路的仿真模拟较为简单，读者可以利用前面学习的知识，尝试自己来完成。

4. PWM 信号解调电路

　　本系统中的载波信号为 100 kHz 的方波信号，调制信号为 10 kHz 以下的音频信号，所以已调波信号中除了包含音频信号成分外还包含较多的高次谐波分量，可以从已调波信号的频谱特性图上清楚地看出，如图 9-13 所示。

　　由图 9-13 的 PWM 信号频谱图可以看出，各频率成分能量分布高低不一，除了基波分量（对应 10 kHz 频点，此频谱中使用的调制信号为 10 kHz 正弦波）处能量较集中外，在 90 kHz 和 100 kHz 处能量分布远高出其他频率点，所以在解调过程中，可以先使用带阻滤波器对这两个高频分量进行削弱，然后再使用低通滤波器即可提取出基带调制信号。PWM 接收解调电路如图 9-14 所示。

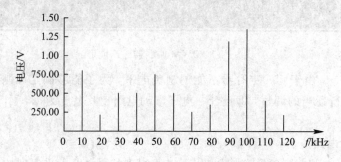

图 9-13　PWM 调制输出信号的频谱特性

　　PWM 接收解调电路由光电检测级、放大级、解调电路和功率输出级四部分构成。解调电路包括一个二阶带阻滤波器和一个二阶低通滤波器。其中 R20 为 PIN 管的负载电阻，U6、R21、R22 构成前置放大电路，获得 $A_V = 1 + R22/R21 = 11$ 倍的放大。由于本系统是一个低速短距离通信系统，输入光信号比较强，故放大电路的放大倍数不需要很大。运算放大器 U7，电容 C12、C13 和 C14，电阻 R23、R24、R25、R26、R27 构成二阶压控电压源

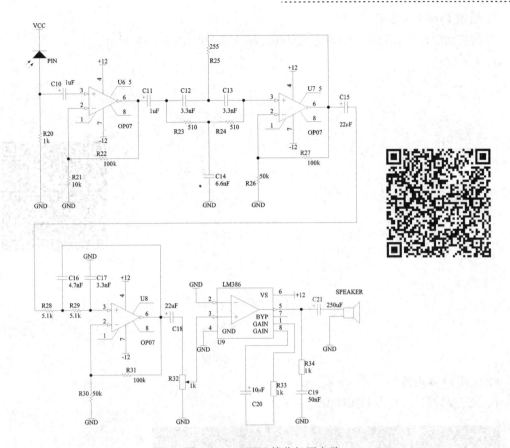

图 9-14　PWM 接收解调电路

带阻滤波器，用来滤除信号中 90 kHz 和 100 kHz 两个高次谐波分量。电容 C16 和 C17，电阻 R28、R29、R30、R31 以及运算放大器 U8 构成二阶压控电压源低通滤波器，滤除 10 kHz 以上的高频谐波。功率输出级由音频功放芯片 LM386 组成，可以获得 50 倍的电压放大。

　　PWM 信号解调电路的仿真结果如图 9-15 所示，由图中可以看出，输入的 PWM 信号经过由带阻和低通滤波器组成的 PWM 解调电路后很好地恢复出了原先的正弦调制信号。

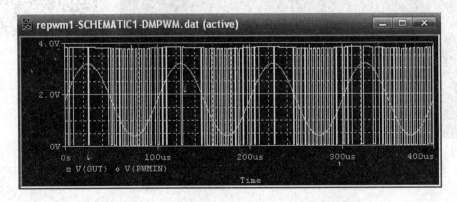

图 9-15　PWM 信号解调电路的仿真结果

5. 绘制 Protel 原理图

根据前面的设计和计算，绘制完成的 Protel 原理图如图 9-16 所示。

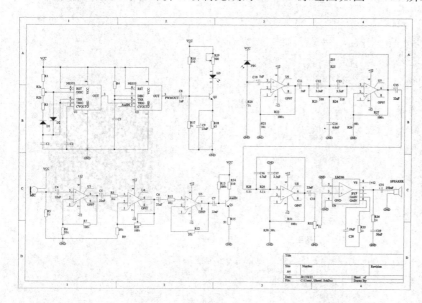

图 9-16 Protel 原理图

6. 设计 PCB 电路

设计完成后的 PCB 电路如图 9-17 所示。

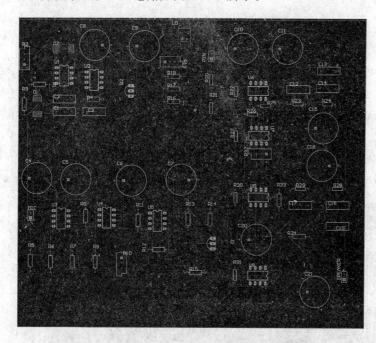

图 9-17 PCB 电路

9.2.3　脉冲计数式鉴频器在 UM71 型无绝缘轨道电路信号测试中的应用

UM71 轨道电路属于电气隔离式无绝缘轨道电路，它在轨道电路分界处采用电容和部分钢轨的电感构成谐振回路。相邻的轨道电路采用不同的载波信号实现电气隔离。

UM71 无绝缘轨道电路信号的波形为低频信号调制到载波信号后产生的正弦交流信号。为防止相邻轨道电路及上、下行轨道电路间的相互干扰，其载波分布固定为上行线 1700 Hz、2300 Hz 交替配置；下行线 2000 Hz、2600 Hz 交替配置。为满足列车速度控制信息的需要，UM71 型轨道电路共有从 10.3 Hz 开始按 1.1 Hz 等差数列递增至 29 Hz 的 18 种低频信息。其频偏 Δf 为 11 Hz，故 UM71 型轨道电路轨面上传送的移频信号由载波 f_0、频偏 Δf 和低频调制信号 f_c 三者构成。如某区段载波 f_0 为 2000 Hz、低频调制信号 f_c 为 16.9 Hz，则轨面所传输移频信号的频率在 1989～2011 Hz 之间，每秒移动16.9 次。

从 UM71 的接收器中提取出来的是载波 1700～2600 Hz、调制波 10.3～29 Hz 的调频信号，这就需要将原始的低频调制信号从调频信号中解调出来，为实现这一需求采用的是脉冲计数式鉴频器。

1. 鉴频原理

鉴频的方法很多，主要可以归纳为以下几种：

第一类鉴频方法是首先进行波形变换，将等幅调频波变换成幅度随瞬时频率变化的调幅波（即调幅–调频波），然后用振幅检波器将振幅的变化检测出来。

第二类鉴频方法是对调频波通过零点的数目进行计数，因为其单位时间内的数目正比于调频波的瞬时频率。

第三种鉴频方法是利用移相器与符号门电路相配合来实现的，移相器所产生的相移的大小与频率频偏有关。

2. 脉冲计数式鉴频器原理

脉冲计数式鉴频器是根据第二类鉴频方法制成的，它的突出优点是线性好、频带宽，同时它能工作于一个相当宽的中心频率范围。

调频信号瞬时频率的变化，直接表现为调频信号通过零值的点（简称过零点）的疏密变化，其中调频波从负变为正的过零点，简称为正过零点；而另一部分从正变负的过零点，简称负过零点。

如果在每个正过零点处形成一个振幅为 V、宽度为 τ 的矩形脉冲，就可以将原始调频波变换成一个重复频率受到调制的矩形脉冲序列，其重复频率的调制规律与原调频波的瞬时频率的调制规律相同。

可以看出，单位时间内，矩形脉冲的个数直接反映了原调频波在同一单位时间内的周数，或者说，矩形脉冲序列的重复频率 F，表示原调频波的瞬时频率。因此，如果每单位时间内对矩形脉冲的个数进行计数，则所得数目的变化规律就反映了原调频波的瞬时频率的变化规律。所以，计数所得的数值就是鉴频的结果。

而实际上，无需真的对脉冲进行计数，而是采用低通滤波器将脉冲序列进行滤波。这

299

样，脉冲的振幅的平均值可写成

$$V_{av}=V\frac{\tau k_L}{T}=k_L V\tau F=k_L V\tau f \qquad (9-3)$$

式 9-3 中，V_{av} 表示一个周期内脉冲振幅的平均值；τ 是脉冲宽度；V 是脉冲振幅；T 是重复周期，它是时间的函数；F 是重复频率，它也是时间的函数；k_L 是低通滤波器的电压传输系数；f 是调频波瞬时频率。从式(9-3)可得，脉冲平均值正比于重复频率 F，即正比于调频波瞬时频率 f。

根据以上分析，脉冲计数式鉴频器的工作原理如图 9-18 所示。

图 9-18　脉冲计数式鉴频器的工作原理

低通滤波器输出的信号为原始的低频信号，而本书中为了将信号输入到单片机进行测量，又将解调出来的原始信号进行了放大和过零比较的操作。将最后输出的方波信号输入到单片机。

3. 脉冲计数式鉴频器的构成

脉冲计数式鉴频器由两个过零比较器、单稳态触发器、低通滤波器和仪表放大器构成。整体框图如图 9-19 所示。

图 9-19　脉冲计数式鉴频器整体框图

1）过零比较器设计

过零比较器是一种常用的检测输入信号电压过零时刻的集成电路，主要用于测量(如测频、测相)、电源电压监测电路、过零检测电路，也可用于 V/F 变换电路、A/D 变换电路、控制电路(如启动 A/D 采样、越限报警)等。

该过零比较器是以 OP07 为主，其电路图如图 9-20 所示。

OP07 是一种高精度单片运算放大器，具有很低的输入失调电压和漂移。

过零比较器其阈值为 $U_t=0$ V，当输入电压 $U_{in}<0$ V 时，其输出电压为 U_o，其输出电压为 $+U_{om}$ 或 $-U_{om}$。当输入电压 $U_{in}<0$ V 时，$U_o=+U_{om}$；当输入电压 $U_{in}>0$ V 时，$U_o=-U_{om}$。

由过零比较器的特性可知，调频波输入到过零比较器之后，原信号电压大于零处输出负电平，原信号电压小于零处输出正电平。即原始的调频波变换成了方波信号。

2）单稳态触发器设计

单稳态触发器是一种常见的脉冲信号整形电路，输出电平有一个稳态和一个暂稳态。无外加触发信号时，电路处于稳态，在外部触发信号的激励下，电路的输出翻转为与稳态电平相反的暂稳态，持续一定的时间后自动回复稳态。暂稳态维持时间的长短取决于电路

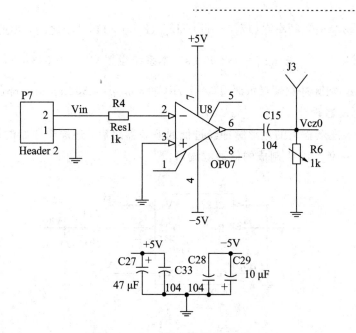

图 9-20　过零比较器电路图

本身的参数，与触发脉冲的宽度和幅度无关。

　　图 9-21 所示的是由 NE555N 构成单稳态电路。该 NE555N 是一个高度稳定控制器，能够产生精确定时脉冲。管脚 1 为公共端，管脚 2 为触发端，管脚 3 为输出端，管脚 4 为复位端，管脚 5 是控制电压输入端，管脚 6 为阈值端，管脚 7 是内部三极管的放电端，管脚 8 是电源端。

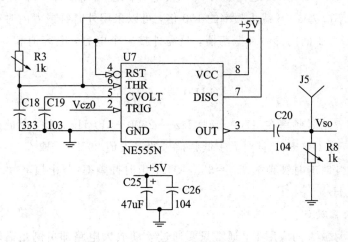

图 9-21　单稳态触发器电路图

　　该单稳态电路主要是通过设置 R3 和 C18 的值来确定其输出脉冲的宽度 T_w。而等于电容电压在充电过程中从 0 上升到 2/3 倍 VCC 所需要的时间，因此可以得到该单稳态触发器输出脉冲宽度的表达式：

$$T_w = RC \ln 3 = 1.1RC \tag{9-4}$$

由于待测移频信号频率在(1700−11) Hz～(2600+11) Hz 之间，因此必须设置 R3 和 C18 的值，使得 $T_w < \dfrac{1}{2600+11} = 382.99\ \mu s$。本系统设置 C18＝0.033 μF，R3 为滑动电阻，最大值为 1 kΩ，则脉冲宽度最大时 $T_w = 1.1RC = 36.3\ \mu s < 382.99\ \mu s$，符合要求。

3) 低通滤波器设计

由单稳态触发器输出的矩形脉冲经过低通滤波器之后，还原出原始的低频信号。

图 9-22 为 MAX291 制成的低通滤波器。

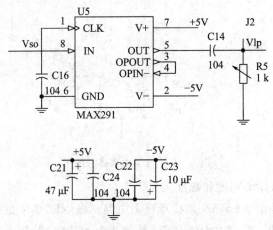

图 9-22　低通滤波器

MAX291 是 MAXIM 公司生产的八阶巴特沃斯型开关电容式有源低通滤波器，它的 3 dB 截止频率可以在 0.1～25 kHz 之间选择。开关电容滤波器需要靠一个时钟来驱动电路工作，该时钟的频率应为 3 dB 截止频率的 100 倍，可以采用外时钟或者内时钟 2 种方式。如果直接利用 MAX291 的内部时钟振荡器，只需外接一个电容，电容值和 3 dB 截止频率满足式(9-5)：

$$f_{osc}(kHz) = \frac{10^5}{3C_{osc}(pF)} \tag{9-5}$$

由于输入移频信号频率在(1700−11) Hz～(2600+11) Hz 之间，因此必须使低通滤波器的截止频率小于 1689 Hz，且要大于低频信号的最大值 29 Hz。取 $C_{osc} = 102$，即 10^3 pF。由式(9-3)可得此时的时钟频率 $f_{osc} = 33.3$ kHz，由时钟频率：截止频率＝100:1，得到此时截止频率为 333 Hz。

4) 仪表放大器设计

在一般的信号放大的应用中，通常只要通过差动放大电路即可满足需求，然而基本的差动放大电路精密度较差，且在差动放大电路上改变放大增益时，必须调整两个电阻，从而，影响整个信号放大精确度的变因就更加复杂。仪表放大电路则无上述的缺点，为了得到稳定的、良好的放大信号，本测试仪选用了美国模拟器件公司(Analog Devices)研制的仪表放大器 AD620AN。它是一种具有差分输入和相对参考端、单端输出的闭环增益单元。大多数情况下，仪表放大器的两个输入端阻抗平衡并且阻值很高，典型值≥109 Ω。其输入偏置电流也应很低，典型值为 1 nA 至 50 nA。与运算放大器一样，其输出阻抗很低，在低频段通常仅有几毫欧。其电路图如图 9-23 所示。

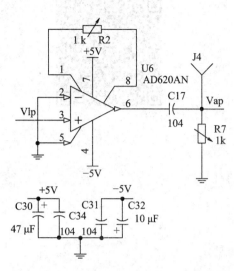

图 9-23　仪表放大器电路图

AD620AN 作为高精度仪表放大器，只需要用一个外部电阻器，就能设置可调范围宽达 1～1000 的放大器增益。它的集成密度和封装工艺，使之远小于分立元件设计，广泛用于各种精密设备，其突出特点是容易使用。AD620AN 的放大增益关系式如式（9-6）、式（9-7）所示，由此式就可推算出各种增益所要使用的电阻值了。

$$G = \frac{49.4}{R_G} + 1 \tag{9-6}$$

$$R_G = \frac{49.4}{G-1} \tag{9-7}$$

AD620AN 具有高精度的 40ppm 最大非线性失真，可提供最大 50 μV 的低失调电压和 0.6 μV/℃ 的失调偏移量，用于精密数据探测系统，是理想的转换器接口电路。芯片正常工作允许供电范围很宽，为 ±2.3 V～±18 V。

它的最大电源电流仅 1.3 mA，所以具有极低的功耗，并且它所具有的低供电电压、高精度、低漂移、低噪声以及低功耗，非常适合电池供电的便携式设备。本系统中放大倍数为 12.53 倍。

5）过零比较器

最后信号再次通过过零比较器，变换为方波信号。电路图同图 9-23 所示。

4. 绘制 Protel 原理图

根据前面的设计和计算，绘制完成的 Protel 原理图如图 9-24 所示。

5. 设计 PCB 电路

设计完成后的 PCB 电路如图 9-25 所示。

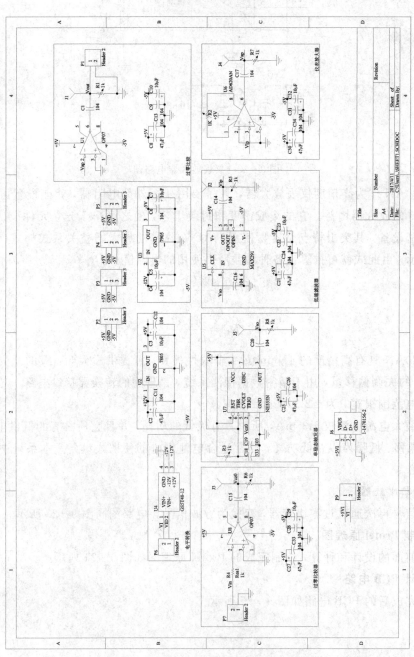

图 9-24 Protel 原理图

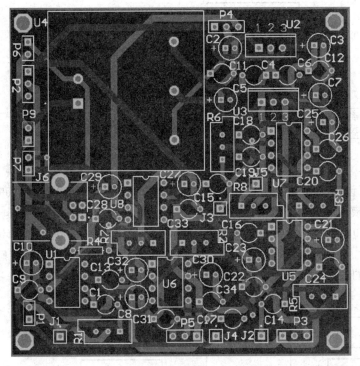

图 9-25　PCB 电路图

9.2.4　煤矿矿井安全监测系统设计

设计一个煤矿矿井安全监测系统，要求如下：

（1）检测煤矿矿井中不同位置的瓦斯浓度，每隔 1 分钟将测量的瓦斯浓度数据通过 Zigbee 无线网络发送到协调器上面显示，如果检测到的瓦斯浓度超过 4% 时，系统会自动断电，并发出声光报警。

（2）检测煤矿矿井中不同位置的粉尘浓度，每隔 1 分钟将测量的粉尘浓度数据通过 Zigbee 无线网络发送到协调器上面显示，如果检测到的瓦斯浓度超过 4% 时，系统会自动断电，并发出声光报警。

（3）检测煤矿矿井中不同位置的温/湿度，每隔 1 分钟将测量的温/湿度数据通过 Zigbee 无线网络发送到协调器上面显示。

1. 系统方案设计

1）整体设计

本设计中，采用星形 Zigbee 拓扑网络，整个无线传感系统由无线传感终端与无线基站组成。无线传感终端是由温/湿度传感器、瓦斯传感器装置组成。终端系统由电池来供电，体积小，微功耗，将这些传感器终端固定在煤矿中不同的位置。传感器测量各关键点的温/湿度和瓦斯浓度后，然后将传感器终端设备采集到的数据通过 Zigbee 无线网络传送给协调器设备。协调器时时与矿井下的所有测量点通信，收集各测量点的温/湿度和瓦斯浓度等数据，如果矿井下测量点粉尘浓度和瓦斯浓度超标后，终端设备会报警。

整个系统框架图如图 9-26 所示。

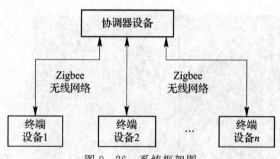

图 9-26　系统框架图

2）硬件电路设计

（1）终端传感器节点设计。终端采集模块主要由 CC2530 数据处理模块、CC2591 部分、数据采集模块、电源模块、LED 模块、报警模块等组成。电源模块采用 3.7 V 的电池供电，主控制芯片是 CC2530，其本身集成了射频模块，所以对于小功率网络节点的设计，不需要外加额外的射频芯片。数据采集模块包括一个温/湿度传感器和一个瓦斯检查传感器。当温/湿度超过预先设定的值时，报警模块会发出声光报警，通知工人及时撤离现场。终端传感器节点模块框图如图 9-27 所示。

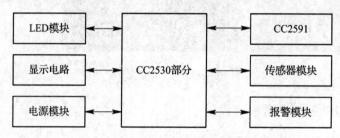

图 9-27　终端传感器节点模块框图

（2）协调器节点设计。本模块主要完成组网、接收终端传感器模块采集的数据，主要由 CC2530 模块、CC2591 模块、电源模块、LCD 显示模块和 LED 部分等组成。CC2530 负责节点处理操作和任务管理。CC2591 模块是功率放大模块，增加了信息传输的距离。电源模块通过电压转换电路为协调器节点提供了 3.3 V 工作电压。LCD 模块的作用是显示各个传感器终端采集的数据。协调器节点模块框图如图 9-28 所示。

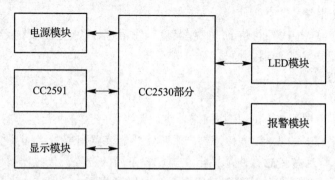

图 9-28　协调器节点模块框图

2. 利用 DXP 2004 绘制电路图

（1）核心板电路原理图，如图 9-29 所示。

（2）底板原理图，如图 9-30 所示。

307

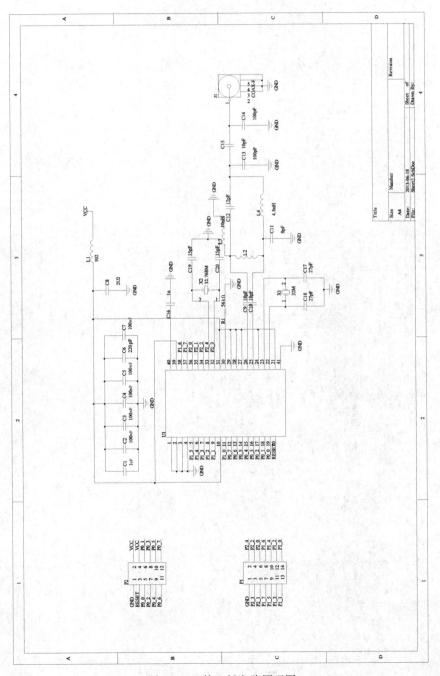

图 9-29　核心板电路原理图

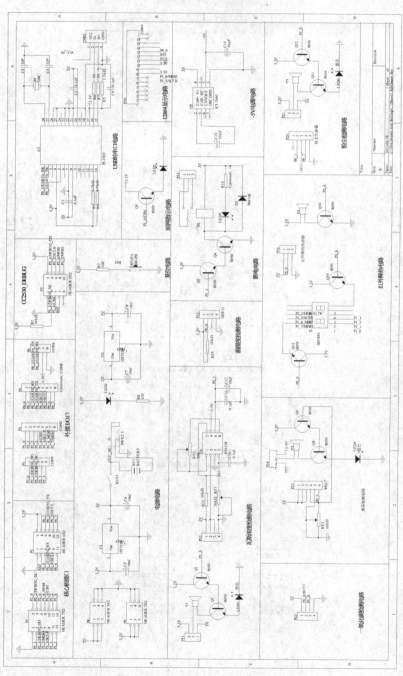

图 9-30　底板原理图

3. 设计 PCB 电路

（1）核心板 PCB 图，如图 9-31 所示。

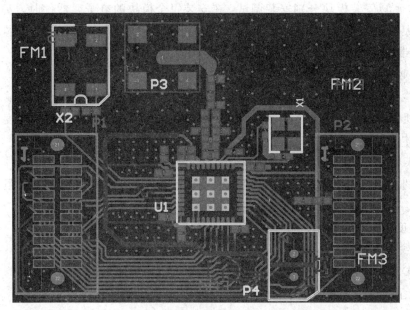

图 9-31　核心板 PCB 图

（2）底板 PCB 图，如图 9-32 所示。

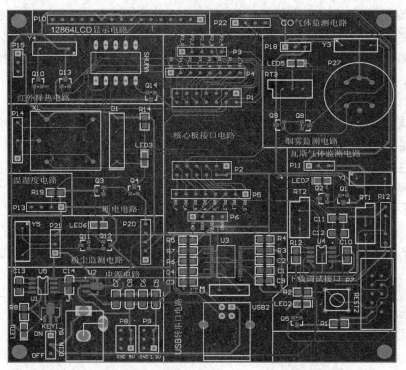

图 9-32　底板 PCB 图

4. 电路安装与调试

在装调多级电路时，通常按照单元电路的先后顺序进行分级装调与级联。由于本系统由多个电路模块组成，所以安装模块分别安装调试，在安装每个模块的电子元器件时，安装元器件体积由小到大的顺序安装，同时注意带极性元器件（如电解电容、发光二极管、芯片等），防止因疏忽将带极性元器件安装错误。

1）瓦斯浓度检测电路模块的安装与调试

在安装瓦斯浓度检测电路模块时，提前将可调电路阻调到 10 kΩ，使无瓦斯时电路输出为零。然后用打火机对着瓦斯传感器 MJC4/3.0L 放气，观察 LCD 显示屏上面瓦斯浓度数据是否随着所放气体多少而变化。

2）温/湿度电路模块的安装与调试

此模块需要安装的元器件相对较少，即一个温/湿度传感器 DHT11 和一个上拉电阻 R19，安装完成后，观察 LCD 显示屏显示的温/湿度数据，然后用手握住温/湿度传感器，观察显示屏上面温/湿度数据是否变化。

3）粉尘电路模块安装与测试

本系统使用的是 DSM501 灰尘传感器，在测试灰尘浓度时，我们使用香烟烟气来检测该模块，观察显示屏上面数据是否变化。

9.2.5 运煤小车车号红外遥控发送、接收系统设计

设计一个煤矿运煤小车车号红外遥控发送、接收系统，要求如下：

分别给运煤小车编号，然后在每个小车上面安装一个红外遥控发送器，待煤矿工人将一个小车装满煤，需要运走时，工人按下红外发送器上面对应的小车编号。管理员那边安装一个红外遥控接收器，每当工人按下即将运走的小车的编号后，管理员那边红外接收器显示对应小车的编号，通过这种方法管理员就记录了运煤小车的编号。

1. 整体方案设计

通过按键电路输入要发射的数字，用编码电路进行编码，采用 38 kHz 载波，通过红外发射二极管发射，如图 9‑33 所示。

图 9‑33　红外发射框图

由红外接收头进行接收，传入单片机，通过单片机进行解码，最后由数码管显示，如图 9‑34 所示。

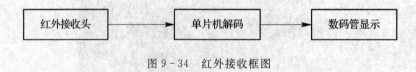

图 9‑34　红外接收框图

2. 硬件电路设计

（1）系统电源设计。整个发射和接收系统都采用直流 5 V 供电，因此在设计系统时首

先采用变压器把交流 220 V 电压变成交流 9 V 电压，接着采用经典的二极管整流桥电路，把交流电变成直流电，最后用 7805 把直流 9 V 变成直流 5 V，为整个系统提供电源，如图 9 - 35 所示。

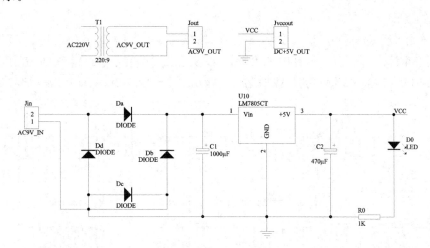

图 9 - 35　系统电源设计

（2）发送车号设置显示电路。车号设置显示电路是由按键电路和计数显示电路构成的，具体由 1 个 74LS123 和 2 个 74LS90 构成。发送模块中通过按键预先设定车号，为了确保信号可靠性，电路设计中采用单稳态触发器 74LS123，把按键电平变化作为 74LS123 的输入，采用跳沿触发方式，每按下一次按键，74LS123 输出一个脉冲信号，采用 2 片 74LS90 作为计数器，记录按键按下次数即小车车号，如图 9 - 36 所示。

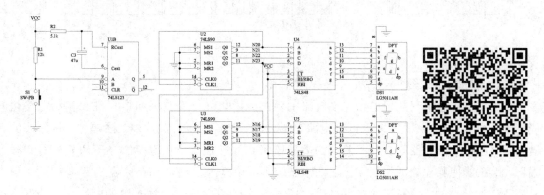

图 9 - 36　显示电路

（3）车号红外调制电路。该部分电路主要由一个 4060、一个 4067 和一个 74LS51 构成。2 片 74LS90 的输出即小车车号的个位和十位是一个 8 位的并行信号，而红外发送为串行信号，因此采用 4067 实现小车信号的并/串转换。因为车号信息是循环持续发送的，为确保接收处能准确识别车号信息，设计中在车号信息开始加入信号同步码（00001111）8 位数。这样把同步信息（00001111）和 2 片 74LS90 的输出信号（小车车号）作为 4067 的并行输入，4067 的输出即为一个含同步码和车号信息的 16 位串行数据。

需要发送的 16 位数据首先必须通过对 0 和 1 的信号进行编码，系统中采用 4060 对 0

和 1 进行不同频率的编码。CD4060 由 1 个振荡器和 14 级二进制串行计数器位组成，振荡器的结构可以是 RC 或晶振电路，本设计采用 38 kHz 作为 4060 的晶振，0 和 1 信号分别采用 38 kHz 信号的 2^4 分频和 2^5 分频进行调制，再通过 38 kHz 信号进行载波，通过 940 nm 红外发光管进行信号发送。

现以车号信息为 0110,1100 为例，4067 的输出为 0000,1111,0110,1100，该信号即为 74LS51 的一个输入信号 2A，设计中采用 74LS00 实现对 2A 信号取反得到 2C 信号，即 2C= $2\overline{A}$。74LS51 为 2 输入 2 输出的与或非门，其输出 $2Q=\overline{2A \cdot 2B+2C \cdot 2D}$。信号调制波形图如图 9-37 所示。

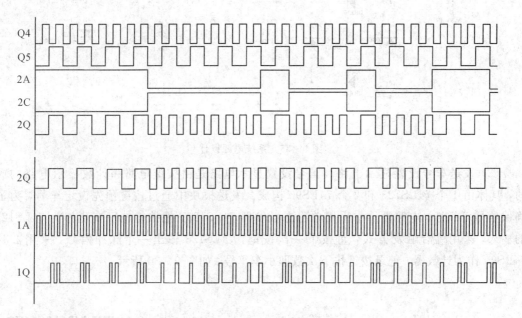

图 9-37　信号调制波形图

红外调制电路如图 9-38 所示。

（4）车号接收解码显示电路。该电路主要由一体化红外接收头和单片机及显示电路构成。一体化红外接收头 IRM38 内部电路包括红外监测二极管、放大器、限幅器、带通滤波器、积分电路和比较器等。红外监测二极管监测到红外信号，然后把信号送到放大器和限幅器，限幅器把脉冲幅度控制在一定的水平，而不论红外发射器和接收器的距离远近。信号进入带通滤波器，带通滤波器可以通过 30~60 kHz 的负载波，通过解调电路和积分电路进入比较器，比较器输出高低电平，还原出发射端的信号波形，也就是说，IRM38 的输出就是把载波信号滤掉以后的车号信息。把车号信息输入到单片机，通过单片机编写程序，进行高低电平信号解码，还原车号信息并输出显示。

信号接收模块由一个 1838 红外接收头（见图 9-39）和一个 51 单片机及显示数码管构成。一体化红外接收头 1838 内部电路包括红外监测二极管、放大器、限幅器、带通滤波器、积分电路和比较器等。红外监测二极管监测到红外信号，然后把信号送到放大器和限幅器，限幅器把脉冲幅度控制在一定的水平，而不论红外发射器和接收器的距离远近。信号进入带通滤波器，带通滤波器可以通过 30~60 kHz 的负载波，通过解调电路和积分电路进入比较器，比较器输出高低电平，还原出发射端的信号波形，也就是说，红外接收头接收发射板发送的红外信号(同步码和小车车号信息)，其自动滤掉了 38 kHz 的载波信号，如图 9-40 所示。单片机对接收到的信号进行编程解码，输出至数码管，显示车号。

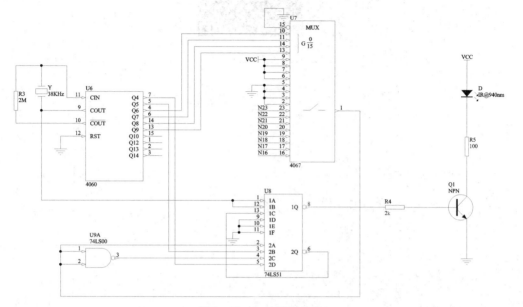

图 9-38　红外调制电路

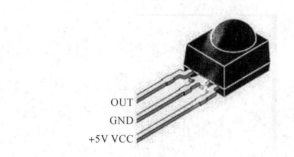

图 9-39　1838 红外接收头

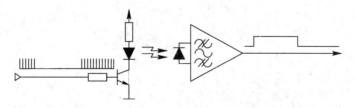

图 9-40　1838 红外接收头接收信号示意图

3. 绘制 Protel 原理图

根据前面的设计，绘制完成的 Protel 原理图如图 9-41 和图 9-42 所示。

4. 设计 PCB 电路

设计完成后的 PCB 电路如图 9-43 和图 9-44 所示。

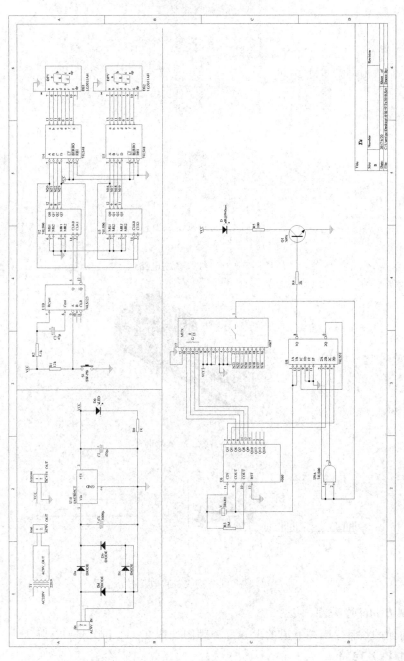

图 9-41　红外发送电路图

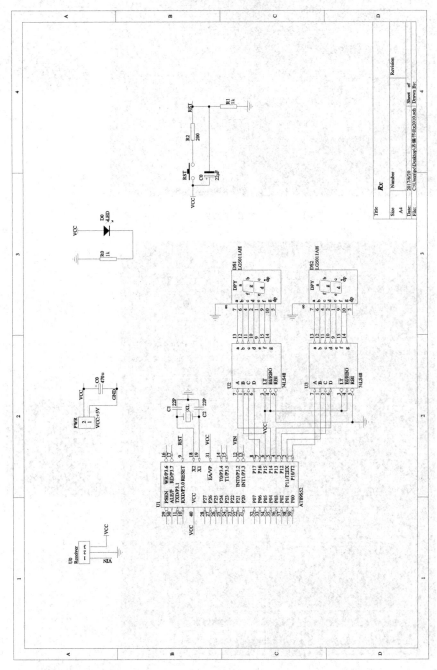

图 9-42　接收解码电路图

316

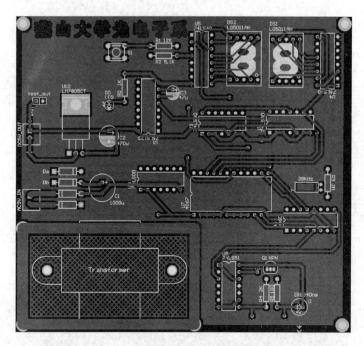

图 9-43　车号红外发送部分 PCB 图

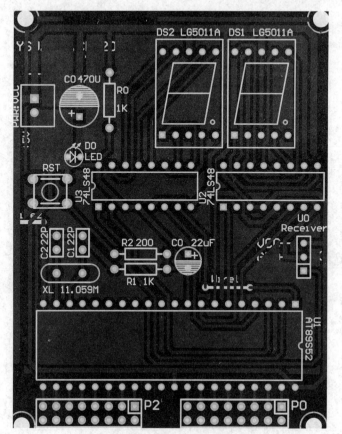

图 9-44　车号红外接收解码部分 PCB 图

5. 电路调试

首先调试按键电路，按下按键，观察发送电路中的数码管是否正常显示，接着调试编码电路。用示波器监视 4067 的输出，观察是否是按键电路的输出信号，如果正确，再观察 74LS51 的输出信号 2Q，检查 0 和 1 是否为正常调制，最后观察 74LS51 的输出信号 1Q，检查 38 kHz 载波信号是否加入，否则应查找原因。

在接收板中，首先用示波器观察红外接收头的输出信号是否与发送板的 74LS51 的输出信号 2Q 相同，否则应查找原因。其次编写单片机解码程序，根据信号的不同频率解码 0 和1，再通过数码管进行车号显示。

最后把各个单元电路互相连接起来，进行系统通调。

9.2.6　手持 650 nm LD 激光光源设计

系统主要设计功能要求：

（1）能够通过软开关按钮关闭和开启系统电源；

（2）输出光可以通过按钮设置成连续模式和脉冲模式；

（3）连续模式下，可以通过强度调节按钮改变输出光强；

（4）上述过程需要液晶配合显示；

（5）脉冲模式下，可以通过频率调节按钮调节输出脉冲频率，从 1～10 Hz 变化；

（6）能够实时显示环境温度和电池剩余电量。

1. 系统总体设计方案

手持 650 nm 激光光源采用两节 5 号电池供电，通过软按钮开关启动或关闭设备。通过按钮开关开启或关闭显示背光、调整光源输出模式为连续模式或脉冲模式、调整 LD 激光器的驱动电流和脉冲输出频率。用 128 * 64 点阵液晶屏对当前的脉冲频率或输出强度等级进行显示，并能够实时检测和显示当前环境温度(可用来对光源输出稳定度进行补偿，并显示电池电量)。该系统的原理框图如图 9 - 45 所示。

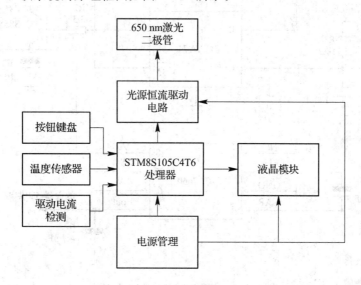

图 9 - 45　手持 650 nm LD 激光光源原理框图

（1）主处理器选用 ST 公司的 STM8S105C4T6 单片机，该处理器负责板上大部分硬件设备的管理。该处理器包括液晶屏驱动及显示，环境温度、驱动电流、电池电压检测，按钮键盘管理，光源恒流驱动控制等。

（2）液晶模块选用带背光板的 128 * 64 点阵液晶屏，用于显示当前工作模式、脉冲频率、驱动电流、环境温度和电池剩余电量。

（3）光源恒流驱动部分用 8 位 D/A 转换器 PCF8591 的电压输出和由放大器和三极管组成的压控电流源实现恒流控制；

（4）按钮键盘采用普通的通断式按钮实现；

（5）温度传感器用集成温度传感器 LM35；

（6）电源管理用 DC - DC 升压芯片 SP6441B - 5.0 V 将 3 V 的电池电压升压到 5 V，为系统供电。

2. 系统中各部分电路设计方案

（1）电源管理部分原理及说明。手持激光光源电源管理部分的电路原理图如图 9 - 46 所示。其中 SP6441B 是 DC - DC 升压芯片，其作用是将两节干电池的 3 V 左右电压升压到 5 V，为整个电子系统提供工作电源。

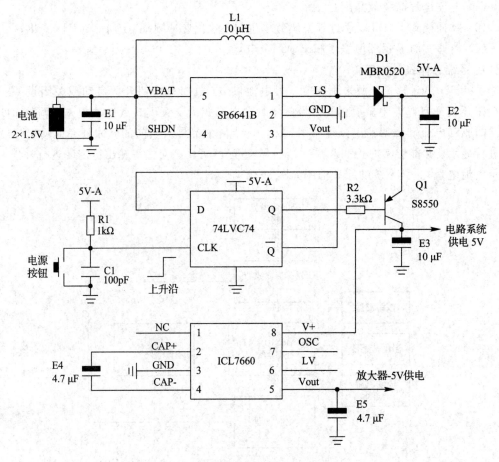

图 9 - 46　电源管理部分原理示意图

74LVC74 集成电路是双 D 触发器，这里使用其中的一个 D 触发器的输出控制 PNP 三极管 Q1 的开关，当 Q 输出高电平时，三极管截止，断开后续电路的供电电源；当 Q 输出低电平时，三极管 Q1 导通，为后续电子系统提供 5 V 电源。D 触发器 74LVC74 的 CLK 端有上升沿发生时，Q 端的输出状态翻转，即通过电源按钮为 D 触发器发生上升沿，即可以实现对三极管 Q1 的开关控制。

芯片 ICL7660 的作用是将 5 V 直流电压变成－5 V 直流电压，为电路系统中的运算放大器提供工作负电压。

（2）激光二极管（Laser Diode，LD）的恒流驱动原理。LD 的恒流驱动电路原理图如图 9－47 所示。对于激光二极管，其输出光功率与驱动电流有密切关系。一般来说，当驱动电流超过 LD 的阈值电流后，随着驱动电流的增加，输出功率也会增加（驱动电流的增加有时候也会影响 LD 的中心波长）。电路设计过程中要注意对 LD 进行保护，不能过流，一旦超过了 LD 的最大允许电流将造成 LD 器件的彻底损坏。另外需要说明的是：如果想精确控制 LD 的输出光功率稳定性，环境温度的影响也有必要考虑。

还有些 LD 器件会集成一个光探测器（Photo Detector，PD），可以用来在线监视 LD 的输出光功率。本方案的电路设计上包含了 PD 探测及相应的信号处理电路部分。驱动电路工作原理如下：

D/A 转换器 PCF8591 通过 I2C 总线同主处理器 STM8S105C4 进行通信，由主处理器控制 DAC 的输出电压 DAC_V_{out}，从而控制流过 LD 的驱动电流 I_{LD}。图中 LD 的驱动电流 I_{LD} 与 DAC 的输出电压之间数学关系为

$$I_{LD} = U_{DAC\_V_{out}} \cdot \frac{R6}{R9(R6 + R5)} \tag{9-8}$$

电阻 R9 的选择需要参考 LD 激光器的用户手册，但是必须保证即使三极管 Q2 饱和导通时，流过 LD 的电流也不能超过其极限电流，当 Q2 饱和导通时，流过 LD 的电流可以按下式计算：

$$I_{LD(max)} = \frac{5V - V_{LD} - V_{CES}}{R9} \tag{9-9}$$

其中，V_{LD} 为 LD 激光器的正向导通电压，本生产实习中的 650 nm LD 激光器正向导通电压约为 2.2 V，V_{CES} 为三极管 Q2 的饱和压降，一般三极管约为 0.2～0.3 V，则按图 9－47 中的参数估算 $I_{LD(max)} \approx 75$ mA。

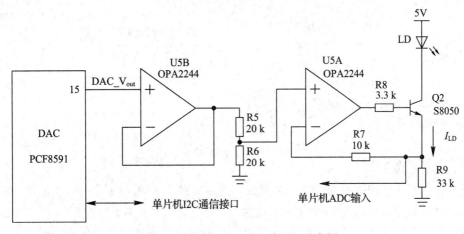

图 9－47　LD 恒流驱动电路原理示意图

（3）蜂鸣器和 LCD 背光驱动原理。电路系统中设计一个蜂鸣器用来提醒按键操作，如图 9－48(a)所示。STM8S105C4 的 PD7 端口通过控制三极管 Q3 导通或者截止来使得无源蜂鸣器发声或者禁声。

为了在黑暗或过于明亮的场合下使 LCD 获得好的使用效果，设计了如图 9－48(b)所示的液晶屏背光驱动电路。液晶屏背光板多数由几个发光二极管组成，通过单片机端口 PD3 控制 Q4 导通或截止来打开或关闭背光。

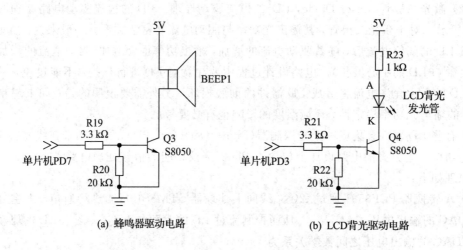

(a) 蜂鸣器驱动电路　　　　　　　　　　(b) LCD背光驱动电路

图 9－48　蜂鸣器和 LCD 背光驱动原理

（4）键盘接口。覆膜按钮键盘与单片机的接口电路原理图如图 9－49 所示。覆膜按钮键盘通过 7 针排线与主处理器电路板连接。

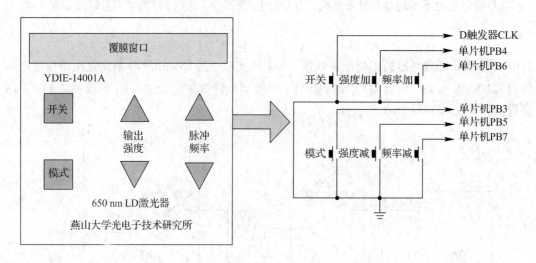

图 9－49　键盘接口

图 9－49 中开关按钮不进入单片机系统，直接接到 74LVC74 的一个 CLK 端，作为 D 触发器的时钟脉冲。其余的"模式"、"强度加"、"强度减"、"频率加"、"频率减"等按钮分别接入单片机的 PB3～PB7 端口。STM8S105C4 处理器的常规端口内部集成了上拉电阻，程

序初始化端口的时候需要开启上拉电阻才能保证读取按键的状态正确。当有按钮按下时，程序读取端口状态将获得低电平，程序根据按键编码不同确定相应的键盘操作，并完成其功能程序。

（5）温度传感器。为了实现对环境温度的实时检测，本设计中选用了 LM35 集成温度传感器。LM35 的电气连接图如图 9-50 所示。根据 LM35 的用户手册可知：其输出电压同温度的关系为

$$V_{out} = 0mV + 10mV/℃ \tag{9-10}$$

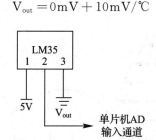

图 9-50　LM35 的电气连接图

单片机对 LM35 的输出电压 V_{out} 进行采样后，根据式（9-10）即可以计算获得当前的环境温度。

（6）单片机的时钟电路。STM8S105C4 单片机的时钟电路如图 9-51 所示。STM8S105C4 处理器具有片内 16 MHz RC 振荡器、128 kHz 内部低频 RC 振荡器；片内集成了石英晶体振荡器电路，只要外接石英晶体（最高频率 16 MHz）即能够在芯片内部产生多谐振荡，为主处理器提供工作时钟。本方案中采用 12 MHz 外部石英晶体和两个电容 C3 与 C4 组成谐振电路。C5 是内部 1.8 V 电压调整器所需要的外部稳定点用电容，根据芯片参考手册选择。

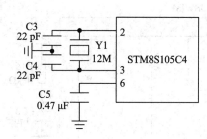

图 9-51　单片机的时钟电路

（7）液晶屏接口。128 * 64 点阵液晶屏的电路原理图如图 9-52 所示。本液晶模块供电电压兼容 3.3 V 和 5 V 系统，推荐采用 3.3 V 供电。图中电阻 R18 的作用是限流，防止电源电压过高，损坏液晶屏模块。电容 C6、C7、C8 是液晶模块对比度和内部偏压电路所需要的外部电容，具体参考液晶模块的用户手册。CSB、RSTB、A0、SCL、SI 等 5 个引脚与单片机 I/O 口连接，单片机通过这 5 个引脚在程序的控制下完成液晶屏的初始化、命令和数据写入等工作。

（8）程序调试接口。程序调试接口原理图如图 9-53 所示。STM8 系列微处理器的程

序下载与调试方式同 MCS51 处理器的方式有很大不同，STM8 系列的仿真器通过 2 根导线与处理器相连（不含电源和地），其中一根 RESET 为仿真器复位硬件处理器的引脚，SWIM 引脚则是仿真器同处理器交互信息的电气连接。STM8 处理器的常用编译和调试环境是 IAR for STM8 集成开发环境，该集成开发环境通过硬件仿真器 ST‐LINK 同目标板进行连接和通信。IAR 软件能够对目标处理器的所有执行过程、片内 RAM、片内寄存器变化等信息进行监视和显示，是程序开发过程所必须借用的软件工具。

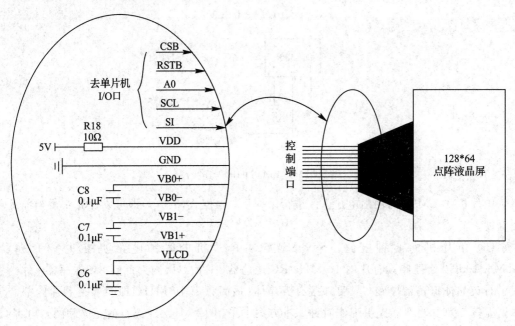

图 9‐52　液晶屏接口

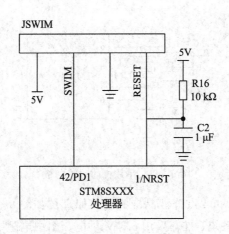

图 9‐53　程序调试接口原理图

3. 绘制 Protel 原理图

根据前面的设计，绘制完成的 Protel 原理图如图 9‐54 所示。

4. 设计 PCB 电路

设计完成后的 PCB 电路如图 9‐55 所示。

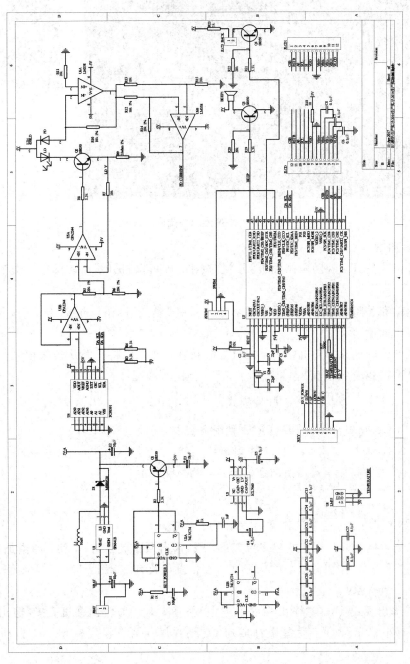

图 9-54　手持光源系统原理图

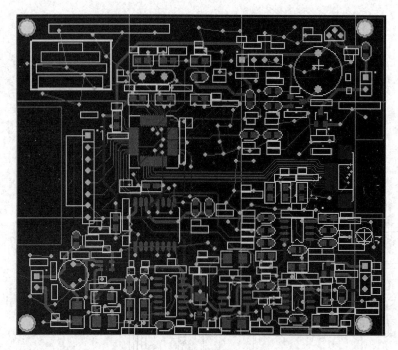

图 9-55　手持光源系统电路板图

5. 系统调试

（1）开机或关机。轻触操作面板"开关"按钮，即可以打开设备，再按一次该按钮可关掉设备。

（2）启动和关闭液晶屏背光。关机状态下按住"模式"按钮，再按"开关"按钮，设备开机即启动液晶屏背光。

（3）工作模式选择。开机状态下按"模式"按钮，即可以将光源从连续模式切换成脉冲模式，以脉冲模式输出时，液晶屏显示：

Mode：⎍⎍⎍　　（脉冲模式）

Curr：XX.X mA　　（LD 实时驱动电流强度）

Freq：XX Hz　　（当前脉冲频率）

再按一次则由脉冲模式切换回连续模式，液晶屏显示：

Mode：⎍　　（连续模式）

Curr：XX.X mA　　（LD 实时驱动电流强度）

（4）输出强度调节。在连续输出模式下，按"输出强度上三角"按钮，即增加输出强度；按"输出强度下三角"按钮即减小输出强度。设备设计成有 10 级强度，每级强度输出 LD 驱动电流间隔 2 mA。

在脉冲输出模式下，按"输出强度上三角"按钮，即增加输出强度；按"输出强度下三角"按钮即减小输出强度。设备设计成有 10 级强度，每级强度输出 LD 驱动电流间隔 2 mA。

（5）输出脉冲频率调节。在脉冲输出模式下，按"脉冲频率上三角"按钮，增加输出频

率，按"脉冲频率下三角"按钮减小输出频率；输出频率变化范围从 1～10 Hz；每次按按钮操作屏幕会显示当前的脉冲频率。

（6）电池电量显示。液晶屏右上角显示 ▮▮▮▮ 符号，表示当前电池电量，当电量过低时需要更换电池。

（7）当前环境温度显示。液晶屏左上角显示如"XX.X℃"符号，表示当前环境温度。

（8）电池更换。本设备采用电池供电，电池仓在设备背部，打开电池仓更换电池；电池为 2 节 5 号 1.5 V 干电池。

本 章 小 结

设计一个正确、完美的电子电路是一项比较复杂的工作，需要经过大量的实践和摸索。对于一个具体的设计工程，首先要明确完成的任务和要求的技术指标、使用要求等。在具体实施设计时，要先确定总体方案，再设计单元电路，并进行电路参数计算、电路元器件选择和总体电路图绘制，经仿真验证电路无误后，再绘制 PCB 电路，最后进行电路的组装与调试。

本章在系统介绍电子电路一般方法和步骤的基础上，以几个实例说明 CAD 软件在电子电路设计中的应用，设计的细节部分请读者参考本书前面的有关章节。

习　　题

9-1　设计如习题图 9-1 所示的原理图并绘制 PCB 图。

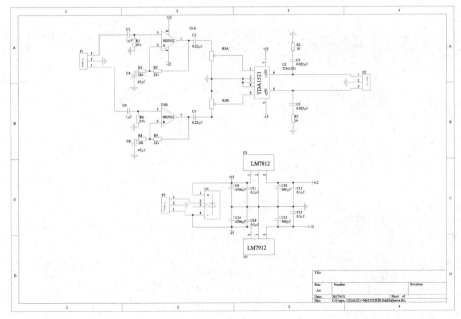

习题图 9-1

9-2　设计一个十字路口交通灯信号控制器，要求如下：

(1) 主、支干道交替通行，主干道每次放行 30 秒，支干道每次放行 20 秒；

(2) 绿灯亮表示可以通行，红灯亮表示禁止通行；

(3) 每次绿灯变红灯时，黄灯先亮 5 秒(此时另一干道上的红灯不变)；

(4) 十字路口要有数字显示，作为时间提示，以便人们更直观地把握时间。主、支干道通行时间及黄灯亮的时间均以秒为单位作减计数；

(5) 在黄灯亮时，原红灯按 1 秒的频率闪烁。

9-3　用中、小规模集成电路设计一台能显示时、分、秒的数字电子钟。具体要求如下：

(1) 采用 LED 显示累计时间"时"、"分"、"秒"；

(2) 具有校时功能；

(3) 具有整点报时功能。要求整点前鸣叫 5 次低音(500 Hz 左右)，整点时再鸣一次高音(1000 Hz 左右)，共鸣叫 6 响，两次鸣叫间隔 0.5 秒；

(4) 设计电路并绘制 Protel 原理图和 PCB 电路图。

参考文献

[1] 魏雄，王仁波. OrCAD 电路原理图设计入门与提高[M]. 西安：西安电子科技大学出版社，2009.

[2] 李永平，董欣. PSpice 电路设计与实现[M]. 北京：国防工业出版社，2005.

[3] 张义和. OrCAD Unison 电路板设计[M]. 北京：科学出版社，2009.

[4] 童梅. 电路的辅助分析：PSpice 和 MATLAB[M]. 北京：机械工业出版社，2005.

[5] 戚新波. 电路的计算机辅助分析：MATLAB 与 PSpice 应用技术[M]. 北京：电子工业出版社，2006.

[6] 钟国臣，严建豪. PSpice 电路设计与分析[M]. 北京：国防工业出版社，2010.

[7] 周润景，托亚. OrCAD & PADS 高速电路板设计与仿真[M]. 北京：电子工业出版社，2015.

[8] 魏雄. OrCAD 电路原理图设计与应用[M]. 北京：机械工业出版社，2008.

[9] 刘湲. PSpice 电路设计与实现[M]. 北京：国防工业出版社，2005.

[10] 申继伟. 电子线路仿真与设计[M]. 北京：北京理工大学出版社，2016.

[11] 包涛，徐瑞萍. 电子线路实验[M]. 模拟电路部分. 西安：西北工业大学出版社，2015.

[12] 周润景. PSpice 电子电路设计与分析[M]. 北京：机械工业出版社，2011.

[13] 臧春华. 电子线路设计与应用[M]. 北京：高等教育出版社，2015.

[14] 李小坚，郝晓丽. Protel DXP 电路设计与制版实用教程[M]. 北京：人民邮电出版社，2015.

[15] 高平. 电子线路设计基础[M]. 北京：化学工业出版社，2007.

[16] 李银华. 电子线路设计指导[M]. 北京：北京航空航天大学出版社，2005.

[17] (美)Rudolf F G. 电子线路设计速查手册[M]. 杨秀芝，杨琦，林旭，李伟，译. 福州：福建科学技术出版社，2005.

[18] 朱兆优. 电子电路设计技术[M]. 北京：国防工业出版社，2007.

[19] 杜刚. 电路设计与制板 Protel 应用教程[M]. 北京：清华大学出版社，2006.

[20] 赵家贵. 电子电路设计[M]. 北京：中国计量出版社，2005.

[21] (美)Richard R，Mohammed S G. 电子电路设计基础[M]. 北京：电子工业出版社，2005.

[22] (美)David Comer，Donald Comer. 电子电路设计[M]. 北京：电子工业出版社，2004.

[23] 尚蕾，张云杰. Protel DXP 2004 电路设计技能课训[M]. 北京：电子工业出版社，2016.

[24] 李秀霞，郑春厚. Protel DXP 2004 电路设计与仿真教程[M]. 北京：北京航空航天大学出版社，2016.

[25] 刘刚，彭荣群. Protel DXP 2004 SP2 原理图与 PCB 设计实践[M]. 北京：电子工业

出版社，2013.

[26] 谭世哲. Protel DXP 2004 电路设计基础与典型范例[M]. 北京：电子工业出版社，2007.

[27] 赵全利，周伟. Protel DXP 实用教程[M]. 北京：机械工业出版社，2014.

[28] 黎文模. Protel DXP 电路设计与实例精解[M]. 北京：人民邮电出版社，2006.

[29] 姜沫岐. Protel 2004 原理图与 PCB 设计实例[M]. 北京：机械工业出版社，2006.

[30] 穆秀春，宋婀娜. Protel DXP 基础教程[M]. 北京：清华大学出版社，2014.